工业和信息化部"十四五"规划教材

矿山水文地质与工程地质

主　编　何　书

副主编　刘　强　唐　鹏

编　者　何　书　刘　强　唐　鹏　潘栋彬
　　　　郭小飞　孙　涛　陈　飞　赵仲芳

U0195344

西北工业大学出版社

西　安

【内容简介】 本书系统论述了基础地质、水文地质和工程地质的基本知识、基本理论和基本方法,结合作者长期以来在该领域的教学与研究工作,论述和总结了矿山水文地质与工程地质的发展、应用及诸多关键技术。

本书涉及基础地质、矿山水文地质和矿山工程地质三部分内容。其中,基础地质部分包括地球的圈层构造与地质作用、矿物与岩石、地质构造与地质图、数字矿山与矿山地质三维建模等内容;矿山水文地质部分包括地下水的赋存与性质、地下水的运动与动态监测、矿山水文地质勘探、矿井(坑)涌水预测与防治、矿山地下水污染与环境评价等内容;矿山工程地质部分包括矿山工程地质问题、岩体结构控制论与工程岩体分类、矿山工程岩体稳定性评价方法、矿山岩土工程勘察、矿山工程地质监测与信息技术、矿山地质环境评价与生态修复等内容。三部分内容各具特色,相互关联,构成了一个系统完整、结构合理的知识体系。

本书可作为高等院校地质工程、采矿工程、土木工程等专业高年级本科生和研究生的教材,亦可作为相关专业技术人员的参考用书。

图书在版编目(CIP)数据

矿山水文地质与工程地质 / 何书主编. — 西安 :
西北工业大学出版社,2023.9(2025.1 重印)
ISBN 978 - 7 - 5612 - 8969 - 3

Ⅰ.①矿… Ⅱ.①何… Ⅲ.①矿山地质-水文地质-研究 ②矿山地质-工程地质-研究 Ⅳ.①P641.4 ②P642

中国国家版本馆 CIP 数据核字(2023)第 175184 号

KUANGSHAN SHUIWEN DIZHI YU GONGCHENG DIZHI
矿 山 水 文 地 质 与 工 程 地 质
何书 主编

责任编辑:万灵芝		策划编辑:华一瑾	
责任校对:朱晓娟		装帧设计:李 飞	

出版发行:西北工业大学出版社
通信地址:西安市友谊西路 127 号 邮编:710072
电 话:(029)88491757,88493844
网 址:www.nwpup.com
印 刷 者:陕西博文印务有限责任公司
开 本:787 mm×1 092 mm 1/16
印 张:18.5
字 数:462 千字
版 次:2023 年 9 月第 1 版 2025 年 1 月第 2 次印刷
书 号:ISBN 978 - 7 - 5612 - 8969 - 3
定 价:68.00 元

前　言

矿山水文地质与工程地质是地质工程和采矿工程专业的重要专业课程之一。

本书将基础地质、矿山水文地质和矿山工程地质等多个学科的知识与方法有机融合,体现本书的综合性特点,适用于本科生、研究生等多个学历层次,以及地质工程、采矿工程、土木工程等多个专业。以矿山开发过程中存在的水文地质问题和工程地质问题为出发点,体现本书的应用领域特色,使本书更具针对性,更利于专门人才的培养。

本书坚持以成果为导向的教材编写理念,强调"知行合一,学以致用",将着实提高学习者的专业技能作为教材编写的根本目标,使本书能够适应新的教学改革方向及变化。同时将课程思政内容(传统文化、规范、职业道德等)写入本书,推动专业课程改造。此外,将课后思考题与案例分析等学习资源电子化与动态化,降低教师在线课程建设难度,以适应课程建设改革的新需求。

本书共分三篇。第一篇为基础地质,重点包括地球的圈层构造、物质组成、矿物与岩石、地质年代与地层、地质构造、褶皱与断裂构造、智慧矿山与地质三维可视化等内容。第二篇为矿山水文地质,重点包括水循环、地下水的赋存、地下水运动、地下水的化学成分及形成作用、地下水的补给与排泄、地下水向井中的流动、矿山地下水动态监测、矿山水文地质勘察、矿山涌水预测与防治、地下水污染与环境评价等内容。第三篇为矿山工程地质,重点包括矿山工程地质问题、岩体结构与工程分类、矿山工程岩体稳定性评价、矿山岩土工程勘察、矿山岩土工程监测、矿山地质环境评价与生态修复等内容。

本书由江西理工大学地质工程系教材编写小组组织编写,何书任主编。具体编写分工如下:绪论、第 3 章(3.2～3.4 节)、第 5 章(5.1～5.3 节)、第 8 章(8.2 节)、第 9 章(9.3 节)、第 14 章、附录及各章引言由何书编写;第 1 章、第 2 章、第 3 章(3.1 节)由郭小飞编写;第 4 章由孙涛编写;第 5 章(5.4～5.6 节)、第 6 章、第 8 章(8.1 节、8.3 节)、第 9 章(9.1 节、9.2 节)由刘强编写;第 7 章、第 11 章、第 12 章由唐鹏编写;第 10 章、第 15 章由潘栋彬编写;第 13 章由陈飞和赵仲芳共同编写。此外,江西理工大学资源与环境工程学院研究生陈康、林沛文、胡萌、叶祉、冯梅、刘月和林圈伟等参与了部分章节的图件编制和文字校对工作。全书由何书统稿。

在编写本书的过程中,得到了江西理工大学资源与环境工程学院、地质工程系老师的支持和帮助。谨向他们致以衷心的感谢！本书的出版得到了江西理工大学出版基金资助,同时得到了江西理工大学工业与信息化领域矿业工程教材重点研究基地的大力支持。

在编写本书的过程中,参阅了相关文献资料,在此谨向其作者表示感谢。

本书有关的辅助教学内容,请登录课程网络教学平台矿山水文地质与工程地质课程网站浏览:https://mooc1.chaoxing.com/course/229172231.html。

由于水平有限,书中疏漏和不妥之处在所难免,恳请读者批评指正。

编　者

2022 年 12 月于赣州

目　　录

第一篇　基础地质

第三篇　矿山工程地质

绪　　论

君不见前年雨雪行人断，城中居民风裂骭。

湿薪半束抱衾裯，日暮敲门无处换。

岂料山中有遗宝，磊落如䃥万车炭。

流膏迸液无人知，阵阵腥风自吹散。

根苗一发浩无际，万人鼓舞千人看。

投泥泼水愈光明，烁玉流金见精悍。

南山栗林渐可息，北山顽矿何劳锻。

为君铸作百链刀，要斩长鲸为万段。

——《石炭》苏轼［宋］

　　上面这首诗是北宋大文豪苏轼担任徐州太守时所作，是我国迄今为止最早以煤炭为题的诗作。这首诗生动刻画出我国古代劳动人民开采和利用煤炭的场景（孟子寻，2013）。自古以来，矿业开发就与人类社会的生产生活密切相关，有关矿业的历史上最早的记载见于儒家经典《周礼·地官》，"卝人掌金玉锡石之地"，表明当时已设有专门掌管矿业的官吏。

　　随着人类社会经济的发展，特别是工业革命以后，人类对矿产资源开发愈发迫切。第二次世界大战以后，矿业经济迅猛发展，矿业开发引起的各种地质环境问题，造成了重大的人员伤亡和经济损失。

　　以我国为例，《全国矿山地质环境调查综合研究与成果集成》调查研究显示（张进德，2012），到2005年底，全国矿山开采共引发地质灾害12 379起，造成4 251人死亡，直接经济损失161.6亿元。其中，因矿山开采引发地面塌陷4 500多处、地裂缝3 000多处、崩塌1 000多处。全国因采矿活动形成采空区面积约8 096 km²，引发地面塌陷面积约3 522 km²，占压和破坏土地面积约14 390 km²。

　　此外，在建矿、采矿过程中强制性抽排地下水以及采空区上部塌陷使地下水、地表水渗漏，严重破坏了水资源的均衡和补径排条件，导致矿区及周围地下水水位下降，引起植被枯死等一系列生态环境问题。可见，矿山开发引起的水文地质与工程地质问题是非常严重的，矿山水文地质与工程地质工作具有重要的现实意义。

0.1 矿山水文地质学与工程地质学的研究对象与任务

0.1.1 矿山水文地质学与工程地质学的研究对象

水文地质学是一门研究地下水的数量和质量随空间和时间变化的规律,以及合理利用地下水或防治其危害的学科。它研究在与岩石圈、水圈、大气圈、生物圈以及人类活动相互作用下地下水水量和水质的时空变化规律以及如何运用这些规律兴利除害。自 20 世纪 80年代起,随着地下水系统理论逐渐成熟,水文地质学进入了新的历史发展阶段。当代水文地质学的研究领域,由以往的地下水资源向生态环境扩展,由地球浅部向地球深部圈层延伸,由以往解决局部性生产问题转向研究长期性、全局性、可持续性发展的课题(张人权,2005)。随着生态环境问题的出现,水文地质学不再局限于水量的研究,而是水量与水质研究并重(张人权,2005)。

工程地质学是地质学的分支学科,主要研究工程活动与地质环境之间的相互作用。它把地质学理论与方法应用于工程活动实践,通过工程地质调查及理论的综合研究,对工程所辖地区即工程场地的工程地质条件进行评价,解决与工程活动有关的工程地质问题,预测并论证工程活动区域内各种工程地质问题的发生与发展规律,并提出改善和防治的技术措施,为工程活动的规划、设计、施工、使用及维护提供必需的地质技术资料。

0.1.2 矿山水文地质学与工程地质学的任务

矿山水文地质的任务在于研究矿山投入基建及生产后所引起的水文地质问题。在生产矿山,水文地质调查具有很重要的地位,这不仅是因为地下水直接或间接威胁矿山采掘作业的安全,影响经济效益,而且在矿山疏干排水期间,还会改变矿山环境地质条件,影响附近城乡的工农业生产与建设。

矿山工程地质的任务主要包括两个方面:

1)查明矿山工程地质条件,为矿山基建、生产中的各类岩(矿)石工程的选位和施工设计提供资料;

2)紧密结合矿山生产,解决与矿床开采有关的岩(矿)体稳定性问题,如露天边坡稳定性问题、井巷采场围岩稳定性问题,以及由采矿引起的环境工程地质问题等。

综上所述,矿山水文地质学和工程地质学与传统水文地质学和工程地质学并无本质区别,是水文地质学和工程地质学在矿山开发利用领域应用的具体体现。

0.1.3 矿山开发对地质环境的作用

在社会经济快速发展的进程中,矿山资源的不断开发对特定的环境造成了较大的破坏,引发了生态效益和经济效益的矛盾。

矿山地质环境问题是一种以矿山地质环境为载体的负效应作用,指在矿产资源勘查、矿床开采、洗选加工以及废弃闭坑等矿产资源开发过程中对矿山地质环境造成的不良影响,其影响范围远大于采矿边界且时效超过矿山生产年限的数倍(武强,2019)。

矿山地质环境问题与矿山开采方式有关,不同的开发方式诱发的地质环境问题有所不同。根据工作方式不同,矿山开发主要包括露天开采和地下开采两大类,二者均与地质环境息息相关。露天开采改变了矿区的地形地貌特征,往往会导致山体滑坡、崩塌、泥石流、植被退化等地质环境问题。同时,矿山开采往往伴随着矿山废水产生,开挖施工还会产生大量的土方,在运输土方的过程中也会出现环境污染。地下采矿需要挖掘地下采矿巷道,改变了地下水渗流场,使矿区地下水流向矿井,造成周边地下水水位急剧下降,引起矿区地下水资源的枯竭,同时可能造成矿山突水事故的发生,诱发地面沉降等地质环境问题。此外,矿产资源开发还会造成土地荒漠化,对地下水也会有很大影响,造成地表植物供水不足,使水土流失加重。

矿山开发诱发的地质环境问题往往是系统性的,形成环境地质灾害链。例如,赣南稀土开采过程中,原地浸矿诱发滑坡,在降雨侵蚀作用下,滑坡体形成大量冲沟,进一步造成水土流失,土体中的污染物质则通过淋滤作用进一步向下游迁移,造成下游地表水、地下水和土壤污染,使地质环境进一步恶化,如图 0-1 所示。

图 0-1　稀土开采引起滑坡与水土流失问题

(何书摄,2013)

通常情况下,在平原地区进行地下矿产开采活动,会造成土壤塌陷和裂缝,对农作物的生长环境造成严重破坏。地质与生态环境不同,就会对地质环境造成不同程度的影响。

随着浅部矿物资源逐渐枯竭,矿山开发不断向地下深部挺进,千米深井的深部资源开采逐渐成为资源开发新常态(谢和平,2019),由此引发的水文地质与工程地质问题变得更加复杂,对地质环境的影响将更为深远。以煤矿为例,据统计(蓝航,2016),全国开采深度超过800 m 的煤矿生产矿井已超过 140 个。主要深部煤矿在不同开采深度下的数量分布情况见表 0-1。

表 0-1　全国主要深部矿井数量分布情况(据蓝航等,2016)

省份	矿井数量 /个			比例/%
	采深 800 ~ 1 000 m	采深 1 000 ~ 1 200 m	采深 >1 200 m	
江苏	3	3	7	9.42
河南	19	8	0	19.57

省份	矿井数量 /个			比例/%
	采深 800 ～ 1 000 m	采深 1 000 ～ 1 200 m	采深 ＞1 200 m	
山东	10	12	11	23.91
黑龙江	11	5	0	11.59
吉林	0	2	2	2.90
辽宁	6	5	0	7.97
安徽	14	0	0	10.14
河北	15	3	2	14.49

矿山开发对地质环境的作用,决定于矿山工程的类型、规模和结构,同时也决定于矿区水文地质与工程地质条件,而且从某种程度上水文地质与工程地质条件起着决定性作用。

0.1.4 矿山水文地质条件与工程地质条件

系统分析水文地质条件与工程地质条件,是分析和解决矿山水文地质问题和工程地质问题的基础和前提。

矿山水文地质条件(hydrogeological conditions of mine)是指与矿床开采时的防水、排水、供水措施有关的地下水的赋存条件和活动情况,如断层、裂隙、岩溶的分布和发育程度,含水层的性质、层数、厚度、水质、水量、分布范围、补给和排泄条件、与地表水的联系,等等。

矿山工程地质条件(engineering geological condition of mining area)是指对矿区工程建筑有影响的各种地质因素的总称。地质要素包括岩土类型及其工程性质、地质结构、地貌、水文地质、工程动力地质作用和天然建筑材料等方面,它是一个综合概念。其中的某一因素不能概括为工程地质条件,而只是工程地质条件的一部分(张咸恭等,2000)。工程地质条件是自然地质历史发展演化过程中形成的,工程地质条件的诸多因素的相互组合有其特有的规律性(张倬元等,2000)。

0.2 矿山水文地质问题与工程地质问题

0.2.1 矿山水文地质问题

矿山水文地质问题主要指矿山采矿活动影响的地表水系结构、水质、水量变化及地下水结构、水质、水量变化问题,同时包括矿山开采井下透水、突水影响。一般地,矿山水文地质主要是围绕消除水患水害而开展工作,随着矿产资源开发力度的不断加大,因地下水扰动而产生的一系列地质环境问题越来越受到人们的重视。因此,矿山水文地质问题不仅包括因采矿活动而引起的水患问题,也包括采矿引起的与地下水相关的地质环境问题。

采矿活动引起的水患水害问题属于矿床水文地质或矿井水文地质范畴。一般来讲,矿床水文地质的概念专门用于矿山勘探阶段,而矿产开发阶段的水文地质一般称为矿井水文地质(梁秀娟等,2016)。根据地下水进入采矿巷道的方式不同,分为渗入式涌水和溃入式涌水。渗入式涌水一般称为矿井涌水,符合地下水的一般性运动特征,属于矿井的正常现象,通过矿山排水通常能够消除水患。溃入式涌水一般称为矿井突水(或透水),涌入矿井的水量大于矿井疏干能力,能够造成突水事故。

采矿活动引起的地下水环境问题主要包括两个方面:

1) 由矿床疏干引起矿区供水水源的减少或枯竭,同时引起水循环环境、地表渗透条件以及含水层边界的改变;

2) 采矿引起水质的恶化问题,其污染源主要来自矿区的废水排放,废水中含有大量有害化学物质,造成矿区(床)地下水和地表水体的污染,可能对矿区动植物的生长发育或人体健康造成极大的危害(周叔举,1993)。

0.2.2　矿山工程地质问题

矿山工程地质问题指矿山工程建筑物与矿区工程地质条件之间所存在的矛盾(唐辉明,2008)。

矿山工程地质问题的产生取决于矿山的地形地貌、岩土体类型及性质、地质构造、水文地质及矿山工程建筑物的特点。由于矿山工程建筑物的类型、结构形式和规模不同,对地质环境的要求不同,因此矿山工程地质问题存在复杂性和多样性的特点。例如:在采矿和选矿工业场地,破碎厂、筛分厂、库房、选矿主厂房等若设置在斜坡地带,则须考虑斜坡稳定性问题;矿山井巷工程,包括竖井、溜井、平巷、尾矿排水隧洞等构筑物,主要的问题为围岩稳定性和突水涌水问题;尾矿处理设施场地,包括尾矿库和尾矿坝,需要考虑尾矿坝坝基稳定性问题和尾矿库的渗漏问题;露天采矿场的主要工程地质问题是采坑边坡稳定性问题。矿山工程地质问题的分析、评价,是矿山地质工作的重点任务之一。

0.3　矿山水文地质与工程地质工作者的任务

矿山水文地质与工程地质工作可归属于矿山地质工作的范畴,属于矿山地质工作的一部分,矿山企业一般不会专设矿山水文地质与工程地质工作岗位。矿山企业一般从矿山安全生产出发,要求矿山地质工作者能够分析和解决矿山水文地质与工程地质问题,例如矿山突水与排水、露天采矿边坡稳定、井巷岩体稳定、地面塌陷,以及可能产生的地质环境问题。地质勘探单位、工程勘察单位,或设计研究院所在承担矿山相关的工程项目或研究课题时,也需要矿山水文地质与工程地质从业者。

矿山水文地质学与工程地质学是一个交叉学科。相关从业人员要系统学习采矿、基础地质学(含矿物岩石学、构造地质学、地层学等)、化学、水文地质学、工程地质学、岩土力学、生态学、环境学等多个学科的知识和技能。掌握这些学科的知识,便于矿山地质工作者分析和解决复杂的矿山水文地质与工程地质问题,更好地为矿山开发利用服务。

0.4 本书的主要内容

本书共分三篇。

第一篇为基础地质,主要介绍基础地质学的相关知识与方法,包括地球圈层构造、地质作用、矿物与岩石、地质构造、地质年代与地层、地质图、智慧矿山与地质三维可视化等内容。

第二篇为矿山水文地质,是本书的重点内容之一,力图系统介绍矿山水文地质学的基本概念、基本理论与方法,包括地下水赋存与性质、地下水运动、地下水系统、地下水的补给与排泄、矿山地下水动态监测、矿山水文地质勘探、矿山涌水预测与防治、矿山地下水污染与环境评价等内容。

第三篇为矿山工程地质,是本书的另一重点内容,包括矿山工程地质问题、矿山工程岩体稳定性评价、矿山岩土工程勘察、矿山工程地质监测与信息技术、矿山地质环境评价与生态修复等内容。

通过本书的学习,要求学生能够系统掌握有关基础地质、矿山水文地质与工程地质的基本理论知识,能够利用相关理论知识分析和解决与矿山开发有关的水文地质与工程地质问题,同时树立矿山绿色开发理念,为今后的工作打下基础。为适应大学课程教学改革的需要,建议将本书与线上教学资源相结合,开展线上、线下混合式教学,以便取得更好的教学效果。

0.5 线上教学资源说明

本书依托网络教学平台,建设了线上课程,以实现本书内容的电子化动态更新,适应新的课程教学改革形势。线上课程按照32学时的总学时进行建课,共分32讲,每讲包括核心知识点的教学大纲、考试大纲、教学短视频、PPT、文献资料、习题库、试卷等内容,读者可登录网络教学平台,根据实际需要选用。

第一篇 基础地质

第1章 地球的圈层构造与地质作用

"高岸为谷,深谷为陵。"

——《诗经·小雅·十月之交》佚名[先秦]

1.1 地球的圈层构造

目前,地球是人类的唯一家园。人们生活在地球表面,其现今可以开采和利用的各种矿产资源则主要赋存在地壳之中,而各种矿产的形成是地球各圈层相互作用和演变的产物。因此,在学习地质学相关知识前我们先认识一下地球。

地球是太阳系中的一员。太阳系是由太阳和绕其旋转的八大行星及其卫星、小行星和流星群组成(见图1-1)。通常说的地球形状指的是地球固体外壳及其表面水体的轮廓。从地球卫星拍摄的地球照片可以看出,地球的确是一个球状体。它的赤道半径稍大(约6 378 km),两极半径稍小(约6 357 km),两者相差约21 km。其形状与旋转椭球体近似,但北极比旋转椭球体凸出约10 m,南极凹进约30 m,中纬度在北半球稍凹进,而在南半球稍凸出。

图1-1 行星围绕太阳旋转示意图

地球围绕通过球心的地轴(连接地球南北极的理想直线)自转,自转轴对着北极星方向的一端称北极,另外一端称南极。地球表面上,垂直于地球自转轴的大圆称赤道,连接南北两极的纵线称经线,也称子午线。通过英国伦敦格林尼治天文台原址的那条经线为0°经线,也称本初子午线。从本初子午线向东分作180°,称为东经;向西分作180°,称为西经。地球表面上,与赤道平行的小圆称纬线。赤道为0°纬线。从赤道向南和向北各分作90°,赤道以北的纬线称北纬,以南的纬线称南纬。

地球表面积达 5.1 亿平方千米,其中海洋占 71%,陆地面积仅占 29%。陆地和海洋在地表的分布很不规则,我们把大片陆地称为大陆或洲,大片海域称为海洋,散布在海洋或河湖中的小块陆地称为岛屿。陆地和海底都是高低不平的。陆地上有低洼的盆地、高耸的山脉。陆地平均高度为 860 m(以海平面为 0 m 标高计算)。珠穆朗玛峰海拔达到 8 848.86 m,是陆地上的最高峰,也被称为世界第三极。海洋底部也有高山和深沟,太平洋中马里亚纳群岛附近的海渊深达 11 033 m,是海洋中最深的地方。地球表面最大高差可达 20 km 左右。由此可知,地球的形状是极端复杂的。依据地球内部放射性元素的衰变速度,地球从产生到现在经历了约 46 亿年。在这漫长的地质历史中,地球经历了多次沧桑巨变。地球物质不断发生分异作用,使地球内部分出了不同的圈层。

1.1.1 地球的内部圈层

目前,地球内部构造圈层主要是根据地球物理,特别是地震波资料得出的。地球内部物质组成和物理性质存在差异,造成地震波传播速度的差异和传播方向的改变。图 1-2 为地球内部地震波传播速度曲线,其中横坐标表示地震波的传播速度,纵坐标表示距离地面的深度。从图 1-2 中可以看出,由地表向下存在着两个明显的不连续界面:一个在 33 km(陆壳)深处,纵波从 6.8 km/s 增加到 8.1 km/s,横波由 3.9 km/s 增加到 4.5 km/s,这个界面以其发现者(克罗地亚学者 A. Mohorovicic)命名,称为莫霍洛维奇面,简称莫霍面,是地壳和地幔的分界面;另一个界面在 2 891 km 深处,纵波从 13.7 km/s 突然下降到 8.0 km/s,而横波不能通过此面,该界面以发现此界面的美籍德裔学者 B. Gutenberg 命名,称为古登堡面,是地幔和地核的分界面。根据这两个界面,可将地球内部划分为三个圈层,分别为地壳、地幔和地核。这三个圈层处在不同的深度,具有不同的物理性质。

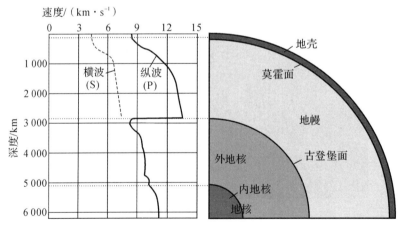

图 1-2 地震波传播速度曲线与地球内部构造图

1.1.1.1 地壳

莫霍面以上,由固体岩石组成的地球最外圈层称为地壳。地壳平均厚度约 18 km。大洋地区与大陆地区的地壳结构明显不同：大洋地区地壳（洋壳）很薄，平均只有 7 km，且厚度较为均匀；大陆地区地壳（陆壳）厚度变化较大，一般为 20～80 km，平均 33 km。地壳上部岩石平均成分相当于花岗岩类岩石，其化学成分富含硅、铝，又称硅铝层；下部岩石平均成分相当于玄武岩类岩石，其化学成分除硅、铝外，铁、镁含量相对增多，又称硅镁层。洋壳主要由硅镁层组成，有的地方有很薄的硅铝层或完全缺失硅铝层。

1.1.1.2　地幔

地幔是位于莫霍面以下古登堡面以上的圈层。根据波速在 400 km 和 670 km 深度上存在两个明显的不连续面，可将地幔分成由浅至深的三个部分：上地幔、过渡层和下地幔。上地幔深度为 20～400 km。目前研究认为，上地幔的成分接近于超基性岩（即二辉橄榄岩）的组成。在 60～150 km，许多大洋区及晚期造山带内有一低速层（软流圈），可能是由地幔物质部分熔融造成的，成为岩浆的发源地。过渡层深度为 400～670 km，地震波速随深度加大的梯度大于其他两部分，是由橄榄石和辉石的矿物相转变吸热降温形成的。下地幔深度为 670～2 891 km，目前认为其成分比较均一，主要由铁、镍金属氧化物和硫化物组成。

1.1.1.3　地核

古登堡面以下直至地心的部分称为地核。它又可分为外核、过渡层和内核。地核的物质，一般认为主要是铁，特别是内核，可能基本由纯铁组成。由于铁陨石中常含少量的镍，所以一些学者推测地核的成分中应含少量的镍。由于液态的外核密度较内核小，实验表明，除铁、镍外，还应有少量轻元素存在。据推测，轻元素可能是硫、硅，而铁陨石的成分中，铁、硫有一定的含量，硅的含量甚微。

地球内部各圈层的物质运动及不同圈层之间的相互作用，是产生各种地质现象的内动力源泉。因此，对于地球内部各圈层的了解，有助于我们研究地球形成和发展的历史。

1.1.2　地球的外部圈层

地球外圈可进一步划分为三个基本圈层，即大气圈、水圈、生物圈，如图 1-3 所示。

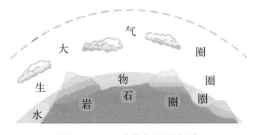

图 1-3　地球外部圈层划分

1.1.2.1　大气圈

地球是特殊的行星，它的外围包着一层有一定厚度的连续不断的气态物质，即大气圈（或称大气层）。这种气态物质，即通常所说的空气，主要成分是氮和氧，它们共占大气体积的 99%，其中，氮占大气体积的 78%，氧占 21%。此外还有氢、二氧化碳、臭氧、水汽和固体杂质等，它们的总和只占大气体积的 1%。

大气圈与人类及地球上的生物有着密切的关系。大气圈具有温室效应，致使地球表面平均温度升高,温度的日变化、年变化减小,形成适宜于地球上生物生存的温度条件;大气运动及大气中水汽的存在是形成阴、晴、雨、雪等复杂多变的天气现象的根本原因。

整个大气圈内大气的成分、温度、密度等物理性质都有明显的变化。根据这一差异,可将大气圈分为五层:对流层、平流层、中间层、热层和外(逸)层。

对流层是大气圈的最底层,其下界是地面,上界因纬度不同而有差异。低纬度地区,上界为 17~18 km;中纬度地区,为 10~12 km;高纬度地区,为 8~9 km。可见,对流层的厚度相对于大气圈的总厚度来说是很薄的,但它却集中了大气圈大部分的质量,而且几乎全部水汽也都集中在这一层。对流层是大气圈中与人类关系最密切的一层。

从对流层顶到 50~55 km 的高度范围是平流层。平流层的主要特征有:气流运动相当稳定,且以水平方向上的运动为主;气温不随高度而变化;有臭氧存在。臭氧层对对流层和地表起着保护层的作用,是人类环境的一个重要因素。臭氧层能大量吸收太阳光中的紫外线,从而保护着地表的生物和人类免受紫外线的伤害。

从平流层顶到 85 km 的高度属中间层。这一层气温再次随高度升高而迅速下降,因而气流的垂直对流运动相当强烈,故又称高空对流层。中间层水汽含量极少,几乎没有云层出现,仅在高纬度地区的 75~90 km 高度,有时能看到一种薄而带银白色的夜光云(出现机会少),这种夜光云,有人认为是由极细微的尘埃所组成。

热层大致处于中间层顶到 800 km 高度的范围内。这一层大部分气体分子在太阳紫外线和宇宙线作用下发生电离,形成具有较高密度的带电粒子,所以热层又称为电离层。热层中的带电粒子能反射电磁波,对地球上的无线电通信有重要意义。热层的另一显著特征是,气温随高度增加而急剧上升。在高纬度地区的晴夜,在热层中可以出现彩色的极光。这可能是太阳发出的高速带电粒子使高层稀薄的空气分子或原子激发后发出的光。这些高速带电粒子在地球磁场的作用下,向南北两极移动,所以极光常出现在高纬度地区上空。

外(逸)层的厚度大约从 800 km 高空一直到 2 000~3 000 km 高空,是一个向星际空间过渡的大气圈最上层。外(逸)层由于远离地球,大气中的质点受地球引力的束缚较弱,因而这些分子或离子中速度很大者会脱离地球引力而散逸到星际空间,故称外(逸)层。

1.1.2.2　水圈

水圈是地球外圈中作用最为活跃的一个圈层,也是一个连续不规则的圈层。它与大气圈、生物圈和地球内圈的相互作用,直接关系到影响人类活动的表层系统的演化。水圈也是外动力地质作用的主要介质,是塑造地球表面最重要的角色。它指地壳表层、表面和围绕地球的大气层中存在着的各种形态的水,包括液态、气态和固态的水。地球上的总水量约有 1 360 000 000 km³,海洋占了 1 320 000 000 km³(97.2%),冰川和冰盖占了 25 000 000 km³(1.8%),地下水占了 13 000 000 km³(0.9%),湖泊、内陆海和河里的淡水占了 250 000 km³(0.02%),大气中的水蒸气占了 13 000 km³(0.001%)。地球上的水以气态、液态和固态三种形式存在于空中、地表和地下,这些水不停地运动着和相互联系着,以水循环的方式共同构成水圈。

1.1.2.3　生物圈

生物圈指地球上所有生态系统的统合整体,是地球的一个外层圈,其范围大约为海平面上下垂直约 10 km。它包括地球上有生命存在和由生命过程变化和转变的空气、陆地、岩石圈和水。从地质学的广义角度上来看,生物圈是结合所有生物以及它们之间的关系的全球性的生态系统,包括生物与岩石圈、水圈和空气的相互作用。生物圈是一个封闭且能自我调控的系统。地球是整个宇宙中唯一已知的有生物生存的地方。一般认为,生物圈是从 35 亿年前生命起源后演化而来。

1.2　地 质 作 用

地球自形成以来,经历了漫长的地质历史,其内部结构、物质组成和表面形貌都在不断变化中。大海经过长期的演变而成陆地、高山;陆地上的岩石经过长期的日晒、风吹,逐渐破坏粉碎,脱离原岩而被流水携带到低洼地方沉积下来,结果高山被夷为平地。海枯石烂、沧海桑田,地壳面貌不断改变,才具有了今天的外形。所有引起矿物、岩石的产生和破坏,从而使地壳面貌发生变化的自然作用,统称为地质作用。引起这些变化的自然动力,称为地质营力。

在自然界,有些地质作用进行得很快、很激烈,如山崩、地震、火山喷发等,可以在瞬间发生,并可造成灾难性后果。有些地质作用则进行得很缓慢,不易被人们察觉。据 1950 年测量资料表明,近 100 年中,荷兰海岸下降了 21 cm,平均每年下降 2 mm。据最新资料:1990—1999 年间我国青藏高原平均上升量约 20 mm,最大上升量为 80 mm;黑龙江黑河地区最大上升量为 80 mm;而华中、华东和华南地区平均下沉 80 mm。下沉的原因除了地下水的过量开采以外,地质作用引起的地壳运动是主要的原因。

地质作用按其能源不同,可以分为内力地质作用和外力地质作用两大类,如图 1 - 4 所示。

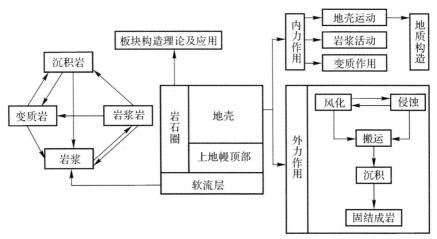

图 1 - 4　地质作用一览图

1.2.1 内力地质作用

由地球转动能、重力能和放射性元素衰变产生的热能引起的地质作用,称为内力地质作用,其主要是在地壳或地幔中,引起该作用的地质营力的能量也主要来源于地球内部。内力地质作用的表现方式包括地壳运动、岩浆作用、变质作用和地震等。岩浆岩、变质岩及与之有关的矿产,便是内力地质作用的产物。

1.2.1.1 地壳运动

组成地壳的物质(岩体)不断运动,改变它们的相对位置和内部构造,称为地壳运动。它是内力地质作用的一种重要形式,也是改变地壳面貌的主导。

大地水准测量资料表明:芬兰南部海岸以每年 1～4 mm 的速度上升;丹麦西部沿岸则以每年 1 mm 的速度下降;而北美加利福尼亚沿岸,1868—1906 年的 38 年间,平均以每年 52 mm 的速度向北移动。

在海岸地区,珊瑚岛和波切台地高出海面,常是该地区陆地缓慢上升的标志。我国西沙群岛的珊瑚礁,有的已高出海面 15 m。一般认为,造礁珊瑚是在海水深度 0～50 m 内生长的,这足以说明西沙群岛近期是处于缓慢上升的。由于海浪对海岸的冲蚀作用,在海岸上常常可见到波切台地、海蚀凹槽和海崖等现象。这些现象如果现在已经远离海岸,而且显著地高出了现在的海平面,最大的海浪也不能冲蚀它们,那么也是海岸近期缓慢上升的标志。相反,珊瑚岛、波切台地等若被淹没在深水或半深水下面,则说明该地区海岸在近期是逐渐下降的。

上述实例从不同角度反映出地壳是在不断运动的。按地壳运动的方向,可分为水平运动和升降运动两种形式。

(1)水平运动

水平运动是地壳演变过程中表现得相对较为强烈的一种运动形式,也是当前被认为是形成地壳表层各种构造形态的主要原因。岩体的位移、层状岩石的褶皱现象都是地壳水平运动的具体表现。从板块构造理论的角度看,岩石圈表层和内部的各种地质作用过程主要受板块之间的相互作用控制,板块边界是构造活动最强烈的地区。板块的汇聚、离散、平错过程中均伴有大规模的水平位移。

(2)升降运动

升降运动是地壳演变过程中表现得比较缓和的一种形式。在同一时期内,地壳在某一地区表现为上升隆起,而在相邻地区则表现为下降沉陷。隆起区与沉降区相间排列,此起彼伏、相互更替。

地壳的升降运动对沉积岩的形成有很大影响,不仅控制了沉积岩的物质来源和性质,同时也影响着沉积岩的厚度和分布范围。这是因为:由上升运动控制的隆起区,是形成沉积岩的物质成分的供给区;而由下降运动所控制的沉降区,则是这些物质成分形成沉积物并转化为沉积岩的场所。

升降运动和水平运动是密切联系不能截然分开的,在地壳运动过程中都起作用,只是在同一地区和同一时间以某一方向的运动为主,而另一方向运动居次或不明显。它们在运动过程中也可以互相转化,即水平运动可以引起升降运动,甚至转化为升降运动,反之亦然。

如山脉的形成,必然会同时引起陆地的上升。正如著名地质学家李四光指出的:"比较大规模的有条不紊的隆起和沉降地区和地带的形成,很可能是由地表到地壳中一定的深度受到水平方向挤压的结果,就是说,我们没有理由反对它们所显示的垂直运动可能起源于水平运动。"

1.2.1.2　岩浆作用

岩浆是地壳深处一种富含挥发性物质的高温黏稠硅酸盐熔融体,其中尚含有一些金属硫化物和氧化物。岩浆按 SiO_2 的含量不同,分为超基性(SiO_2 含量小于 45％)、基性(SiO_2 含量为 45％～52％)、中性(SiO_2 含量为 52％～65％)和酸性(SiO_2 含量大于 65％)岩浆。

基性岩浆含 SiO_2 较低,含 Fe、Mg 的氧化物较高(故所成岩石颜色较深),密度较大;含挥发分较少,黏度较小,容易流动。

酸性岩浆含 SiO_2 较高,含 Fe、Mg 的氧化物较低(故所成岩石色浅),密度较小;含挥发分较多,黏性较大,不易流动。

在地壳运动的影响下,由于外部压力的变化,岩浆向压力减小的方向移动,上升到地壳上部或喷出地表冷却凝固成为岩石的全过程,统称为岩浆作用。由岩浆作用而形成的岩石,称为岩浆岩。岩浆作用有喷出作用和侵入作用两种。

(1)喷出作用

喷出作用指岩浆直接喷出地表。喷溢出地面的岩浆冷凝后称喷出岩。岩浆喷出时有液体、固体、气体三种物质。气体组分主要来自地下的岩浆,小部分为岩浆上升过程中与围岩作用产生,其中水蒸气占 60％～90％,其次是 CO_2、CO、SO_2、NH_3、N_2、HCl、HF、H_2S 等挥发分。液体物质称熔岩流,是岩浆喷出地表后损失了大部分气体而形成的,成分与岩浆类似。固体物质是由熔岩喷射到空中冷却凝固或火山周围岩石被炸碎而形成的碎屑物质,故称火山碎屑物。

(2)侵入作用

灼热熔融的岩浆并不一定能上升到达地面,往往由于热力和上升力量的不足,在上升过程中就会把热传给与它相接触的岩石,而逐渐在地下冷却凝固。岩浆由地壳深处上升到地壳浅部的活动,称为侵入作用。岩浆在侵入过程中,可以在不同的深度下凝固。在地壳不太深(一般小于 3 km)的位置冷凝形成的岩石,称为浅成侵入岩;在地下深处(一般为 3～10 km)冷凝形成的岩石,称为深成侵入岩。

岩浆侵入深度不同,直接影响岩浆的温度、压力、冷凝速度以及挥发物质的散失等,造成上述三种岩浆岩在成分、结构和构造等方面也不相同。因此,岩石的成分、结构和构造等正是区别这三类岩石及岩浆作用方式的主要标志。这些问题将在后续有关章节分别讨论。

1.2.1.3　变质作用

由于地壳运动及岩浆活动,已形成的矿物和岩石受到高温、高压及化学成分加入的影响,在基本保持固体的状态下,会发生物质成分与结构、构造的变化,形成新的矿物和岩石,这一过程称为变质作用。由变质作用形成的岩石,称为变质岩。影响变质作用的因素如下。

1)温度。温度来自地热、岩浆热和动力热。温度是变质作用的基本因素。温度升高会大大增强岩石中矿物分子的运动速度和化学活性,从而使矿物在固体的状态下发生重结晶作用或重组合作用而产生新矿物。

2)压力。压力分为两种：一种是静压力，即上覆岩石对下伏岩石的压力，它随深度增加而增加。静压力的存在可使矿物或岩石向缩小体积、增大密度的方向变化。另一种是由于地壳运动所产生的动压力。这种压力具有一定的方向，可使岩石破裂、变形、变质或发生塑性流动。克里定律指出：晶体在最大压力方向溶解，在最小压力方向沉淀。因此，在这种定向压力作用下，矿物在垂直压力方向将发生局部的细微溶解，并向平行压力方向流动而结晶。新生成的柱状或片状矿物的长轴沿垂直于主压应力轴方向排列，从而形成变质岩所特有的片理构造。

3)化学成分的加入。外来物质主要来自岩浆热液，也有的来自混合岩化热液和变质水等。岩浆的热力可以使围岩结构构造发生变化，而岩浆分异出来的气体和液体可与围岩发生交代作用，生成新的矿物。如岩浆中 F、Cl、B、P 等成分与围岩发生化学反应生成萤石、电气石、方柱石和磷灰石等。

上述三种影响变质作用的因素不是孤立的。如地壳运动除了产生动压力之外，还将动能转化为热能。同时由于地壳运动又常伴有岩浆活动，从而引起化学成分的加入和产生巨大的岩浆热。因此，在变质过程中常有多种因素影响而使岩石发生复杂的变化。根据引起变质作用的基本因素，可将变质作用分为接触变质作用、动力变质作用和区域变质作用三种。

(1)接触变质作用

这种变质作用是指由于岩浆的热力与其分化出的气体和液体使岩石发生变化。引起这类变质作用的主要因素是温度和化学成分的加入。前者表现为重结晶作用，如石英砂岩变成石英岩、石灰岩变成大理岩等；后者则是岩浆分化出来的气体和液体渗入围岩裂隙或孔隙中，与围岩发生化学反应(交代作用)，使原岩变质而形成新的岩石，如石灰岩变成矽卡岩等。

(2)动力变质作用

因地壳运动而产生的局部应力使岩石破碎和变形，但成分上很少发生变化。引起这种变质作用的因素以压力为主，温度次之。它们使岩石碎裂而形成断层角砾岩和糜棱岩等，同时也能使矿物发生重结晶。这种变质作用多发生在地壳浅处，且常见于较坚硬的脆性岩石。

(3)区域变质作用

地壳深处的岩石，在高温、高压下发生变化的同时，还伴有化学成分的加入，因而使广大的区域发生变质作用。这种变质作用和强烈的地壳运动密切相关，并常伴有区域的岩浆活动，是各种因素的综合。这种变质作用影响范围广，所形成的岩石多具片理构造，如片岩等。

1.2.1.4　地震

地震是指由于地震波在地下传播而引起的地壳快速颤动或摆动现象，是地下岩石积聚的能量超过其弹性极限时，岩石发生破裂造成的能量快速释放。

地震是现代地壳运动的直接反映，也是重大自然灾害之一。地震按其成因可分为陷落地震、火山地震和构造地震三种类型。陷落地震是由于巨大的地下岩洞崩塌所造成的；石灰岩地区有时因岩溶发育而引起洞穴坍塌,可在附近造成微小振动,但不会影响到较远地区;山崩则应该说是地震的后果而不是它的起因。至于火山导致地震的问题,目前虽不能否认,但这一类地震一般都很小,即使严重,也多局限在火山活动地区,从1906年智利地震发生两天后才开始的火山喷发可知,火山活动也可以是地震的后果。

目前,绝大多数地震是由于地壳本身运动所造成的,称构造地震。由于板块运动等,岩石圈中各部分岩石均受到地应力的作用,当地应力作用尚未超过岩石的弹性限度时,岩石会产生弹性形变,并把能量积蓄起来。当地应力作用超过地壳某处岩石的弹性限度时,就会在那里发生破裂,或使原有的破碎带(断裂)重新活动,使它所积累的能量急剧地释放出来,并以弹性波(地震波)的形式向四周传播,从而引起地壳的颤动,产生地震。地震只是现象,地应力的变化和发展才是它的实质。不断地探索地应力从量变到质变的活动规律,才能把握住地震的实质。

地壳内部发生地震的地方称为震源,震源在地面上的垂直投影称为震中,震中到震源的距离称为震源深度,如图1-5所示。根据震源深度不同,可将地震分为深源地震(大于300 km)、中源地震(70～300 km)和浅源地震(小于70 km)。一般破坏性地震,震源深度不超过100 km。

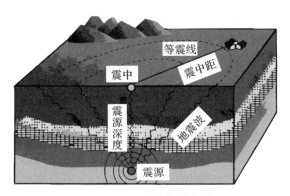

图 1-5　地震结构示意图

我国正处于环太平洋地震带与地中海—喜马拉雅地震带所夹地带,是一个多地震活动的国家,地震分布十分广泛。1976年7月28日发生的7.8级唐山大地震位于环太平洋地震带上,而2008年发生在四川省汶川县的8级大地震以及2022年四川甘孜州泸定县6.8级地震,位于印度板块与欧亚板块碰撞带的东侧转换带上,属地中海—印尼地震带。

强烈地震会造成巨大灾害,极大地威胁着人类的生命和财产安全。虽然地震的预报目前仍存在一定的困难,但是实践证明,地震的发生是有前兆的,是可以预测和预防的。首先,在强烈地震之前,地下的岩石已经开始发生位移,表现在地面上则常有上升、下降甚至倾斜现象。因此,可以在地面或水井、坑道、钻孔中安装各种仪器进行观测。其次,在强烈地震之前,由于地下含水层受到挤压产生位移,破坏了地下水的平衡状态,井水、泉水会突然上升或下降,甚至干枯,地下水化学成分和物理性质也会突然变化。某些地区地震前,常有地声、地光、地电、地温、地磁、地重、地应力的异常现象。此外,人们还利用家畜及水中或地下生物的活动来预报地震,如 1976 年的唐山大地震,在震前有牛羊不肯入栏、老鼠搬家、鸡上树等现象。

通过对地震发生、发展的研究,可以从中了解到很多关于地震的知识,获得有关地球构造、地震成因以及形成等方面的知识,找出防震、抗震的措施,以减轻地震的危害。因此,人们关心地震,研究地震发生的规律性,也正是为了防治和减少地震带来的灾害。

1.2.2 外力地质作用

外力地质作用主要发生在地球表层,且引起地质作用的地质营力主要来自地球范围以外的能源,包括太阳辐射能以及太阳和月球的引力、地球的重力能等。外力地质作用的方式包括风化作用、剥蚀作用、搬运作用、沉积作用和成岩作用。上述作用的总趋势是削高补低,使地面区域平坦。沉积岩和外生矿床就是外力地质作用的产物。

1.2.2.1 风化作用

在常温常压下,温度、H_2O、O_2、CO_2 和生物等因素,使组成地壳表层的岩石发生崩裂、分解等变化,以适应新环境的作用,称为风化作用。按风化作用因素的不同,可以分为物理风化作用、化学风化作用和生物风化作用三种。

(1)物理风化作用

岩石在物理风化过程中,只发生机械破碎,而化学成分不变。引起物理风化的主要因素是温度的变化(温差效应)、水的冻结(冰劈作用)和盐溶液的结晶胀裂(盐劈作用)等。如沙漠地区,岩石白天被阳光照射,温度可达 $60\sim80$ ℃,到夜间则降至 0 ℃以下,岩石随温度变化反复膨胀和收缩,胀缩转换愈快,岩石破坏愈快。此外,充填在岩石裂隙中的水的冻结和盐溶液的结晶都会使岩石裂隙胀大而对岩石产生破坏。

(2)化学风化作用

在 H_2O、O_2、CO_2 以及各种酸类的化学反应影响下,岩石和矿物的化学成分会发生变化,如矿物与水结合,可形成新的矿物。

$$CaSO_4 + 2H_2O \longrightarrow CaSO_4 \cdot 2H_2O$$
（硬石膏）　　　　　　　　（石膏）

当水溶液中有大量的氧时,可促使某些矿物迅速氧化,如黄铁矿经氧化后可生成稳定的褐铁矿。

当水中溶有 CO_2 时,将促使某些矿物发生分解而产生新的矿物。

$$4KAlSi_3O_8 + 4H_2O + 2CO_2 \longrightarrow Al_4(Si_4O_{10})(OH)_8 + 8SiO_2 + 2K_2CO_3$$
（正长石）　　　　　　　　　　　（高岭石）

纯水对碳酸盐几乎不起作用,若水中含有 CO_2,则可使难于溶解的碳酸盐变成易溶解的重碳酸盐而造成化学风化。

$$CaCO_3 + CO_2 + H_2O \longrightarrow Ca(HCO_3)_2$$

总体来说,化学风化作用使一些原来在地壳中比较稳定和坚硬的矿物发生化学变化,形成在大气和水环境中比较稳定的矿物,如高岭石、褐铁矿等。化学风化作用常使岩石的硬度降低,密度变小,矿物成分变化,破坏岩石的本来面貌。

（3）生物风化作用

生物风化作用是指岩石在动植物活动的影响下所引起的破坏作用,既有机械破坏,也有化学作用。如植物生长在石缝中,随着植物不断长大,其根部会对围岩石产生挤压（根劈作用）,并分泌出酸类破坏岩石中的矿物以吸取养分。岩石孔隙中的细菌和微生物也会析出各种有机酸、碳酸等,对岩石和矿物起着强烈的破坏作用。

自然界中,上述三种作用总是同时存在、互相促进的,但在具体地区可以有主次之分。地壳表层的岩石经过风化以后,除一部分物质溶解于水中转移他处之外,难以风化的碎屑成分或化学残余物,就在原来岩石的表层上面残留下来。这个被风化的岩石表层部分,通常称为风化带或风化壳。

1.2.2.2　剥蚀作用

将风化产物从岩石上剥离下来,同时也对未风化的岩石进行破坏,不断改变岩石的面貌,这种作用称为剥蚀作用。引起剥蚀作用的地质营力有风、冰川、流水、海浪等。

陆地是剥蚀作用的主要场所。在地形起伏、气候潮湿、降雨量大的地区,剥蚀作用主要为流水的冲刷和侵蚀使岩石遭受破坏;在干旱的沙漠地区,剥蚀作用主要为风对岩石的破坏。

风的剥蚀作用包括吹扬作用和磨蚀作用。前者指风将岩石表面的松散砂粒或风化产物带走;后者指风所夹带的砂粒随风运行,对岩石表面产生摩擦、磨蚀。地表出露岩石的岩性差异、高空与地表风动能和含砂量的差异或先期构造裂隙的存在等,造成的风蚀现象各不相同,常形成各种风蚀地貌,如风蚀蘑菇、风蚀城堡、风蚀壁龛等。

河流以自己的动能和夹带的砂、砾石破坏河床岩石,并把破坏下来的物质带走,此过程称为流水的侵蚀作用。

按力的作用方向不同,流水的侵蚀作用可以分为下蚀作用和侧蚀作用两种。

（1）下蚀（深向侵蚀）作用

河流冲刷底部岩石使河床降低的作用,称为河流的下蚀作用。河流在流动过程中,河水本身以及随河水一起运动的沙砾撞击、摩擦河床底部岩石,使岩石破碎。下蚀作用的结果一方面使河谷加深,另一方面使河流逐渐向着源头后退,使河流增长,这一作用过程称为向源侵蚀。

河流下蚀到一定深度,当河床低于海（湖）平面,河面趋于与海（湖）面相同时,河水不再具有位能差,河流的下蚀作用也就停止了。因此,从理论上讲,海（湖）水面是所有入海（湖）河流下蚀作用的极限。我们把下蚀作用的极限称为侵蚀基准面。显然,海平面是最终侵蚀基准面。具体到某一地区时,则以该区主河道或湖泊水面作为当地侵蚀基准面。

（2）侧蚀（侧方侵蚀）作用

由于河道弯曲,受水流惯性力和水内环流的作用,凹岸不断被侵蚀后退的过程,称为侧方侵蚀。水分子在重力作用下,沿凹岸河床斜坡产生强烈的下降水流,掏空凹岸下部,使上部岩块崩塌下落,结果河岸逐渐向着凹岸及下游方向推移。在凹岸遭受侵蚀作用的同时,底流将破坏下来的碎块泥沙搬至凸岸沉积下来,并不断向前发展。侧蚀作用主要在河流的中、下游盛行,因而中、下游河谷宽阔,河床弯曲成曲流,并产生牛轭湖等。

侧蚀不断侵蚀凹岸,河床不断向凹岸移动,弯曲越来越甚,称为曲流(或河曲)。曲流继续发展,河床的弯曲几乎接近封闭的圆形。洪水时,水流穿过曲流颈,河床就截弯取直,原来的曲流便脱离河道,形成牛轭湖,如图1-6所示。

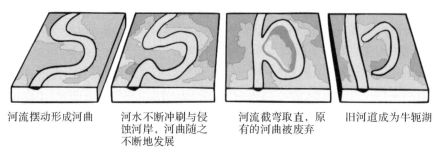

| 河流摆动形成河曲 | 河水不断冲刷与侵蚀河岸,河曲随之不断地发展 | 河流截弯取直,原有的河曲被废弃 | 旧河道成为牛轭湖 |

图1-6 牛轭湖的形成过程示意图

河流在以侧蚀作用为主时,一方面河谷不断加宽,一方面进行沉积。其后,由于当地地壳相对上升或侵蚀基准面下降等原因,下蚀作用加强,就在原有河谷底上侵蚀出新的河谷,使原有谷底不再被河水淹没,而形成沿着河谷谷坡伸展的阶梯状地形,称为河谷阶地。阶地有时只有一级,有时可有几级,每一个阶地由一个平台和与之相连的阶地斜坡组成。最低的一级称一级阶地,往上为二级,依此类推。最低的阶地是最新的阶地,即形成最晚的阶地,阶地愈高,形成愈早。常见的阶地有侵蚀阶地和沉积阶地。前者阶地平台上没有沉积物存在,阶地平台和斜坡均由基岩组成;后者在阶地平台上有疏松沉积物。

研究阶地,可以了解到河流在侵蚀过程中交织着下蚀和侧蚀两种方式。河水在对河床底部岩石进行侵蚀的同时,也对河床两侧岩石进行侵蚀。但在不同河段,由于地质条件的差异,它们有着不同的表现,一般上游河段以下蚀作用为主导,中下游河段则以侧蚀作用为主导。

此外,地下水、海浪、冰川等同样可以对地表出露的岩石产生剥蚀作用。地下水的剥蚀作用以溶蚀为主;海浪的剥蚀作用与河流相似,海蚀作用盛行于滨海带,它以冲蚀和磨蚀这两种机械动力作用方式,塑造出特殊的海岸地貌,并对大陆架以及大陆坡产生影响。另外,在海洋中还有一种剥蚀作用是以海水的化学溶解作用方式进行的,称为溶蚀作用。冰川通过刨蚀(挖掘作用和磨蚀作用)对流经区进行剥蚀,产生冰斗、刃脊、角峰、U形谷、悬谷等冰蚀地形。

1.2.2.3 搬运作用

风化剥蚀的产物,在地质营力的作用下,离开母岩区,经过长距离搬运,到达沉积区的过程,称为搬运作用。搬运和剥蚀往往是同时由同一种地质营力来完成的。如风和流水一边剥蚀岩石,同时又迅速将剥蚀下来的岩屑带走,两者是不能截然分开的。搬运作用的方式有拖曳搬运、悬浮搬运和溶解搬运三种。

(1)拖曳搬运

被搬运的物质颗粒粗大,随风或流水在地面上或沿河床底滚动或跳跃前进。被搬运物质大多数在搬运过程中逐渐停积于低洼地方或沉积于河床底部,只有部分被带入海中。

（2）悬浮搬运

被搬运的物质颗粒较细，随风在空气中或浮于水中前进。悬浮搬运的距离可以很远。我国西北地区的黄土就是从很远的沙漠地区以悬浮方式搬运来的。

（3）溶解搬运

被搬运的物质溶解于水中，以真溶液（如 Ca、Mg、K、Na、Cl、S 等）和胶体溶液（如 Al、Fe、Mn 等的氢氧化物）的状态搬运。这些溶解质通常都被带到湖、海中沉积。

碎屑物质搬运过程中的分选与磨圆。碎屑物质在搬运过程中按颗粒及密度大小进行分异沉积的作用称为分选。分选作用与碎屑物被搬运的距离和运动介质的性质密切相关。如流水搬运的碎屑物，由于动能减小，粗、重的颗粒首先发生沉积，随着搬运距离增长，细、轻的颗粒依次发生沉积，因此搬运的距离越远，分选程度越高，即颗粒按大小和质量逐渐分开。冰川是固体载运，不发生分选，因此分选作用最差，风是气体搬运，分选作用最好。磨圆指碎屑物在搬运过程中，由于相互的摩擦和碰撞及与河床底部、谷壁等的摩擦、碰撞，逐渐失去棱角的过程。因此，碎屑物质长距离搬运的结果是，使被搬运的物质获得良好的分选和磨圆。

1.2.2.4 沉积作用

被搬运的物质，经过一定距离之后，由于搬运介质搬运能力（风速或流速）的减弱、搬运介质物理化学条件的变化或在生物作用下，从风或流水等介质中分离出来，形成沉积物的过程，称为沉积作用。沉积作用的方式有机械沉积作用、化学沉积作用和生物沉积作用。

（1）机械沉积作用

由于搬运介质搬运能力的减弱，以拖曳或悬浮方式搬运的物质，按颗粒大小、形状和密度在适当地段依次沉积下来，称为机械沉积。

（2）化学沉积作用

呈真溶液或胶体溶液状态被搬运的物质，由于介质物理化学条件的改变使溶液中的溶质达到过饱和，或因胶体的电荷被中和而发生沉积，称为化学沉积。在化学沉积作用下，首先沉积下来的是最难溶解并易于沉积的物质，而易溶物质只是在有利于沉积作用的特殊条件下才发生沉积。

（3）生物沉积作用

湖沼和浅海是生物最繁盛的地带，生物沉积作用极其显著。这一作用包括：生物在其生活历程中所进行的一系列生物化学作用（如改变水的 pH 值等），以及生物大量死亡后尸体内较稳定部分（主要是生物的骨骼）直接堆积下来的过程。生物骨骼成分有钙质、磷质和硅质，但绝大多数为钙质。它们有时被海浪捣碎混在机械沉积物中，数量多时也可形成生物碎屑堆积。

1.2.2.5 成岩作用

使松散沉积物转变为沉积岩的过程，称为成岩作用。在成岩作用阶段，沉积物发生的变化有压固作用、胶结作用和重结晶作用三种。

（1）压固作用

先成的松散沉积物，在上覆沉积物及水体的压力下，所含水分将大量排出，体积和孔隙度大大减小，逐渐被压实、固结而转变为沉积岩。黏土沉积物变为黏土岩，碳酸盐沉积物变为碳酸盐岩,主要是压固作用的结果。因为黏土和碳酸盐沉积物形成后,富含水分,孔隙亦大,在压力作用下,较易缩小体积,排出水分而固结成岩。

(2)胶结作用

在碎屑物质沉积的同时或稍后,水介质中以真溶液或胶体溶液性质搬运的物质,亦可随之发生沉积,形成泥质、钙质、铁质、硅质等化学沉积物。这些物质充填于碎屑沉积颗粒之间,在上覆沉积物等外界压力的作用下,经过压实,碎屑沉积物的颗粒借助化学沉积物的黏结作用而固结变硬,形成碎屑岩。

(3)重结晶作用

沉积物的矿物成分在温度、压力增加的情况下,借溶解或固体扩散等作用,使物质质点发生重新排列组合,颗粒增大,称重结晶作用。重结晶强弱的内因取决于物质成分、质点大小和均一程度。一般来说,成分均一、质点小的真溶液或胶体沉积物,其重结晶现象最明显。例如,化学沉积的方解石、白云石、石膏,胶体沉积的黏土矿物、二氧化硅(蛋白石),都容易发生重结晶作用,使颗粒增大,对疏松沉积物的固结成岩起着促进作用。因此,重结晶作用主要出现于黏土岩和化学岩的成岩过程中。

1.2.3 内、外力地质作用的相互关系

自地壳形成以来,内、外力地质作用在时间和空间两个方面都是一个连续的过程。虽然它们时强时弱,有时以某种作用为主导,但始终是相互依存、彼此推进的。由于地壳表层是内、外力地质作用共同活动,既对立又统一、既斗争又依存的场所,因此自然界中各种地质体无不留有内、外力地质作用的痕迹。

1.2.3.1 地壳上升与剥蚀作用

剥蚀作用是外力地质作用对地壳表层的物质和结构破坏作用的总称。剥蚀作用不仅依赖于外力能量,而且与自然地理和地质构造条件密切相关。一般来说,地形愈高、起伏愈大的地区,剥蚀作用愈强烈。但是,地形的高低起伏,主要是由地壳运动的性质和强度决定的,即地壳上升愈快,幅度愈大,持续时间愈长的地区,必然地形愈高;相邻地区的地壳运动差异性愈大,则地形起伏也愈大,这样的地区,剥蚀作用也特别强烈。这就是剥蚀作用与上升运动的统一关系。

地壳运动总是产生新的地形起伏,而剥蚀作用的结果则是降低地形高度,减小地形起伏,这就是两者的矛盾关系。

地壳上升的速度与剥蚀的速度是不会相等的。当地壳上升速度超过剥蚀速度时,地形高度才会增加;反之,则地形愈来愈低。这就是地形演变的实质。

1.2.3.2 地壳下降与沉积作用

各种外力地质作用将其剥蚀产物带到低凹的地方沉积下来,海、湖及平原区的河床是接受沉积物的主要场所。但要形成大规模的沉积岩层,如果没有地壳下降是不可能的。地壳下降时,沉积作用加强,同时沉积物力图补偿地壳下降,这就是两者之间的矛盾和统一关系。地壳下降速度与沉积作用速度之间的相互关系,是决定沉积岩类型、厚度和分布的主要因素。

1.2.3.3　地壳物质组成的相互转化

　　组成地壳表层的三大类岩石——岩浆岩、沉积岩和变质岩,并非是静止不变的,它们在内、外动力的作用下,是可以相互转化的。岩浆岩和变质岩是在特定的温度、压力和深度等地质条件下形成的,但随着地壳上升而暴露于地表,经外动力的长期作用,被风化、剥蚀、搬运,并在新的环境中沉积下来,后经成岩作用形成沉积岩。而沉积岩随着地壳下降深埋地下,当达到一定温度和压力时,也可以转变成变质岩,甚至熔融成为岩浆,再经岩浆作用形成岩浆岩。

　　随着岩石的转变,储存在岩石中的有用矿产也在不断变化,例如煤层或富含碳质的沉积岩,在遭受强烈变质后,可以形成石墨。岩浆岩和变质岩中常有很多稀有放射性矿物,呈分散状态存在,不便于开采和利用,经过剥蚀、搬运、沉积等外力地质作用后,常富集成为砂矿床。许多外生金属矿床也可以在不断的变质作用中逐渐富集,形成规模巨大的矿床。

第 2 章　矿物与岩石

"千锤万凿出深山,烈火焚烧若等闲。粉身碎骨浑不怕,要留清白在人间。"

——《石灰吟》于谦[明]

矿物是在各种地质作用中所形成的天然固态单质或化合物,具有一定的化学成分和内部结构,从而有一定的形态、物理性质和化学性质。它们在一定的地质和物理化学条件下稳定存在,是组成岩石和矿石的基本单位。矿物种类繁多,已知的矿物达 4 000 多种,其中有许多有用的矿物,是发展现代化工业、农业、国防事业和科学技术不可缺少的原料。

2.1　矿物的概念

矿物是自然存在的无机固体,由特定比例的化学元素组成,其原子以系统的内部模式排列。要归类为矿物,物质必须满足下列五项要求:

1)必须是自然形成的;

2)必须是固体;

3)必须是通过无机过程形成的;

4)必须具有特定的化学成分;

5)必须具有特征性的晶体结构。

自然形成:自然形成矿物的要求排除了通过人工方式生产的任何物质,如钢、塑料或实验室生产的任何没有天然等价物的晶体材料。严格来讲,以上这些物质都不是矿物。

固体:所有液体和气体,包括自然产生的液体和气体,如石油和天然气,也被排除在外,因为矿物是固体。该要求基于材料的状态,而不是其成分。例如,冰川中的冰是一种矿物,而溪流中的水则不是,尽管两者都由相同的化合物 H_2O 构成。

通过无机过程形成:叶子等材料不是矿物,它们来自活生物体并含有有机化合物。例如,煤不是一种矿物,因为它是从植物的残余物中提取出来的,并且含有有机化合物。死亡动物的牙齿和骨骼以及海洋生物的贝壳则是一个更棘手的问题。骨骼、牙齿和贝壳中的材料与矿物中的材料相同,但根据定义,这些材料不是矿物,因为它们是由有机过程形成的。然而,当骨头或贝壳变成化石时,原始材料通常会被矿物所取代,这是一种称为矿化的无机过程。例如,如果对恐龙骨骼进行化学分析,你会发现很少或根本没有有机化合物,只有无机过程形成的矿物,即使骨骼的内部结构可能已被矿化所保存。

　　特定化学成分:矿物必须具有特定化学成分的要求有几个含义。最重要的是,这意味着矿物要么是化学元素的单质(例如金和金刚石),要么是原子以特定比例存在的化合物。分子式为 SiO_2 的石英是一种化合物的例子。石英中的硅氧比始终为 $1:2$。许多矿物的分子式比石英复杂得多,例如,金云母(云母的一种常见形式)的化学式是 $KMg_3Si_3O_{10}(OH)_2$,其他矿物的分子式甚至更复杂,但在所有情况下,化合物中的元素都以特定比例结合。

　　特征晶体结构:由于矿物必须具有特征性的晶体结构的要求,玻璃甚至自然形成的火山玻璃也被排除在矿物之外。这个术语与材料中原子的排列有关。实际上,玻璃是一种冷冻液体。液体中的原子是随机混杂的,而矿物中的原子是以规则的、重复的几何图案组织起来的。矿物中原子的几何图案称为晶体结构。因为矿物有晶体结构,所以它们被称为晶体。缺乏晶体结构的固体,如玻璃,被称为无定形固体,它们不是矿物。所有矿物都是晶体,任何矿物的晶体结构都是该矿物的独特特征。给定矿物的所有样品都具有相同的晶体结构。极为灵敏的超高分辨率显微镜使科学家能够观察矿物的晶体结构,并看到矿物中原子的有序排列(见图 2-1)。

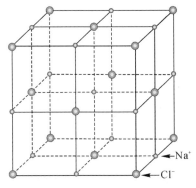

图 2-1　NaCl 的晶体结构

　　两种矿物可能具有相同的化学成分,但晶体结构不同,因为它们是在不同的温度或压力条件下形成的。这种矿物被称为多形态。例如,石墨(铅笔中的铅)和钻石都是完全由碳组成的(见图 2-2),石墨的结构是在低压下形成的,普遍存在于浅表区(仅在地面以下几公里处),而金刚石的结构则压缩得多,是由深度大于 150 km 的强压力造成的。

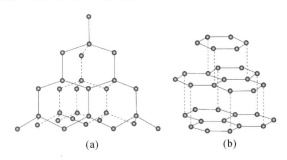

(a)　　　　　　　　(b)

图 2-2　金刚石和石墨同质多相

(a)金刚石;(b)石墨

2.2 矿物的特征

每种矿物都以其固有的物理性质与其他矿物相区别,这些物理性质从本质上来说,是由矿物的化学成分和晶体结构所决定的。矿物具有光学性质、力学性质及其他性质。光学性质包括颜色、光泽、条痕、透明度;力学性质包括硬度、解理、断口、密度等;其他性质包括脆性、弹性、挠性、延展性、磁性、发光性、导电性等。因此,可以根据矿物的物理性质及其数量表现——物理常数,对矿物进行识别和宏观鉴定。下面着重介绍用肉眼和简单工具就能分辨的若干物理性质。

2.2.1 颜色

矿物颜色是由矿物对可见光波的吸收作用引起的。太阳光是由七种不同波长的色光所组成的,当矿物对它们均匀吸收时,可因吸收的程度不同,使矿物呈现出白、灰、黑色(全部吸收);如果只选择性吸收某些色光,矿物就呈现另一部分色光的混合色,即被吸收光的补色,矿物呈现彩色。根据矿物颜色产生的原因,可将颜色分为自色、他色、假色三种。

(1)自色

自色是矿物本身固有的颜色。自色取决于矿物的内部性质,特别是所含色素离子的类别。例如:赤铁矿之所以呈砖红色,是因为它含 Fe^{3+};孔雀石之所以呈绿色,是因为它含 Cu^{2+}。自色比较固定,因而具有鉴定意义。

(2)他色

他色是矿物混入了某些杂质引起的,与矿物的本身性质无关。他色不固定,随杂质的不同而异。如纯净的石英晶体是无色透明的,但含碳微粒时就呈烟灰色(即墨晶),含锰就呈紫色(即紫水晶),含氧化铁则呈玫瑰色(即玫瑰石英)。由于他色具有不固定的性质,所以对鉴定矿物没有太大的意义。

(3)假色

假色是由于矿物内部的裂隙或表面的氧化薄膜对光的折射、散射引起的。其中:由裂隙引起的假色,称为晕色,如方解石解理面上常出现的虹彩;由氧化薄膜引起的假色,称为锖色,如斑铜矿表面常出现斑驳的蓝色和紫色。

2.2.2 条痕

矿物粉末的颜色称为条痕,通常将矿物在素瓷条痕板上擦划得之。条痕可清除假色,减弱他色而显示自色,所以较为固定,具有重要的鉴定意义。例如赤铁矿有红色、钢灰色、铁黑色等多种颜色,然而其条痕却总是樱红色。但条痕对于鉴定浅色的透明矿物没有多大意义,因为这些矿物的条痕几乎都是白色或近于无色,难以区别。

2.2.3 光泽

矿物表面反射光线的能力,称为光泽。按反光的强弱,光泽可分为金属光泽、半金属光泽和非金属光泽。

（1）金属光泽

类似于金属抛光面上呈现的光泽,闪耀夺目,如方铅矿、黄铜矿、黄铁矿等。

（2）半金属光泽

类似于金属光泽,但较为暗淡,为未经抛光的金属表面呈现的光泽,如铬铁矿。

（3）非金属光泽

可再细分为:金刚光泽,如金刚石、闪锌矿;玻璃光泽,如水晶、萤石;油脂光泽,如石英断面上的光泽;丝绢光泽,如石棉;珍珠光泽,如白云母;蜡状光泽,如蛇纹石;土状光泽,如高岭石。

2.2.4　透明度

矿物透光的程度称为透明度。从本质上来说,透明度取决于矿物对光线的吸收能力。但吸收能力除和矿物本身的化学性质与晶体结构有关以外,还明显地与厚度及其他因素有关。因此,某些看来是不透明的矿物,当其磨成薄片时,却可能是透明的,所以透明度只能作为一种相对的鉴定依据。为了消除厚度的影响,一般以矿物的薄片(0.03 mm)为准。据此,透明度可以分为透明、半透明、不透明三级。

（1）透明

绝大部分光线可以通过矿物,因而隔着矿物的薄片可以清楚地看到对面的物体,如无色水晶、冰洲石(透明的方解石)等。

（2）半透明

光线可以部分通过矿物,因而隔着矿物薄片可以模糊地看到对面的物体,如闪锌矿、辰砂等。

（3）不透明

光线几乎不能透过矿物,如黄铁矿、磁铁矿、石墨等。

上面所说的颜色、条痕、光泽和透明度都是矿物的光学性质,是由于矿物对光线的吸收、折射和反射所引起的,因而它们之间存在着一定的联系。例如,颜色和透明度以及光泽和透明度之间都有相互消长的关系。矿物的颜色越深,说明它对光线的吸收能力越强,这样,光线也就越不容易透过矿物,于是透明度也就越差。矿物的光泽越强,说明投射于矿物表面的光线大部分被反射了,这样通过折射而进入矿物内部的光线也就越少,于是透明度也就越差。掌握这些关系对正确鉴定矿物是有帮助的。

2.2.5　硬度

矿物抵抗外来机械作用(刻划、压入、研磨)的能力,称为硬度。它与矿物的化学成分及晶体结构有关。在肉眼鉴定矿物时,通常采用刻划法确定其硬度,并以"莫氏硬度计"中所列举的 10 种矿物作为对比的标准,如表 2-1 所示。例如某矿物能被石英刻动,但不能被长石刻动,则矿物的硬度必介于 6～7 之间,可以确定为 6.5。但必须指出,莫氏硬度只是相对等级,并不是硬度的绝对数值,所以不能认为金刚石比滑石硬 10 倍。另外,有些矿物在晶体的不同方向上,硬度是不一样的。例如蓝晶石,沿晶体延长方向的硬度为 4.5,而垂直该方向的硬度为 6.5。大多数矿物的硬度比较固定,所以具有重要的鉴定意义。在野外,可利用指甲(2～2.5)、小刀(5～5.5)、石英(7)来粗略地测定矿物的硬度。

表 2-1　莫氏硬度计

硬度	矿物	替代物品
1	滑石(Talc)	
2	石膏(Gypsum)	指甲 2.5； 铜币 3.5～4
3	方解石(Calcite)	
4	萤石(Fluorite)	
5	磷灰石(Apatite)	钢刀 5.5； 玻璃 5.5～6； 钢锉 6.5
6	正长石(Orthoclase)	
7	石英(Quartz)	
8	黄玉(Topaz)	
9	刚玉(Corundum)	
10	金刚石(Diamond)	

2.2.6　解理

很多晶质矿物在受力(如打击)后,常沿着一定的方向裂开,这种特性称为解理。裂开的光滑面称为解理面。矿物之所以能产生解理,乃是内部质点规则排列的结果,它和晶体结构有关,解理面常平行于一定的晶面发生。

各种矿物解理方向的数目不一:有一个方向的解理,如白云母、黑云母;有两个方向的解理,如斜长石、正长石;有三个方向的解理,如方解石;有四个方向的解理,如萤石;有六个方向的解理,如闪锌矿。

根据解理面的完善程度,可将解理分为极完全解理、完全解理、中等解理和不完全解理。

(1)极完全解理

解理面非常平滑,矿物很容易解理及解理面裂成薄片,如云母。

(2)完全解理

解理面平滑,矿物易裂成薄板状或小块,如方解石。

(3)中等解理

解理面不甚平滑,延伸不远,常与断口共存,呈阶梯状,如角闪石。

(4)不完全解理

解理面不易发现,易出现断口,如磷灰石。

不同的晶质矿物,解理的数目、解理的完善程度和解理间的夹角都不一样,例如正长石和斜长石,都有两组完全解理,但正长石的两组解理夹角为 90°,斜长石则为 86°24′～86°,正长石和斜长石因此而得名。因此,解理是鉴定矿物的重要特性。

2.2.7　断口

矿物受力(如打击)后,沿任意方向发生不规则的断裂,其凹凸不平的断裂面称为断口。

断口和解理是互为消长的,解理越完善,则断口越难出现。断口可分为贝壳状断口、参差状断口和锯齿状断口。

(1)贝壳状断口

矿物破裂后具有弯曲的同心凹面,与贝壳很相似,如石英。

(2)参差状断口

断裂面粗糙不平,参差不齐,绝大多数矿物具有此种断口,如黄铁矿。

(3)锯齿状断口

断裂面尖锐如锯齿,延展性很强的矿物常具此种断口,如自然铜。

2.2.8　密度和相对密度(比重)

矿物的密度是指矿物单位体积的质量,度量单位通常为 g/cm^3。矿物的相对密度与密度在数值上是相同的,但前者更易于测定。矿物的相对密度是矿物在空气中的质量与 4 ℃时同体积水的质量比。矿物的密度和相对密度是矿物的重要物理参数,它们反映了矿物的化学组成和晶体结构,对矿物的鉴定有很大的意义。依据相对密度的大小可把矿物分为轻级、中级、重级三级。

1)轻级:矿物的相对密度小于 2.5,如石盐(2.1～2.2)、石膏(2.3)。

2)中级:矿物的相对密度为 2.5 ～ 4,如石英(2.65)、金刚石(3.5)。

3)重级:矿物的相对密度大于 4,如方铅矿(7.4～7.6)、自然金(15.6～19.3)。

2.2.9　其他性质

矿物的上述物理性质,几乎是所有矿物都具有的。除此之外,还有一些物理性质是某些矿物所特有的。

(1)脆性

矿物容易被击碎或压碎的性质称为脆性。用小刀刻划这类矿物时,一般容易出现粉末,如方铅矿、黄铁矿等。

(2)延展性

矿物在锤压或拉引下,容易形变成薄片或细丝的性质,称为延展性,如自然铜、自然银等。

(3)弹性

矿物受外力时变形,而在外力释放后又能恢复原状的性质,称为弹性,如云母。

(4)挠性

矿物受外力时变形,而在外力释放后不能恢复原状的性质,称为挠性,如绿泥石。

(5)磁性

矿物的颗粒或粉末能为磁铁所吸引的性质,称为磁性。由于许多矿物均具有不同程度的磁性,所以磁性是鉴定矿物的特征之一。但由于大多数矿物磁性较弱,因此具有鉴定意义的只限于少数磁性较强的矿物,如磁铁矿、磁黄铁矿。

(6)导电性

矿物对电流的传导能力,称为导电性。有些金属矿物(如自然铜、辉铜矿等)和石墨是良导体,另一些矿物(如金红石、金刚石等)是半导体,还有一些矿物(如白云母、石棉等)是不良导体(即绝缘体)。

(7)荷电性

矿物在受外界能量作用(如摩擦、加热、加压)的情况下,往往会产生带电现象,称为荷电性。例如:电气石在受热时,一端带正电荷,另一端带负电荷,称为热电性;压电石英(纯净透明、不含气泡和包体、不具双晶的水晶)在压缩或拉伸时,能产生交变电场,将机械能转化为电能,称为压电性。

(8)发光性

矿物在外来作用的激发下,如在加热、加压以及受紫外光、阴极射线和其他短波射线的照射时,产生发光的现象,称为发光性。如萤石在加热时或白钨矿在紫外线的照射下,均能产生荧光。所谓荧光,就是当激发作用停止时,矿物的发光现象也就随之消失的发光现象。激发射线停止后,矿物继续发光的现象,称为磷光(如金刚石)。

(9)放射性

这是含放射性元素的矿物所特有的性质,特别是含铀、钍的矿物,如晶质铀矿(UO_2)、方钍石(ThO_2)均具有强烈的放射性。

2.3 常见造岩矿物

构成岩石主要成分的矿物,称造岩矿物。自然界中的矿物种类极多,但造岩矿物仅有二三十种,其中最重要的造岩矿物有七种:正长石、斜长石、石英、角闪石类矿物(主要是普通角闪石)、辉石类矿物(主要是普通辉石)、橄榄石、方解石。甚至可以说,整个地壳几乎就是由上述七种矿物构成的。

下面介绍七类主要造岩矿物:石英、长石、云母、角闪石、辉石、橄榄石和方解石。

(1)石英(SiO_2)(见图2-3)

发育单晶并形成晶簇,或为致密块状、粒状集合体,无解理,晶面具玻璃光泽,贝壳状断口为油脂光泽,硬度7,相对密度2.65。质纯者称为水晶,无色透明;含杂质者分别呈不同颜色。各类岩石中都较常见。

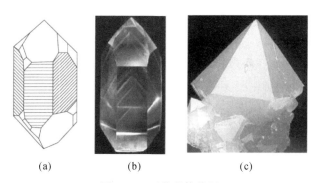

(a)　　　　(b)　　　　(c)

图2-3　石英晶体特征

(a)α-石英晶形;(b)α-石英晶体;(c)β-石英晶体

（2）长石（见图 2-4）

包括钾长石 $K[AlSiO_3O_8]$、钠长石 $Na[AlSiO_3O_8]$ 和钙长石 $Ca[AlSiO_3O_8]$ 三个基本类型及总称斜长石的、由钠长石与钙长石按不同比例混合形成的多种过渡性产物，如更长石、中长石、拉长石、培长石等。其共同特征是单晶体呈板状，白色或灰白色，玻璃光泽，硬度 6.0～6.5，相对密度 2.61～2.65，有两组近似正交的完全解理。各类岩石中均常见。

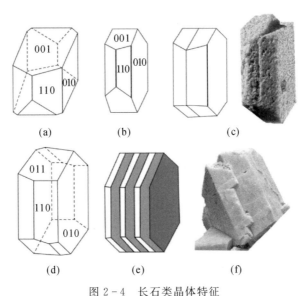

(a)　(b)　(c)

(d)　(e)　(f)

图 2-4　长石类晶体特征

(a)正长石的晶形；(b)正长石的晶形；(c)卡斯巴双晶；
(d)斜长石的晶形；(e)钠长石聚片双晶；(f)矿物板状晶体

（3）云母（见图 2-5）

白云母 $KAl_2[AlSi_3O_{10}](OH,F)_2$ 单晶体为短柱状或板状，集合体为鳞片状，具有平行片状极完全解理，薄片无色透明，珍珠光泽，硬度 2.5～3.0。黑云母 $K(Mg,Fe)_3[AlSi_3O_{10}]$ $(OH,F)_2$ 特点与白云母相近，唯颜色随含铁量增加而变暗，多呈棕褐色或黑色。云母是酸性岩浆岩、砂岩和变质岩的组成矿物。

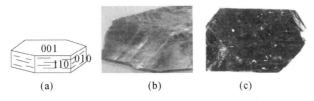

(a)　(b)　(c)

图 2-5　云母类晶体特征

(a)云母的晶形；(b)白云母晶体；(c)黑云母晶体

（4）普通角闪石 $(Ca,Na)_{2\sim3}(Mg,Fe,Al)_5(Si,Al)_2O_{22}(OH,F)_2$（见图 2-6）

单晶体为长柱状或针状，暗绿色至黑色，玻璃光泽，硬度 5～6，具两组平行柱状中等至完全解理,性脆,常见于中酸性岩浆岩和某些变质岩中。

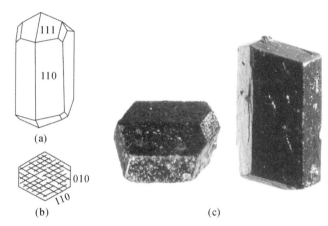

图 2-6　普通角闪石晶体特征

(a)普通角闪石的晶形;(b)普通角闪石的横截面;(c)普通角闪石晶体

(5)普通辉石(Ca,Na)(Mg,Fe,Al)$_2$[(Si,Al)$_2$O$_6$](见图 2-7)

成分与角闪石相似,但多 Fe、Mg,而无 O、H,单晶体为短柱状,集合体为粒状,绿黑色或黑色,玻璃光泽,硬度 5.5～6.0,解理与角闪石相近但交角更大,常见于基性、超基性岩浆岩中。

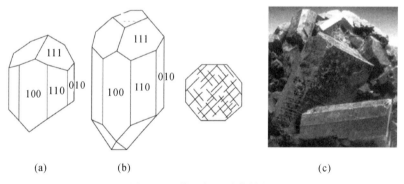

图 2-7　普通辉石晶体特征

(a)普通辉石的晶形;(b)普通辉石的横截面;(c)普通辉石晶体

(6)橄榄石(Mg,Fe)$_2$[SiO$_4$](见图 2-8)

粒状集合体,浅黄绿至橄榄绿色,颜色随铁含量增加而加深,玻璃光泽,硬度 6～7,性脆,不完全解理,为基性、超基性岩浆岩的重要组成矿物。

(7)方解石 CaCO$_3$(见图 2-9)

分布很广,晶体形状多种多样,它们的集合体可以是一簇簇的晶体,也可以是粒状、块状、纤维状、钟乳状、土状等等。方解石是石灰岩和大理岩的主要矿物。

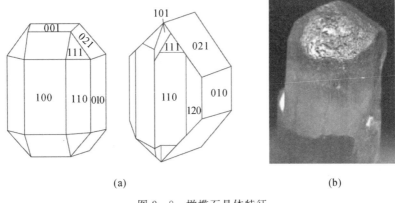

(a)　　　　　　　　　　　　(b)

图 2-8　橄榄石晶体特征

(a)橄榄石的晶形；(b)橄榄石晶体

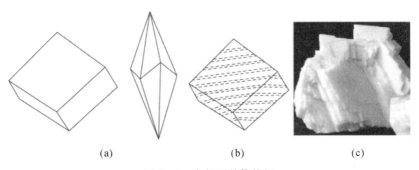

(a)　　　　　　　(b)　　　　　　　(c)

图 2-9　方解石晶体特征

(a)方解石晶形；(b)方解石聚片双晶；(c)方解石矿物晶体

2.4　岩石与岩体的基本概念

2.4.1　岩石

岩石是矿物或类似矿物的物质(如有机质、玻璃、非晶质等)组成的具有一定结构构造的集合体，是各种地质作用的产物，也是构成地壳的物质基础。地壳中绝大部分矿产都产于岩石中，它们之间存在着密切的成因联系。如煤产在沉积岩里，大部分金属矿则产在岩浆岩中，或其形成与岩浆岩有直接或间接联系。研究岩石就是为了发现岩石与矿产的关系，从中找出规律，以便更多更好地找寻和开发矿产资源。另外，大多数岩石本身就是重要矿产，如花岗岩、大理岩可用作天然的建筑和装饰石料。此外，冶金用的耐火材料和熔剂，农业用的无机肥料以及部分能源，都来自天然岩石。

岩石对于采矿工作者尤为重要。工业场地布设于岩石之上，开拓系统布置在岩石之中，开采对象——矿体不仅赋存在岩石内，而且有着成因联系，要采矿石必须先采出大量岩石(如露天矿的剥离)。因此，采矿工程技术人员必须具备岩石学的知识。需要指出，在研究人造(工艺)岩石时,也要广泛应用岩石学的知识。在研究提高各种硅酸盐制品——耐火材料、铸石、陶瓷、水泥、玻璃等和其他人造岩石的质量,以及研究其内部组成和结构与物理化学性能时,也要大量应用岩石学的研究方法。在此基础上,产生了一门与岩石学有密切关系的新学科——工艺岩石学。工艺岩石的研究,不仅能解决生产工艺中提出来的一系列实际问题(耐火材料、陶瓷、炉渣、磨料等),而且对了解天然岩石形成过程的理论问题有着十分重要的意义。

不难了解,地质作用的性质及进行的环境,决定着矿物彼此组合的关系,亦即矿物在岩石中的分布情况。换句话说,其决定着岩石的外貌,并以此作为鉴别三大类岩石的主要根据之一。这些关系表现在岩石的结构和构造两个方面。

1)岩石的结构。岩石中矿物的结晶程度、颗粒大小和形状以及彼此间的组合方式称为结构。其主要决定于地质作用进行的环境。在同一大类岩石中,由于它们生成的环境不同,就产生了种种不同的结构。关于这一点将在每一大类岩石的叙述中讨论。

2)岩石的构造。岩石中矿物集合体之间或矿物集合体与岩石的其他组成部分之间的排列方式以及充填方式称为构造。其反映着地质作用的性质。由岩浆作用生成的岩浆岩大多具有块状构造;由变质作用生成的变质岩,多数情况下它们的组成矿物一般都依一定方向平行排列,具片理状构造;由外力地质作用生成的沉积岩是逐层沉积的,多具层状构造。

研究岩石的结构构造,不仅对划分岩类、正确识别岩石有着实际意义,而且在采掘工艺中,对于研究岩体稳定、井巷支护、爆破措施及选择采掘机械起着重要作用。

2.4.2 岩体

岩体是指在一定工程范围内,由包含软弱结构面的各类岩石所组成的具有不连续性、非均质性和各向异性的地质体。

岩体是在漫长的地质历史过程中形成的,具有一定的结构和构造,并与工程建筑有关。岩体由各种各样的岩石组成,并在其形成过程中经受了构造变动、风化作用和卸荷作用等各种内、外力地质作用的破坏和改造,因此,岩体经常被各种结构面(如层面、节理、断层、片理等)所切割,成为一种多裂隙的不连续介质。

岩体的多裂隙性特点决定了岩体与岩石(单一岩块)的工程地质性质有明显不同。两者最根本的区别,就是岩体中的岩石被各种结构面所切割。这些结构面的强度与岩石相比要低得多,并且破坏了岩体的连续完整性。岩体的工程性质首先取决于这些结构面的性质,其次才是组成岩体的岩石性质。此外,在大自然中,多数岩石的强度都是很高的,对于一般工程建筑物的要求来说,是能够满足的,而岩体的强度,特别是沿软弱结构面方向的强度却往往很低,不能满足建筑物的要求。因此,从工程实践的客观需要来看,研究岩体的特征比研究岩石的特征更为重要。

工业与民用建筑地基、道路与桥梁地基、隧道与地下硐室围岩、水工建筑地基的岩体,道路工程边坡、港口岸坡、桥梁岸坡、库岸边坡的岩体等,都属于工程岩体。在工程施工过程中和在工程使用与运转过程中,这些岩体自身的稳定性和承受工程建筑及运转过程传来的荷载作用下的稳定性,直接关系着施工期间和运转期间部分工程甚至整个工程的安全与稳定,关系着工程的成败,故岩体稳定性分析与评价是工程建设中十分重要的问题。

岩体稳定是指在一定的时间内,一定的自然条件和人为因素的影响下,岩体不产生破坏性的剪切滑动、塑性变形或张裂破坏。岩体的稳定性、岩体的变形与破坏,主要取决于岩体内各种结构面的性质及其对岩体的切割程度。大量的工程实践表明,边坡岩体的破坏、地基岩体的滑移,以及隧道围岩的塌落,大多数是沿着岩体中的软弱结构面发生的。岩体结构在岩体的变形与破坏中起到了主导作用。因此,在岩体稳定性分析中,除了力学分析和对比分析外,对岩体的结构分析也具有重要意义。而要从岩体结构的观点分析岩体的稳定性,首先就必须研究岩体的结构特征。

岩体结构包括结构面和结构体两个要素。结构面是指存在于岩体中的各种不同成因、不同特征的地质界面,如断层、节理、层理、软弱夹层及不整合面等。结构体是指岩体被结构面切割后形成的岩石块体。所谓岩体结构,就是指岩体中结构面和结构体两个要素的组合特征,它既表达岩体中结构面的发育程度及组合,又反映了结构体的大小、几何形式及排列。

2.5　岩石的分类与野外鉴别

组成地壳的岩石,按其成因可分为三大类:岩浆岩、沉积岩和变质岩。

(1)岩浆岩(见图 2-10)

岩浆岩是内力地质作用的产物,系地壳深处的岩浆沿地壳裂隙上升,冷凝而成。埋于地下深处或接近地表的称为侵入岩,喷出地表的称为喷出岩。其特征是:一般均较坚硬;绝大多数矿物均成结晶粒状紧密结合,常具块状、流纹状及气孔状构造;原生节理发育。

(a) (b) (c)

(d) (e) (f)

图 2-10　常见的岩浆岩手标本特征

[喷出岩类:(a)玄武岩,(b)安山岩,(c)流纹岩;侵入岩类:(d)辉绿岩,(e)闪长岩,(f)花岗岩]

（2）沉积岩（见图2-11）

沉积岩是先成岩石（包括沉积岩）经外力地质作用而形成。其特征是：常具碎屑状、鲕状等特殊结构及层状构造，并富含生物化石和结核。

（a） （b） （c）

（d） （e） （f）

图2-11 常见的沉积岩手标本特征

［碎屑沉积岩类：(a)页岩，(b)砂岩，(c)砾岩；化学沉积岩类：(d)灰岩，(e)燧石岩；生物沉积岩：(f)煤］

（3）变质岩（见图2-12）

变质岩是岩浆岩或沉积岩经变质作用而形成的与原岩迥然不同的岩石。其特征是：多具明显的片理状构造。

（a） （b） （c）

（d） （e） （f）

图2-12 常见的变质岩手标本特征

［叶理化变质岩类：(a)板岩，(b)千枚岩，(c)片岩，(d)片麻岩；非叶理化变质岩类：(e)石英岩，(f)大理岩］

2.5.1 岩浆岩的肉眼鉴定

岩浆岩的特征表现在颜色、矿物成分、结构和构造等方面，并借以观察和区别各种岩石，其观察步骤如下：

（1）观察岩石的颜色

岩浆岩的颜色在很大程度上反映了它们的化学成分和矿物成分。前述岩浆岩可根据化学成分中的 SiO_2 含量分为超基性岩、基性岩、中性岩和酸性岩。SiO_2 含量肉眼是没法看出来的，但其含量多少可以表现在矿物成分上。一般情况下，岩石的 SiO_2 含量高，浅色矿物多，暗色矿物少；SiO_2 含量低，浅色矿物减少，暗色矿物相对增多。因此，组成岩石矿物的颜色就构成了岩石的颜色。所以，颜色可以作为肉眼鉴定岩浆岩的特征之一。

一般超基性岩呈黑色—绿黑色—暗绿色，基性岩呈灰黑色—灰绿色，中性岩呈灰色—灰白色，酸性岩呈肉红色—淡红色—白色。

（2）观察矿物成分

认识矿物时，可先借助颜色辨别。若岩石颜色深，可先看深色矿物，如橄榄石、辉石、角闪石、黑云母等；若岩石颜色浅，可先看浅色矿物，如石英、长石等。在鉴定时，经常是先观察岩石中有无石英及其数量，其次是观察有无长石及属于正长石还是斜长石，再就是看有无橄榄石存在。这些矿物都是判别不同类别岩石的指示矿物。此外，尚须注意黑云母，它经常与酸性岩有关。在野外观察时，还应注意矿物的次生变化，如黑云母容易变为绿泥石或蛭石、长石容易变为高岭石等，这对已风化岩石的鉴别非常重要。

（3）观察岩石的结构构造

岩石的结构构造是决定该类岩石属于喷出岩、浅成岩或深成岩的依据之一。一般喷出岩具隐晶质结构、玻璃质结构、斑状结构、流纹构造、气孔或杏仁构造。浅成岩具细粒状、隐晶状、斑状结构、块状构造。深成岩具等粒结构、块状构造。

2.5.2　沉积岩的肉眼鉴定

由于沉积岩是经沉积作用形成的，所以沉积岩都具有层状构造的特征，这是沉积岩的共性，也是它们最主要的特征，在鉴定时，应予以充分注意。但是，事物都有它的特殊性，在考虑共性的同时，还需抓住它们自身的特点，以便区别不同类型的沉积岩。

在鉴定碎屑岩时，除观察颜色、碎屑成分及含量外，尚须特别注意观察碎屑的形状和大小，以及胶结物的成分。

在鉴定泥质岩时，则需仔细观察它们的构造特征，即看有无节理等。

在鉴定化学岩时，除观察其物质成分外，还需判别其结构、构造，并辅以简单的化学试验，如用冷稀盐酸滴试，检验其是否起泡。

根据对上述特征的观察分析，即可给不同沉积岩以恰当的命名。沉积岩的一般命名方式以主要矿物为准，定出基本名称，然后再结合岩石的颜色、层理规模、结构及次要矿物的含量等，定出附加名称，如灰白色中粒钙质长石石英砂岩、深灰色中厚层鲕状灰岩等。

2.5.3　变质岩的肉眼鉴定

肉眼鉴定变质岩主要是根据构造和矿物成分。在矿物成分中，应特别注意那些为变质岩所特有的矿物，如石榴子石、十字石、红柱石、硅灰石等以及变斑晶矿物。

　　根据变质岩所具有的构造,可将其划分为两类:一类是具有片理构造的岩石,其中包括片麻岩、片岩、千枚岩和板岩;另一类是不具片理构造的块状岩石,主要包括石英岩、大理岩和矽卡岩。

　　鉴定具片理状构造的岩石时,首先根据片理构造的类型,很容易将上述岩石分开,然后根据变质矿物和变斑晶矿物进一步给所要鉴定的岩石定名。如片岩中有石榴子石呈变斑晶出现时,则可定名为石榴子石片岩;若滑石、绿泥石出现较多,则称为绿泥石或滑石片岩。

　　对块状岩石,则结合其结构和成分特征来鉴别。如石榴子石占多数的矽卡岩,则称为石榴子石矽卡岩;如含较多硅灰石的大理岩,则可称为硅灰石大理岩。

第3章 地质构造与地质图

"尝见高山有螺蚌壳,或生石中。此石即旧日之土,螺蚌即水中之物。下者却变而为高,柔者却变而为刚。"

——《朱子语类》朱熹[宋]

3.1 地质年代与地层

3.1.1 地质年代

地质学家以两种方式破译年龄。一种是通过相对年代测定,其中比较两个或多个岩石、化石或其他地质特征的物理特征和位置,以确定哪个更古老,哪个更年轻。另一种是绝对测年,它确定特定地质特征或事件的实际年龄。通过结合来自相对年代和绝对年代的信息,地质学家可以拼凑起来,并有把握地确定地球上几乎任何地质特征的事件序列。

用来阐明地球历史的最基本原理是詹姆士·赫顿(James Hutton,1726—1797)的均变原理,它指出现在发生的地质过程与过去类似。由此我们可以假设,古代地震、火山、洪水和其他地质事件的发生方式与今天大致相同,尽管并不总是以相同的速度发生。因此,我们对现代地质现象的观察可以帮助我们解释古代事件。

大多数沉积物从水体中沉淀出来并沉积为水平或接近水平的层。熔岩流通常也固化为水平层。这种趋势表述为原始水平性原则,因为岩层通常位于非水平位置,表明它们已被构造力倾斜或变形。

叠加原理表明,岩石物质通常沉积在较早、较老的沉积物之上。因此,在任何未改变的岩层序列中,最年轻的地层将在顶部,最老的将在底部。叠加原理与原始水平原理一样,通常适用于沉积岩和熔岩流。当构造力使一系列岩层倾斜甚至倾覆时,我们必须寻找易于识别的沉积结构,例如波纹痕、泥裂、分级层或交错层理,以识别任何一个沉积层的上表面。同样,通常在熔岩流顶部发现的囊泡可能表明某些火山岩的上表面。一旦我们确定了岩石层的顶部,我们就可以应用叠加原理来确定其下方和上方的相对年代。

火成岩常出现在其他岩石类型中,表明后者被熔融岩浆侵入或切入。横切关系原则指出,任何侵入性地层,都比它所穿过的岩石年轻。横切关系还提供断层的相对日期,断层是沿着岩石中发生位移的裂缝;断层必须比它们穿过的岩石更新。

包裹体原理指出,岩体中包含的其他岩石碎片必须比主岩更古老。例如,沉积砾岩包含一定比砾岩本身更古老的预先存在的岩石碎片。许多火成岩还包含一些先前存在的岩石，即捕虏体，它们被侵入的岩浆破碎但没有熔化。因此，花岗岩体必须比其捕虏体更年轻。

化石是保存在地质材料中的古代生物的遗骸或其他证明其存在的证据。因为化石只在特殊情况下形成。曾经存在过的东西被认为是以这种方式保存下来的。然而，当在岩石中发现化石时，它们可以帮助确定发现它们的岩石单元的年代。动物群演替原则表明，随着时间的推移，地球上的生物体以一定的顺序发生了变化，这反映在化石记录中：包含较新进化生命形式化石的岩石比仅包含较旧生命形式的岩石更年轻。某些生物已经存在了数亿年。例如，鲨鱼已经在海洋中生活了4亿多年。然而，其他生物只生活在地球历史相对短暂的特定时期。当短命生物的化石被发现时，它们就成为索引化石，表明它们被发现的岩石具有相对特定的年龄。

3.1.2 地层及其产状

地层是研究地壳历史的根据。依据地层的物质成分、颗粒大小、厚度及其中所含化石等内容，可以对一个地区或不同地区的地层进行划分和对比，确定地层的生成顺序和相对地质年代；根据不同地质时期形成的地层的岩性、成分及化石组成等特征，可分析其形成时的古地理环境、生物组成，进而了解古地理、古环境变化和生物的演化，探讨地壳发展演化及地壳运动的规律。因此，划分地质年代和地层系统，对研究地壳的演化过程、地壳中岩石和矿物的形成条件、生物演化规律等具有重要意义，同时对寻找和勘探相关的矿产资源及矿山开采也具有重要的实际意义。

(1)水平岩层和倾斜岩层

沉积物在大区域内沉积时均呈近于水平的层状分布。沉积物固结成为岩石之后，在没有遭受强烈的水平运动，而只受地壳的升降运动影响的情况下，会仍然保持其水平状态，这种岩层称水平岩层。但是，绝对水平的岩层几乎是不存在的。这一方面是由于岩层形成时，本身就不可能是绝对水平的；另一方面，即使是大规模的升降运动，也总会出现局部的差异性。习惯上，把倾角小于$5°$的岩层称为水平岩层。

岩层由于地壳运动(主要是水平运动)的影响，改变了原始状态，形成倾斜岩层。如果岩层向一个方向倾斜，而倾角又近于相等，则称为单斜岩层。倾斜岩层往往是某一地质构造的一部分，例如褶曲的一翼或断层的一盘。为了表明岩层的这种空间分布状态，就需要查明岩层的产状及其在地质图上的表现。岩层的产状是指岩层在空间产出的状态。确定一个岩层的产状有三个要素：走向、倾向和倾角。

(2)岩层产状的测定及表示方法

目前，测定岩层产状仍然用地质罗盘。地质罗盘的种类很多，但任何一种罗盘都是由三个主要部件构成：方位角刻度盘，上面刻画有$0°\sim360°$的方位角，并注有东西南北方向，但刻度盘上的东西方向和实际东西方向正好相反；磁针，注意在地球北半球地区所用罗盘磁针上带有铜丝的一端是南针(即指向南方，铜丝是用来校正磁倾角的)；测斜仪，用以测量岩层倾角或地面坡角等。此外，还有水准泡和制动器等。

我国目前广泛使用国产地质罗盘，其构造如图3-1所示。

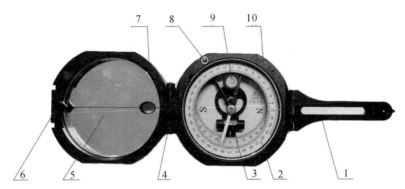

图 3-1　地质罗盘结构图

1—长照准器;2—刻度盘;3—长水准器;4—连接合页;5—反光镜;

6—小照准器;7—上盖;8—开关;9—圆水准器;10—下壳体

使用罗盘前应检查罗盘:首先要校正磁偏角,然后看磁针摆动是否灵活,再检查罗盘置水平面上水泡是否居中。若不合要求,则需要进行调整。

测量岩层倾向(上层面)时,将罗盘后端直边紧靠在岩层面上,转动并压、抬罗盘使圆形水准器气泡居中(即使罗盘保持水平),读北针所指刻度盘读数就是岩层的倾向(方位角)。测量岩层倾角时,使罗盘底面直立,罗盘长边紧贴岩层面,使之平行岩层倾斜线,然后拨动罗盘背后的"马蹄形"铁片(不同型号罗盘操作有所不同),使柱状水准气泡居中,读测斜指示器中间线所指的刻度数就是岩层的倾角。注意:当罗盘置于岩层下层面测量时,岩层倾向则由南针读出。

因为岩层走向和倾向相差 90°,所以在野外测量岩层产状时,只需测量岩层的倾向和倾角即可,如果要知道岩层的走向,把测得的倾向加减 90°即可。当然,也可直接测量岩层的走向。如图 3-2 所示,将罗盘侧边紧贴岩层面,并使圆形水准器气泡居中,此时磁针所指的刻度盘读数即为岩层的走向。注意,因为地层有两个走向,二者相差 180°。

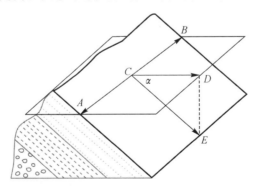

图 3-2　岩层的产状要素

AB—走向线;CD—倾向线;CE—倾斜线;α—倾角

在地质图中,倾斜岩层产状常用符号∠30°表示,长线表示走向,短线表示倾向,数字代表倾角。在文字记录中,岩层产状有两种表示方法。

1)方位角法。东南西北总共是 360°,规定北方为 0°,正东为 90°,正南是 180°,正西为

$270°$，再转至北为 $360°$。

2）象限角法。东西、南北两直线相交，组成四个夹角为 $90°$ 的象限角，南、北向规定为 $0°$，东、西两端则为 $90°$。野外工作中，常将测定到的岩层产状用方位角记录。例如一个岩层的产状为倾向 $85°$、倾角 $70°$ 时，用方位角记录为 $85°∠70°$，前者表示倾向，后者表示倾角。目前，象限角法应用较少，但在一些年代较老的地质资料中仍可见及。

3.2 地 质 构 造

使地质体原有形态和空间位置发生改变的作用，称为构造变形（structural deformation），属于内动力作用。岩石变形或变位的产物，称为地质构造（geological structure）。地质构造主要包括两种类型：褶皱和断层。

3.2.1 褶皱构造

褶皱（flod）是岩层受力变形产生的一系列连续弯曲，也称褶曲。原始地层褶皱后，原有的位置和形态均已发生改变，但其连续性未受到破坏。从宏观上看，岩层发生的变形属于塑性变形，但褶皱过程往往伴随有断裂发生。

褶皱形态多样，大小不一，其几何形态可由褶皱要素进行描述。

（1）褶皱的几何要素（geometric element）（见图 3-3）

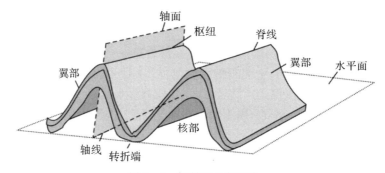

图 3-3　褶皱的几何要素

1）核部（core）：褶皱中心部位的地层。

2）翼部（limb）：褶皱核部两侧的地层。

3）转折端（hinge zone）：褶皱从一翼过渡到另一翼的弯曲部分。

4）枢纽（hinge line）：同一褶皱面上各最大弯曲点的连线，或称枢纽线。

5）轴面（axial plan）：各相邻褶皱面的枢纽连成的假想面，其产状随着褶皱形态的变化而变化。轴面与褶皱的交线，即为枢纽。

6）轴线（axial line）：轴面与水平面或地面的交线。

（2）褶皱的基本类型

褶皱的基本类型有背斜（anticline）和向斜（syncline）（见图 3-4）。一般地，背斜核部地层相对较老，两翼地层相对较新；向斜核部地层相对较新，两翼地层相对较老。多数情况下，背斜向上弯曲而凸向较新地层形成背形,称为背形背斜;向斜向下弯曲而凸向较老地层形成向形,称为向形向斜。但在复杂情况下,背斜可以使向形,向斜可以使背形,但二者核部和翼部的地层新老关系不变。

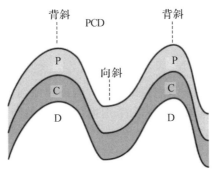

图 3 - 4　背斜和向斜

背斜和向斜一般是并存的,当多个褶皱相连时,相邻背斜之间为向斜,相邻向斜之间为背斜。

根据轴面的产状,褶皱可分为直立褶皱(erect fold)、倾斜褶皱(inclined fold)、倒转褶皱(overturned fold)和平卧褶皱(recumbent fold),如图 3 - 5 所示。

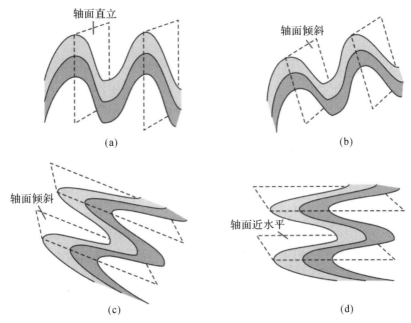

图 3 - 5　褶皱的类型

(a)直立褶皱;(b)倾斜褶皱;(c)倒转褶皱;(d)平卧褶皱

1)直立褶皱(erect fold):轴面近于直立,两翼岩层倾向相反,倾角近于相等。

2)倾斜褶皱(inclined fold):轴面倾斜,两翼岩层倾向相反,倾角不等。

3)倒转褶皱(overturned fold):轴面倾斜,两翼岩层倾向相同,倾角不等。

4)平卧褶皱(recumbent fold):轴面近于水平,两翼岩层产状近于水平叠置,一翼岩层为正常层序,另一翼岩层为倒转层序。

3.2.2 断裂构造

岩石受力而破裂,使岩石的连续性遭受破坏的现象,称为断裂,产生的构造称断裂构造。断裂是构造变形的另一直观反映。断裂构造一般可分为节理与断层两大类。

3.2.2.1 节理

在地质作用下,岩块发生一系列规则的破裂,但破裂面两侧岩块没有发生明显的位移,此破裂称为节理。节理构造的破裂面称为节理面,节理面的产状反映了节理的空间位置和形态,可用产状三要素(走向、倾向和倾角)来描述。在地层剖面上(如边坡面、矿山巷道岩体剖面),节理与地层剖面相交,近似为一条线,称为节理的迹线,可用迹线长度(简称迹长)来描述节理的规模。

(1)根据成因分类

根据成因,节理可分为原生节理、构造节理和次生节理三类,也有教材将构造节理划为次生节理。

原生节理是指产生于成岩过程的节理。如岩浆岩冷凝收缩形成的节理(玄武岩柱状节理),沉积岩成岩过程中因失去水分收缩形成的节理。

构造节理是指在构造应力作用下形成的节理,是地表岩层露头最为常见的节理类型。

次生节理一般由外动力作用所形成,如岩石剖面开挖引起卸荷回弹,地表温度变化造成岩石膨胀收缩,均可形成次生节理,故次生节理一般发育于地表或浅部,对降雨入渗或工程建设影响较大。

(2)根据力学性质分类

根据力学性质,节理可分为张节理(tension joint)和剪节理(shear joint)。

张节理是指在张应力作用下形成的节理。张节理面一般不平直,节理面较为粗糙,张开度一般较大或裂隙被充填,节理面常绕开胶结物、砾石或结核,其尾端变化常呈树枝状分叉及杏仁状结环,如图3-6(a)所示。

剪节理是指在剪应力作用下形成的节理。一般产状较为稳定,节理面较为平直光滑,节理面常伴有擦痕或摩擦镜面,张开度较小,可切割胶结物、砾石或结核,其尾端变化常呈折尾、菱形结和节理又等三种形式,如图3-6(b)所示。

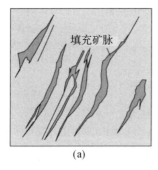
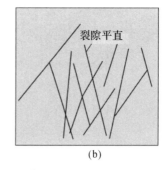

(a)   (b)

图3-6 张节理和剪节理

(a)张节理;(b)剪节理

3.2.2.2　断层

断层是分布较为广泛的一种断裂构造,规模大小不一。断层是岩石中的一种破裂面或破碎带,沿破裂面或破碎带,两侧的岩块有明显的相对位移。大型断层往往控制着区域地质构造,其中的活动性断层可能诱发地震,据统计,世界上 90% 以上的地震是由断层活动引起的。

(1)断层的几何要素

断层的几何要素包括断层面、断层盘和断距,如图 3-7 所示。

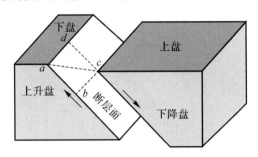

图 3-7　断层的几何要素

ac—滑距;dc—倾向断距;cb—走向断距

1)断层面(fault plane)。断层面是一种面状构造,是一个分割两个岩块并使其发生滑动的面。断层面可由断层的产状三要素,即走向、倾向和倾角来描述其空间形态。大型断层一般不是一个简单的面状构造,而是由一系列破裂面和次级破裂面组成的带,称为断层破碎带或断层带。一般地,断层规模越大,断层带就越宽、越复杂。

2)断层盘(fault wall)。被断层面分隔开的两部分岩块称为断层盘,位于断层面之上的岩块称为上盘(hanging wall),位于其下的称为下盘。相对上升者称为上升盘,相对下降者为下降盘(foot wall)。通常情况下,断层上盘活动性相对更大,岩体相对更破碎。因此,在矿山地下掘进工程中,一般将工程布置在断层下盘,既避免在巷道上方出现断层面(带),岩体也相对更加稳定。

3)断距滑距(distance of displacement)。断层两盘相对滑动的距离称为断距滑距。断层面两侧断盘相当点(在断层面上的点,未断裂及错动前为同一点)因断裂而移动,其两点的直线距离称为滑距。断层两盘中相当层(未断裂及错动前为同一层)因断裂而在剖面图或平面图中表现出来的距离,称为断距或落差。

(2)断层的基本类型

1)根据断层两盘的相对运动,断层可分为以下三种。

正断层(normal fault):上盘相对下降,下盘相对上升,如图 3-8(a)所示。

逆断层(reverse fault):下盘相对下降,上盘相对上升,如图 3-8(b)所示。

平移断层(strike-ship fault):断层两盘沿断层面走向方向做水平位移,如图 3-8(c)所示。

2)根据断层的组合形式,可分为以下两种。

地垒(horst):由两条走向基本一致、倾斜方向相反的正断层构成,如图 3-9 所示。

地堑(graben):由两条走向基本一致、相向倾斜的正断层构成,如图 3-9 所示。

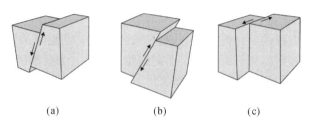

图 3 - 8　根据断层两盘相对运动划分的断层类型

(a)正断层;(b)逆断层;(c)平移断层

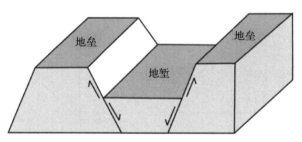

图 3 - 9　地垒和地堑

3)根据断层走向与岩层走向的几何位置关系,可分为以下三种。

走向断层(strike fault):断层走向与岩层走向平行,如图 3 - 10(a)所示。

倾向断层(dip fault):断层走向与岩层走向垂直,如图 3 - 10(b)所示。

斜向断层(oblique fault):断层走向与岩层走向斜交,如图 3 - 10(c)所示。

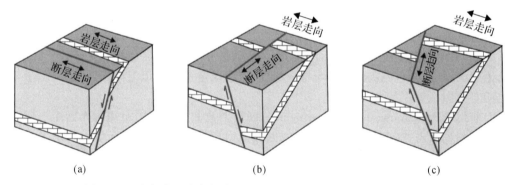

图 3 - 10　根据断层走向与岩层走向的几何位置关系划分的断层类型

(a)走向断层;(b)倾向断层;(c)斜向断层

3.3　褶皱与断层的水文地质与工程地质意义

3.3.1　褶皱与断层的水文地质意义

在基岩地区,裂隙是地下水的赋存空间和运移通道,地质构造控制着裂隙的空间分布,因而地质构造对地下水的赋存、运移和富集均产生较大影响。褶皱和断层的存在,使沉积岩中的水文地质系统变得复杂,确定这类水流系统的赋存、运移、补给与排泄特征的工作难度较大。在水文地质工作中,利用前期的地质资料,同时综合利用野外地质调查、钻探及物探等方法,详细掌握褶皱和断层的空间分布及特征,对于认识基岩地区水文地质特征至关重要。

3.3.1.1　褶皱的水文地质意义

褶皱对地下水的控制和影响主要体现在两个方面:向斜通常形成良好储水空间,对地下水具有良好的调节作用,反之背斜构造对地下水储存则不利;褶皱不同构造部位,裂隙的发育和性质往往有所差别,其渗透性和储水功能往往有所不同。

向斜构造形成良好的地下水赋存空间,需具备两个条件(见图 3-11):第一,向斜构造中存在一组裂隙发育且相互连通的岩层;第二,该岩层与外界(包括相邻含水层、地表水、大气降水等)存在水力联系,前者为地下水提供存储空间和运移通道,后者决定着地下水的补给来源。向斜构造的储水能力与向斜的规模、形态,以及裂隙发育情况有关。

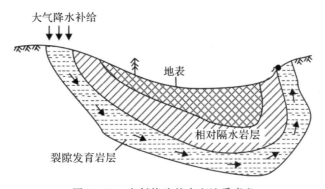

图 3-11　向斜构造的水文地质意义

褶皱形成过程中,不同构造部位的变形与受力状态不同,因而其伴生形成的裂隙特征有所不同。例如,以较为常见的纵弯褶皱作用形成的褶皱为例,来分析上述问题。岩层受到顺层挤压力的作用而产生褶皱,称为纵弯褶皱作用,其最大特点为岩层沿纵向发生缩短。单层岩石受轴向挤压发生纵弯曲时,不同部位的受力特点不同。裂隙发育受到构造应力场的控制,具有明显而稳定的方向性。处于同一构造应力场的岩层,通常发育相同或相近方向的裂隙组。在纵弯褶皱作用下,根据裂隙

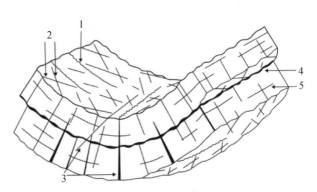

图 3-12　褶皱构造裂隙示意图(据张人权等,2011)
1—横裂隙;2—斜裂隙;3—纵裂隙;4—层面裂隙;5—顺层裂隙

与岩层的关系,裂隙可分为纵裂隙、横裂隙、斜裂隙、层面裂隙和顺层裂隙 ,如图 3-12所示。

纵裂隙与岩层走向基本一致,一般延伸较长,在褶皱核部为张性,在褶皱翼部为压剪性。因此,同一褶皱,往往核部的透水性比翼部要好。纵向裂隙由于一般延伸较长,因而常构成岩层纵向的主要导水通道。横裂隙一般为张性,张开度不大,延伸不远。斜裂隙一般是剪应力作用形成的,延伸长度和张开性一般都相对较差。

褶皱岩层为塑性岩层与脆性岩层互层,在顺层挤压作用下,脆性岩层受拉应力作用而形成张裂隙,连通性相对较好,常形成类似松散岩层中的含水层;塑性岩层形成的裂隙常是闭合的,张开性差,缺少贮存及传输水的"有效孔隙",常视为相对隔水层。若形成向斜构造,常成为良好的构造储水盆地,脆性岩层中的地下水具有承压性质。

3.3.1.2 断层的水文地质意义

断层的水文地质意义与断层两盘的岩性及其力学性质有关,总体上断层可分为导水断层和阻水断层。导水断层一般为发育于脆性岩层中的张性断裂,断层带附近的物质多为疏松多孔的角砾岩,两侧岩层中张性节理较发育,常具有较好的导水能力。并非所有的张性断层都具有导水能力,当断层两盘的岩层含泥质较多时,断层附近往往夹有大量粒度较细的泥质,断层面附近的裂隙发育程度也不如发育于脆性岩层中的张性断裂,这时断层往往导水性能较差。发育于塑性岩层中的压性断裂多数为阻水断层,其中心部分多为致密的糜棱岩、断层泥等,透水性差;在脆性岩层中,其中心部位的构造岩较为紧密,透水性差,但两侧多发育张开性较好的扭张裂隙,渗透性较好。

如果断层的断距很小,断面上会形成透水裂隙,而难以形成松软破碎的断层泥。断层泥的黏土包裹有角砾岩,其渗透系数变化较大(Sinpes 等,1986)。如果断层断距较大,断层两盘的岩性变化将影响断层的导水能力(见图 3-13),原有含水层可能被切割成相对独立的块段,不利于该块段的补给与排泄,使其与外界的联系减弱。断层若为张性断裂,且透水性较好,断层则可能构成沟通上下含水层的导水通道。如图 3-13 所示,断层将含水层完全错断,两盘含水层不能直接相连,使上盘含水层与外界的联系减弱,断层两盘含水层只能通过断层产生水力联系,因此,断层的导水能力决定了两盘含水层之间的水力联系紧密程度。

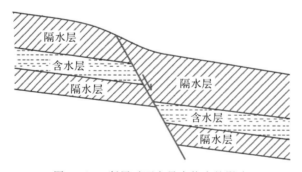

图 3-13 断层对两盘导水能力的影响

在地下开挖隧道或矿井时,导水断层中的地下水水头往往很高,水量也很大。特别是当导水断层沟通若干含水层或地表水体时,涌水量极大且稳定。因此,掌握导水断层的空间分布、规模及其与含水层、地表水体之间的关系,对于预测隧道或矿井涌水非常重要。

3.3.2　褶皱与断层的工程地质意义

褶皱和断层破坏岩层的完整性,降低了岩体的强度。褶皱作用使岩层发生弯曲,同时在核部和两翼形成断裂,在褶皱的核部,岩层受到张力和压力作用,比翼更为破碎。在断层附近,因地层的相对位移,岩体较为破碎,特别是一些大型断层,可形成很宽的破碎带,岩体往往极不稳定。

3.3.2.1　褶皱的工程地质意义

褶皱的发育程度往往体现了构造活动的强弱,经受的构造活动越强烈,岩体愈加破碎,工程地质条件越差。因此,褶皱活动的强弱可作为评价岩体稳定性的主要因素之一。一般情况下,组成褶皱的岩性为脆性,在挤压过程中,岩体更容易发生破裂,节理更加发育。

褶皱的形成多与水平挤压相关,我国著名工程地质学家谷德振认为,不论褶皱的形态、规模及作用力的方式怎样,褶皱的形成都是近水平方向的最大主应力(压应力)作用的结果。褶皱不同部位在挤压过程中,受力状态不同,褶皱核部属于压缩变形部位,岩体易发生压裂,两翼岩层属于剪切变形部位,常发育顺层裂隙或层面裂隙,转折端附近受拉张应力作用,常形成张裂隙,如图 3-14 所示。

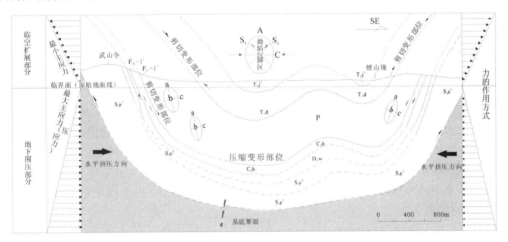

图 3-14　矿区地层应力状态剖面示意图(据谷德振修改,2010)

褶皱是古构造应力场作用的结果,对褶皱几何学、运动学及动力学的研究,有利于我们了解古构造应力场的作用方向及方式。由于现代构造应力场与古构造应力场之间存在一定继承性,因此分析褶皱不同部分受力作用机制,有助于我们分析现今存在于岩体中的地应力。例如,在地应力测量中,可选择褶皱轴的方位作为地应力测量点布置的依据,可有效提高测量效果。

在碳酸盐岩地区,褶皱对岩溶的发育规模、速度和空间分布均有影响,修建水库时,褶皱对水库渗漏产生重要影响。当河流走向与岩层走向一致时,河流所处的构造部位不同,褶皱对岩溶通道连通性及渗漏的严重性的影响不同。在向斜河谷,岩溶虽较为发育,当隔水层能起到较好的封闭作用时,则库水不会发生渗漏。在背斜河谷,当碳酸盐岩分布在库水位以下而岩层倾角较缓时,则可能发生渗漏;当倾角较陡时,则不会发生渗漏。当河流走向与岩层走向垂直时,碳酸盐岩与邻谷联系,容易产生向邻谷的渗漏。

3.3.2.2 断层的工程地质意义

断层可分为活动性断层和非活动性断层,其中活动性断层是指目前正在活动着的断层,或是近期曾有过活动而不久的将来可能会重新活动的断层。无论是活动性断层,还是非活动性断层,均对工程建设产生显著影响。

活动性断层对工程建筑物的影响主要表现在两个方面:一是由于活动性断层的地面错动直接损害跨越该断层修建的建筑物;二是活动性断层有可能发生地震,强烈的地震对建筑物造成损害。这两方面的问题与工程的区域稳定性密切相关,而针对区域稳定性的评价是进行重大工程规划选址和建设前期论证的重要决策依据之一。地震活动不强烈的活断层发生的错断方式,主要以缓慢蠕滑的方式进行,地震断层的地表错断对工程措施的破坏,通常是突发性的,其破坏力主要与地震震级以有关,同时还受到岩土介质、构造环境、错断性质等有关。

非活动性断层对工程的影响主要体现在对工程岩体性质的影响。断层破坏了岩体的连续性,断层活动使岩体更加破碎,完整性变差,强度显著降低,稳定性变差。

不同规模的断层的工程地质意义有所不同。规模超过几公里,甚至几十公里的大型断层,往往贯通工程岩体,破碎带宽度可达数米至数十米,形成岩体力学作用边界,控制着岩体变形和破坏方式。延展规模与研究的工程岩体相当,破碎带宽度相对较窄,往往构成块裂体边界,控制着岩体变形和破坏方式。

断层对滑坡(或崩塌)的孕育和发展往往产生重要影响。断层通常构成岩体的软弱结构面,断层与斜坡临空面的几何关系对斜坡稳定性至关重要。例如,当断层的走向与斜坡面的走向平行或比较接近,且倾向一致,断层倾角小于斜坡坡角时,极易发生滑坡。因此,无论是对滑坡易发性的区域空间预测,还是单体滑坡的稳定性评价,考虑断层的影响都是必要的。

当矿山巷道位于断层附近时,断层破碎带的存在,极易造成巷道失稳。在采矿过程中,爆破或其他工程活动,可能导致断层突然发生错动而引发断层错动型冲击地压,又称矿震,对矿山工程造成重大威胁(李鹏等,2018)。例如:辽宁龙凤煤矿发生过多次冲击地压事故,随机分析其发生的 50 次冲击地压事故的致灾原因时,发现有 36 次与断层的作用直接相关(吕进国,2013)。

3.4 矿区地质图简介

3.4.1 矿区地形地质图

矿床地形地质图(geological map of ore deposit)又称矿床地质图(或矿区地质图),是详细表示矿床或矿区的地形、地层、岩浆岩、构造、矿体、矿化带等基本地质特征及相互关系的图件。同时,标有探矿工程位置及物、化探工作成果的矿床地质图,称矿床综合地质图。

矿床地形地质图是矿床范围内地质特征、勘探程度、研究成果的集中体现,主要用于了解矿区地形及地质全貌,是矿山总体设计的主要依据之一(国山,2009)。

矿区地形地质图的比例尺与矿床类型有关,内生矿床的比例尺一般为 1:1 000 或 1:2 000,规模较大的沉积或沉积变质矿床比例尺一般为 1:2 000 或 1:5 000,大型或特大型矿区则可使用 1:10 000。图件内容包括坐标网格、控制点、地形等高线、水系及各类地物,各种实测和推断的地质界线(包括岩体及其岩相),矿体、矿化带、蚀变带的地质界线,断层、破碎带等构造线以及其代表性产状要素,矿体、岩体、地层、岩相、断裂等符号。地质图通常包括综合地层柱状图和地质剖面图,综合柱状图主要反映矿区地层时代,层序、矿床赋存地质条件;地质剖面图主要反映以上地质特征在垂向上的变化。

常见的矿区地质图编制软件主要包括 CAD、MAPGIS、Geomap 等,随着数字化矿山的建设与发展,一些数字矿山软件逐渐开始应用于矿山地质图的编制中,国外的数字矿山软件平台有 Dateline、Micromine、Surpac 等,国内开发的数字采矿软件平台有 Dinmie、3Dmine 等,这些软件初步实现了地质建模及其可视化、储量计算、开采设计、计划编制等功能。

3.4.2　矿区水文地质图

矿区水文地质编图,目前尚无统一的原则,多是在一般性的水文地质图上,编入某些表示有关矿床充水条件与某些开采因素的内容。矿区水文地质图包括综合水文地质图、水文地质剖面图及柱状图,以及专门性矿床水文地质图等。水文地质特征较复杂的矿区,可编制一整套水文地质图系;如果矿区水文地质特征较为简单或者水文地质资料较少,可只编制一张综合水文地质图。

矿区综合水文地质图可编制成矿床充水条件或矿床水文地质特征图,反映矿井的水文地质条件,主要内容包括主要充水含水层的类型、分布、富水性、补给径流排泄条件、埋藏条件、矿体与主要含水层的关系、井(泉)的分布、陷落柱的范围、主要含水层的等水位线、老空区的分布、地下水与地表水的关系、矿井(坑)涌水量等。矿井水文地质剖面主要是反映含水层、隔水层、褶皱、断裂构造等和矿体之间的空间关系,主要内容包括含水层特征、水文地质试验参数、地表水体、主要井巷位置。柱状图反映含水层、隔水层及矿层之间的组合关系和含水层层数、厚度及富水性,内容包括含水层的年代、厚度、岩性、含水层的水文地质参数、岩溶发育规律及其水文地质特征等。

专门性矿床水文地质图包括:矿床顶底板岩性、厚度、透水性、主要充水层等水位线及水位埋深图,矿床开采条件及突水预测图,矿床疏干防治水位措施图,矿区环境地质现状与预测图,等等。

3.4.3　矿区工程地质图

矿区工程地质图包括矿区综合工程地质图(含柱状图、工程地质剖面图)和专门工程地质图。综合工程地质图主要反映矿区各种地质体和工程地质条件的空间分布及其特征,尤其要反映出软弱岩体的空间分布及其特征,主要内容有工程地质分区、岩土体类型、分布、地质构造等;剖面图反映一定深度范围内的垂向地质结构,岩土体与矿体的空间分布,岩土体的工程地质参数;柱状图反映矿井区地层的组合关系,尤其是软弱层的分布。

矿区工程地质图是矿山规划、设计生产中采(掘)工程布置和自然地质灾害防治工作的依据。综合工程地质图的比例尺一般为 1∶500～1∶2 000,专门工程地质图为 1∶200～1∶1 000;专门工程地质图反映某项工程的工程地质因素或工程地质作用,以矿区综合性地质图为基础,将工程地质调查资料、地貌图和水文地质图的资料标绘到图上,进行整理分析,用符号、颜色、线条、花纹或等值线等直观地表征各种地质体和参数的特征和分布规律。

第4章 数字矿山与矿山地质三维建模

"迎接数字时代,激活数据要素潜能,推进网络强国建设,加快建设数字经济、数字社会、数字政府,以数字化转型整体驱动生产方式、生活方式和治理方式变革。"

——《中华人民共和国国民经济和社会发展第十四个五年规划和2035年远景目标纲要》

4.1 数字矿山简介

4.1.1 "玻璃地球"计划

数字矿山可追溯到著名的"玻璃地球"计划。"玻璃地球"是数字地质的一个标志性概念和事件。"玻璃地球"计划最先由澳大利亚提出并实施(Carr et al., 1999),目的是通过地质建模和可视化技术,将地表1 000 m以下变得"像玻璃一样透明"。从内容上来说,就是将地下地质结构、地质过程和地质现象通过三维模拟和仿真全息、动态、精细地呈现在公众面前,从而为资源勘探、地质灾害防治、环境评价等方面的决策提供直观而准确的参考。此后,荷兰、英国、美国、加拿大、德国等欧美国家相继开展了相关研究。近年来,我国也开展了诸多探索性的研究。"玻璃地球"计划的提出表明了三维建模技术的算法和应用技术已经趋于成熟,可以应对地学大数据时代海量数据的建模与可视化挑战。

澳大利亚开展"玻璃地球"的核心目标是发现新的巨型矿床。为此,澳大利亚地球科学局和澳大利亚联邦科学与工业研究组织(CSIRO)牵头开展了大量地质填图、地球物理和地球化学工作,初步建立了典型地区的地质过程三维模型。此外,作为先行者,澳大利亚地球科学局还开拓性地发布了可在网页浏览的三维框架模型格式(VRML和X3D),访问者可使用Web浏览器插件与三维模型和数据进行交互(吴冲龙等,2015)。荷兰地质调查局组织启动"地下数据与信息(DINO)"项目,建立了三维地层框架模型、区域水文系统、浅表30 m精细地质模型三个系列的地质模型(Stafleu et al., 2011)。加拿大地质调查局重点围绕盆地地下水开展了三维填图,建立了重点目标区的标准地层框架模型、基于过程的事件地层模型和多种类型可用于定量模拟的水文地质模型(Russell et al., 2011)。英国地质调查局构建了1:1 000 000、1:250 000、1:50 000和1:10 000四种比例尺的三维地质框架模型,尝试通过不同分辨率模型的无缝过渡,满足各种地球科学任务的要求。前两种小比例尺的模型主要采用物探和化探数据,后两种大比例尺精细模型中,建模人员收集了钻孔和地质露头观测数据用于建模(Mathers,2011)。美国地质调查局开展了"地学数据网格(GEON)"项目,构建可综合用于地质灾害评价、矿产资源评估、地貌演化、地下结构的地球物理反演等问题的三维地质框架,并通过数据搜集和实时计算,显示相关三维框架模型随时间的变化,从而建立四维的地学数据信息框架(Jacobsen et al.,2011)。

我国国土资源部和中国地质调查局开展了三维城市地质和三维区域地质填图的试点工作,构建了一批重点成矿带、重要经济区、地质灾害易发区、含油盆地的三维地质模型(吴冲龙等,2015)。与此同时,中国地质科学院牵头实施了"深部探测技术与实验研究"(Sino-Probe)重大专项,研究和实践了深达地幔的深部探测技术方法,建立了长江中下游成矿带和南岭成矿带典型矿区的三维"透明化"模型,构建了针对不同尺度、不同深度和不同精度的深部探测和建模可视化科学体系(董树文等,2014)。从各国"玻璃地球"计划的研究内容和实施效果看,当前的研究成果离"地表以下 1 000 m 范围内透明化"的初衷相去甚远。但通过项目的实施,以收集和管理地球系统多源地学信息为核心内容、以三维地质建模和可视化为核心技术的研究已经有效地揭露了地下地质结构,提高了地下工程决策人员的洞察分析力,并为理解深部地质现象和地质过程提供了宝贵的线索。

数字矿山和智慧矿山作为"玻璃地球"计划的重要分支内容,在国内得到了广泛的关注和迅速的发展。近十年来,国内学者探索了矿山三维地质填图的系统方法及配套的三维地质建模体系,实现了多个重点矿床的地下三维地质结构可视化。

4.1.2　数字矿山的概念及内涵

数字矿山概念于 1999 年传入我国,中国矿业大学的吴立新教授(2000)给出的定义为"数字矿山是对真实矿山整体及其相关现象的统一认识与数字化再现,是一个'硅质矿山',是数字矿区和 DC 的一个重要组成部分"。他认为,数字矿山的核心是在统一的时间坐标和空间框架下科学、合理地组织各类矿山信息,将海量异质的矿山信息资源进行全面、高效和有序的管理和整合。2003 年,他再次提出了数字矿山结构由外向里依次由采集系统、调度系统、应用系统、过滤系统、核心系统共 5 部分构成,并基于中国矿山信息化推进工作中的问题分析,以智能交通体系为参照,描述了数字矿山的六大基本特征,即以高速企业网为"路网"、以组件式矿山软件为"车辆"、以矿山数据与模型为"燃料"、以 3D 地学模拟与数据挖掘为"过滤"、以数据采集与更新为"保障"、以矿山 GIS 为"调度"。

2004 年,东北大学的王青教授从技术角度出发,对数字矿山给出了新的解释:"数字矿山是以计算机及其网络为手段,把矿山的所有空间;有用属性数据实现数字化存储、传输、表述和深加工并应用于各个生产环节与管理和决策之中。"他认为,数字矿山是一个由多个相互关联的软、硬件分(子)系统组成的庞大系统。数字矿山的功能包含四个部分:数据的获取、存储、传输和表述;矿山生产与经营决策优化;各种设计、计划工作和生产指挥的计算机化;生产工艺流程和设备的自动控制。

根据王青等人的观点,数字矿山自下而上可分为以下七个主层次。

1)基础数据层,即数据获取与存储层。数据获取包括利用各种技术手段获取各种形式的数据及其预处理;数据存储包括各类数据库、数据文件、图形文件库等。该层为后续各层提供部分或全部输入数据。

2)模型层,即表述层。如空间和矿物属性的三维和二维块状模型、矿区地质模型、采场模型、地理信息系统模型、虚拟现实动画模型等。该层不仅将数据加工为直观、形象的表述形式,而且为优化、模拟与设计提供输入。

3)模拟与优化层,如工艺流程模拟、参数优化、设计与计划方案优化等。

4)设计层,即计算机辅助设计层。该层为把优化解转化为可执行方案或直接进行方案设计提供手段。

5)执行与控制层,如自动调度、流程参数自动监测与控制、远程操作等。该层是生产方案的执行者。

6)管理层,包括 MIS 与办公自动化。

7)决策支持层。依据各种信息和以上各层提供的数据加工成果,进行相关分析与预测,为决策者提供各个层次的决策支持。

按功能划分,数字矿山包括六大类系统:数据获取与管理系统、数字开采系统、矿区地理信息系统、选矿数字监控系统、管理系统、决策支持系统。其中数字开采系统是核心系统,也是效率和效益的主要创造者。

近年来,部分学者在前人基础上,结合数字矿山的发展趋势,对数字矿山的内涵进行了更为深入的阐述,例如毕林等(2019)给出的表述为:"数字矿山是以矿山开采环境、对象及过程信息数字化为基础,构建数据的采集、传输、存储、处理和反馈的信息化闭环,并持续应用于资源勘探、开采规划、采矿设计、开采计划和生产管理等矿山全生命周期的新型矿山技术体系和管理模式。"

综上所述,数字矿山不仅仅是信息化技术的应用,还包括因信息技术的应用而产生的新的矿山管理模式,它是一个系统性的工程。

数字矿山的概念图如图 4-1 所示,以数字化信息为基础,以资源勘探、规划设计、计划编制、生产组织、经营管理为具体业务,以互联网、物联网、CAD、OA、云计算、计算机仿真及评估与优化为手段,应用于矿山生产全过程,构成新型的技术体系与管理模式。

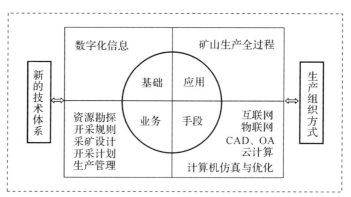

图 4-1　数字矿山概念图(据毕林等修改,2019)

2008 年 11 月 25 日,中国矿业联合会与 11 家大型矿山企业在广西南宁倡导发起签订《绿色矿山公约》,矿山绿色发展成为政府和矿山企业界的共识。基于可持续发展理念,数字矿山成为国家战略资源安全保障体系的重要组成部分,是评价矿山资源生态环境的重要数据基础。数字矿山建设已成为矿山绿色发展的必由之路。

数字矿山建设的根本目的在于优化开采方案、采矿设计和生产计划,监控和管理采矿生产过程,保障矿山生产安全,降低矿山经营风险,提升矿山综合竞争力(王李管,2016)。矿山开采环境、对象及过程信息数字化是数字矿山建设的基础,借助地质学理论、最优化方法、可视化仿真技术、软件技术、网络技术和自动化技术等技术手段,构建三维地质模型和资源价值模型是建设的关键所在。可见,地质三维建模对于数字矿山建设具有重要意义。

4.2　矿山地质三维建模

三维地质建模是计算机图形图像学、科学可视化技术、数据仓储、数据挖掘、地理信息系统等高新空间信息技术在地质领域的综合应用,可以在三维空间中胜任海量多源数据的组织和管理、地质推断与解译、地质统计学与插值、空间分析与预测、资源/储量估算与管理、多维地学系统图形可视化与交互操作等任务。三维地质模拟在矿山勘查领域特别是在隐伏矿床定位的研究中具有重要的意义。

1)通过三维可视化可以直观地展现地下成矿系统的形态特征、属性分布和拓扑关系,为矿床勘查过程中的重大决策提供有力的参考,有助于减少乃至规避投资风险;

2)通过三维几何和属性模拟可以全面、准确、定量化地对成矿相关的关键地质对象进行观察、测量、表达和解译,揭示地下成矿系统的复杂结构和内部非线性的属性空间变化规律,进而开展三维成矿定量分析与评价,加深对成矿过程的认识,提高勘查成果的表现能力和表达精度;

3)三维地质模拟过程中建立的空间数据库和成果库可以实现矿山信息的动态管理,是数字矿山和智慧矿山的核心内容,同时也可以无缝对接各类大数据信息库,提升地质勘查工作服务区域经济建设和社会发展的能力。

三维地学建模的概念由加拿大学者 Houlding 在 1994 年正式提出,但在此之前已经有学者进行了大量开拓性的工作,经过几十年的发展,特别是随着近 20 年来计算机软硬件技术和图形视觉科学的高速发展,三维地质模拟的理论方法体系已经相当成熟。下面重点介绍与本章后续建模方法和实例密切相关领域的发展现状,包括空间数据模型、曲面构建算法、空间插值算法和三维空间分析。

4.2.1　地质三维建模的空间数据模型

三维空间数据模型是三维地质建模的基础,它既是地学数据组织和存储的具体形式,也是表达地质体结构特征和拓扑信息的可视化媒介。各类数据模型的提出和完善为表达复杂的地质体形态和内部属性分布奠定了基础,从表示方式是外部曲面描述(surface representation)还是内部空间剖分(spatial meshing)来看,数据模型可分为基于面元的模型、基于体元的模型和混合模型(吴立新和史文中,2003),具体小类见表 4-1。

面元模型对复杂曲面的表现能力强,且存储结构简单,显示和计算效率高,但很难表现属性变化并进行空间分析;体元模型擅长表达地质系统内部属性非均匀的变化特征,也易于开展空间分析,但对地质边界面和内部结构面复杂形态的表现能力较差,存储空间需求高。

国外学者很早就提出并完善了各类经典的数据模型(Hunter，1978；Kavouras，1988；Wheeler 和 Stokes，1988；Houlding，1994，2000)，构建了一个完整的数据模型体系，这些经典数据模型至今仍在三维地质建模中被广泛应用，如不规则三角网(Triangulated Irregular Network，TIN)、格网(Grid)、实体(Solid)、八叉树(Octree)、线框(Wireframe)、体素(Voxel)等。国内大量数据模型方面的开拓性成果集中在新世纪之交的几年，这一阶段的工作为三维建模的数据模型和相应建模方法的选择确立了标准。如龚健雅和夏宗国(1997)针对复杂矿山地质和工程对象(矿脉、断层、巷道、矿井等)，在分析各种三维空间特征、抽象空间现象的基础上，集成矢量和栅格结构，定义了包含数字表面模型、体状地物、柱状地物、断面、体元在内的 11 类复杂空间对象的数据结构。李清泉和李德仁(1997，1998)总结了基于表面表达和基于体表达两大类三维空间数据模型的特点和各自的应用领域；发展了模型的三维编码方法，重点完善了四面体格网的理论构建和实用算法，提出三类集成数据模型，其中可用于地质建模的包括兼具表达精度和复杂拓扑关系表达能力的四面体-八叉树混合模型和具有三维建模普适性的矢量-栅格集成模型。李青元(1997)针对矿山地质对象的空间特征提出了基于三维矢量数据结构的五组拓扑关系，结合界面引入和体元剖分来动态处理和维护点、线、面、体之间的拓扑关系。侯恩科和吴立新(2002)提出了面向三维地质建模对象的体元拓扑数据模型，针对地质对象可能出现的复杂拓扑关系设计了 12 类数据结构，提高了对不规则空间地质对象的表达精度。数据模型近年的研究进展则主要集中在建立新型数据模型以匹配最新探测和采集技术获取的多元数据源。如龚健雅等(2014)针对实时获取的动态目标和传感器数据发展了一类实时的时空数据模型，将类型、对象、过程、事件等时空要素纳入统一的模型中，实现相关数据的实时采集、导入、储存和可视化表达。何撼东等(2017)针对目前地质建模过程中语义信息缺失的现状，提出了一种几何形态与语义信息结合的新型数据模型，用于表达包含 3 大类和 33 小类的区域构造地质现象。宋关福等(2020)提出了用不规则三角网和栅格模型升级的不规则四面体网格和体元栅格模型描述地下非均质的地质属性场，并在属性场建模实践中验证了这两类模型良好的表达能力和应用前景。

表 4-1　空间数据模型的分类

模型类别		模型名称
面元模型		不规则三角网(TIN)、格网(Grid)、断面(Section)、边界表示模型(B-Rep)、线框(Wire Frame)或相连切片、多层 DEMs、断面-三角网混合(Section-TIN mixed)
体元模型	规则体元	规则块体(Regular Block)、八叉树(Octree)、针体(Needle)、体素(Voxel)、结构几何实体(CSG)
	不规则体元	实体(Solid)、非规则块体(Irregular Block)、三棱柱和广义三棱柱(TP&GTP)、金字塔模型(Pyramid model)、地质胞体模型(Geocellular model)、四面体格网(TEN)、3D Voronoi 图
混合模型		线框-块体混合模型(WireFrame-Block model)、八叉树-四面体混合模型(Octree-TEN model)、不规则三角网-结构实体混合模型(TIN-CSG model)、不规则三角网-八叉树混合模型(TIN-Octree model)

4.2.2　地质三维建模的曲面构建算法

模拟地质体的几何形态是三维地质建模最基本的任务之一,矿床地质模拟包含了许多形态不规则、空间关系复杂、边界条件模糊的地质体,在对这类复杂对象的模拟研究中,面元模型和曲面建模方法是国内外学者关注的重点。TIN 由于其对地质边界和结构面的完美逼近和拟合在地质建模实践中最受青睐,如明镜等(2008)以 TIN 数据结构作为模型表达方式,提出了使用折剖面进行模型切割的算法,对切割面进行快速连接和三角网重构,可用于各类复杂地质模型的内部栅格面生成和二维投影。毛先成等(2013)提出了一种新的基于 TIN 模型的三维形态分析方法,该方法计算 TIN 模型的距离场和坡度、夹角等几何参数,通过趋势分析和距离反比插值分级提取 TIN 界面的趋势和起伏形态,在此基础上通过栅格模型实现控矿要素的定量化表征。在 TIN 模型中,Delaunay 三角网因其美观的形态、稳定的结构以及对任意复杂曲面都保有的算法收敛性成为 TIN 模型中最优越、应用最广的一类模型。Delaunay 三角网剖分算法的理论基础很早就由国外学者提出并完善(Delaunay,1934;Shamos 和 Hoey,1975;Lawson,1977;Bowyer,1981;Watson,1981),近 20 年来三维地质建模领域的 Delaunay 剖分的相关成果集中于以下两个方面:

①在算法层面提高 Delaunay 三角网的剖分效率,如刘少华等(2007)对三角剖分算法中的三角形定位环节进行了研究,改进了基于点-线和线-线的定位算法,提高了三角形构网的速度和算法的健壮性。杨军和高莉(2016)对 Delaunay 剖分中经典的逐点插入法和局部优化过程进行了改进,加入了对离散点的格网划分过程,在此基础上结合直线行走算法和三角形面积坐标,实现插入点所在三角形的快速搜索和定位,提高了算法的执行效率。

②在实践层面将约束 Delaunay 三角网应用于特定的地质建模领域,并完善相应的建模方法体系。蔡强等(2004)针对地质模拟中出现重叠域的问题,提出了基于区域子分和联动剖分的带约束 Delaunay 三角剖分算法,并成功地应用于逆断层系统的三维建模实例中。邓曙光和刘刚(2006)为了解决复杂逆断层三角网的构建难题,提出了一种带逆断层约束的 Delaunay 三角剖分通用算法,通过建立边界拓扑结构、引入连接点和辅助边界、划分重叠域子区实现逆断层系统的 Delaunay 三角网模型构建。孟永东等(2009)在 Visual Basic 中编制了基于钻孔和平硐数据的建模程序,应用约束限制的 Delaunay 三角剖分算法构建了包含研究区地表、地层界面和断层面的综合三维地质模型,建模效果验证了带约束的 TIN 模型在构建复杂地质模型时具有算法简单、建模效率高、输出方式灵活等优点。

4.2.3　三维地质属性建模的空间插值算法

地质采样具有观测成本高、采样率低、检测不可重复等特点,导致勘查数据往往是离散、不均匀的,对地质系统内部属性的表达是不连续的,需要借助空间插值算法才能形成连续的表征。空间插值算法一直是三维建模领域中的热点和难题,很多经典算法(如距离反比法、全局多项式法、样条函数法、径向基函数法)至今仍被广泛应用。面对成矿系统几何形态和内部属性的高度复杂性的问题,离散光滑插值(discrete smooth interpolation,DSI)和基于地质统计学理论的 Kriging 插值是公认的优越算法。离散光滑插值由 Mallet(1992,1997)提出,目前广泛应用于地质曲面构建和优化光顺过程中。如 Liu 等(2012)采用离散光滑插值算法优化了复杂侵入岩体的表面模型,表现了岩体-围岩接触带的复杂几何形态,为后续的动力学数值模拟提供了高质量的物理模型。王长海等(2014)在离散光滑插值理论的基础上研究了高精度三维地质界面的建模方法,在实际应用中根据具体的地质条件转化为不同的约束条件和约束权重参与离散光滑插值过程,并讨论了建模数据不足对建模精度的影响。Kriging 是目前地质空间插值的首选算法,其理论思路符合"地理学第一定律"(Tobler's First Law):空间属性的相关性随着距离的增大而减弱。但与距离反比法等经典插值算法不同之处在于,Kriging 并不是简单地将插值的权重设定为距离的幂次反比,而是通过地质统计学中对区域变量的解析,使用变异函数表征地质变量随机性和结构性的特征,并以此为插值的合理依据。地质统计学理论创立之后逐渐形成了以 Matheron 为代表的参数地质统计学派和以 Journel 为代表的非参数地质统计学派,并催生了简单 Kriging、普通 Kriging、泛 Kriging、指示 Kriging、概率 Kriging 等多种空间插值算法。国内对地质统计学的关注始于侯景儒和黄竞先(1982)的著作《地质统计学及其在矿产储量计算中的应用》和译著《矿业地质统计学》。其后,地质统计学和 Kriging 插值算法在地质建模特别是属性建模中得到了广泛的应用。李晓晖等(2012)在多重分形滤波处理之后,对比了 Kriging 法和反距离加权法在矿区土壤 Cu 元素含量模拟中的成效,认为 Kriging 插值结果更好地识别了区域元素异常场。王英博等(2014)为了克服 Kriging 插值参数设定中的主观因素,采用了混合蛙跳算法进行了实验变异函数的优化,这种新算法在三维属性建模实例中产生的误差相比传统 Kriging 算法降低了 27.89%。王恺其和肖凡(2019)系统地回顾了多点地质统计学的两类基本算法,对算法在地质建模各领域的应用进行了综述,指出多点地质统计学可以弥补传统两点地质统计学和相应 Kriging 算法在刻画复杂几何形态和复杂属性结构方面的不足,是未来空间插值和地质统计学发展的趋势。

4.2.4 三维空间分析与模拟

三维空间分析是三维地质模拟领域近年来才受到重视的一个问题,将二维 GIS 中常用的缓冲分析、叠加分析、形态分析和结构分析的维度拓展到了三维空间,并实现三维实体的交集、差集、并集等体布尔运算和包含、相邻、相离等空间关系的判断(宋关福等,2019)。对成矿关键要素的三维空间分析可以挖掘深层次的矿化信息,有益于定量成矿预测工作的开展。

4.3 矿山三维地质建模的基本原理与算法

4.3.1 三角剖分法的基本原理

矿山三维建模(形态建模)的本质是以有限个无重复的已知离散点(这些点是矿床勘探中获知的目标地质体的有限揭露点)为约束条件,通过三角剖分构建不重叠的不规则三角面片来描述目标体表面形态,从而完成从有限揭露点到连续形态面的构建。对于形态复杂的成矿地质要素来说,三角面的质量对模型精度的影响很大。特别是对于后续要进行空间分析的模型来说,体元模型的剖分要求面元模型具有良好的几何形态和拓扑结构。因此,虽然不规则三角网已经广泛应用于面元表示的曲面建模,优选最佳的三角剖分方法依然不可或缺,Delaunay 剖分就是长期以来被认为最佳剖分的一种算法。

凸壳(convex hull)是 Delaunay 三角剖分中的一个重要概念,大多数 Delaunay 剖分算法要求待剖分的离散点集是凸集。给定一个二维空间的非空点集 P,p_a、p_b 是 P 中的任意两点,如果存在一点 p_x,满足

$$p_x = x p_a + (1-x) p_b \tag{4-1}$$

其中 $x \in [0,1]$,且 p_x 也属于 P,则称 P 为凸集。从直观的图形学特征来看,连接 P 中的任意两点形成线段 $p_a p_b$,如果该线段上任意一点都属于 P,则称 P 为凸集,否则 P 为凹集,如图 4-2 所示。

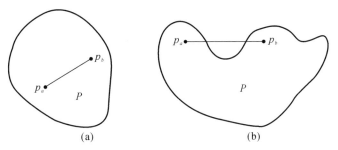

图 4-2　凸集的图形定义
(a)凸集;(b)凹集

点集 P 的凸壳 $CH(P)$ 指 P 中部分点的所有凸组合的集合。n 维点集 P 的凸壳是至多 $n+1$ 个点的凸集的并集,因此二维点集的凸壳是最多 3 个点的所有凸集,每个这样的凸集都可以定义一个三角形,P 中散点确定的所有三角形的合集构成了 P 的凸壳。

在凸壳概念的基础上,可引出三角剖分的数学定义:对于二维平面中的 n 个点组成的点集 P,用线段连接 p_i 和 p_j($i,j \in [1,n]$),使得凸壳的所有区域都是三角形,这种空间剖分就是三角剖分。三角剖分具有以下几条特性:凸壳内所有的面都是三角面;三角形的边互不相交;三角形的顶点都是 P 中的点,且边长不包含 P 中的其他点。

从三角剖分的定义出发,进一步定义 Delaunay 三角剖分:假设线段 L 连接离散点集 P 中的两点 p_1、p_2,过 p_1、p_2 的圆不包含 P 中的任何其他的点,则称线段 L 为 Delaunay 边。如果 P 的凸壳中所有三角形边都是 Delaunay 边,则称这种剖分为 Delaunay 三角剖分。Delaunay 三角网具有以下重要性质。

1)外接空圆准则:任意一个 Delaunay 三角形的外接圆均不包含 P 中的其他点,该性质是 Delaunay 三角形最具有算法辨识性的特性,常用来批量判别多点组成的剖分网格是否是 Delaunay 三角网;

2)最大化最小角准则:在原始点集可能生成的所有三角剖分方案中,Delaunay 三角网的最小内角之和是最大的,这条特性决定了 Delaunay 三角网可以规避生成狭长的三角形,因此具有优良的形状和结构特征;

3)基于特定点集的 Delaunay 三角网具有唯一性,从任意点开始构建三角网对结果没有影响,如图 4-3 所示,5 个特定的离散点可能存在 5 种三角剖分的情况,其中只有图 4-3(f)

满足 Delaunay 三角网的条件,这种剖分对于给定的 5 个离散点来说是唯一的。

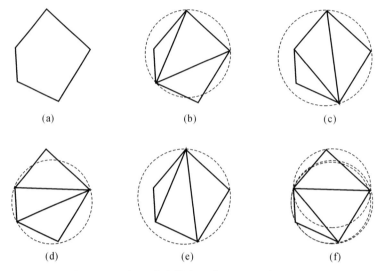

(a)　　　　　　　(b)　　　　　　　(c)

(d)　　　　　　　(e)　　　　　　　(f)

图 4-3　空间五个离散点及其五种三角剖分方案

大部分成熟的 Delaunay 三角剖分算法都涉及三角形及其顶点的遍历和 Delaunay 条件判定,以保证大量的离散点都能高效有序地组织和纳入 Delaunay 三角网。假设 $A(a_x,a_y)$、$B(b_x,b_y)$、$C(c_x,c_y)$ 为待剖分区域内的三个点,设计如下判定矩阵函数 $f_{ori}(A,B,C)$：

$$f_{ori}(A,B,C)=\begin{vmatrix} a_x & a_y & 1 \\ b_x & b_y & 1 \\ c_x & b_y & 1 \end{vmatrix}=\begin{vmatrix} a_x-c_x & a_y-c_y \\ b_x-c_x & b_y-c_y \end{vmatrix} \tag{4-2}$$

该函数返回三类值:当 A、B、C 三点呈逆时针方位顺序排布时,$f_{ori}>0$;当 A、B、C 三点呈顺时针方位顺序排布时,$f_{ori}<0$;当 A、B、C 三点共线时,$f_{ori}=0$。

在 A、B、C 三个点满足 $f_{ori}(A,B,C)>0$ 的前提下,在该平面内加入一点 $D(d_x,d_y)$,为了判定 D 点是否位于△ABC 的外接圆中,可构建以下矩阵函数:

$$f_{cir}(A,B,C,D)=\begin{vmatrix} a_x & a_y & a_x^2+a_y^2 & 1 \\ b_x & b_y & b_x^2+b_y^2 & 1 \\ c_x & c_y & c_x^2+c_y^2 & 1 \\ d_x & d_y & d_x^2+d_y^2 & 1 \end{vmatrix}=$$

$$\begin{vmatrix} a_x-d_x & a_y-d_y & (a_x-d_x)^2+(a_y-d_y)^2 \\ b_x-d_x & b_y-d_y & (b_x-d_x)^2+(b_y-d_y)^2 \\ c_x-d_x & c_y-d_y & (c_x-d_x)^2+(c_y-d_y)^2 \end{vmatrix} \tag{4-3}$$

该函数返回三类值:当 D 位于△ABC 的外接圆内时,$f_{cir}>0$;当 D 位于△ABC 的外接圆外时,$f_{cir}<0$;当 D 与 A、B、C 三点共圆时,$f_{cir}=0$。

4.3.2　Delaunay 剖分算法

成熟的 Delaunay 剖分算法包括逐点插入算法、三角网生长算法和分治算法。

4.3.2.1　逐点插入(incremental insertion)算法

该类算法首先建立一个包含所有待剖分点集的"超级多边形",然后在其内部逐个插入点。根据具体实施过程又可以细分为不同的算法,其中以 Lawson 算法和 Bowyer-Wartson 算法应用最广泛。

Lawson 算法的核心是局部优化过程(local optimization procedure,LOP),即如果插入新点后形成的三角形不是 Delaunay 三角形,则交换其与相邻三角形组成的四边形的对角线(见图 4-4),总是保留较短的对角线,直至所有的三角形成为 Delaunay 三角形。Lawson 算法的主要步骤如下:

1)建立一个包含所有待剖分点的凸多边形,通常为三角形或四边形,建立初始三角网;

2)向多边形中插入一个新点,遍历现有三角网找出包含新插入点的三角形,删除该三角形并将加入点与原三角形的顶点逐个相连,形成三个新的小三角形;

3)根据式(4-3)计算每个小三角形是否满足外接空圆,若满足,则加入下一个点,如不满足,则通过 LOP 不断互换对角线形成新的三角形,直至所有三角形满足 Delaunay 判定准则;

4)迭代步骤 2)、3)直至点集 P 中所有散点都成为 Delaunay 三角网的顶点。

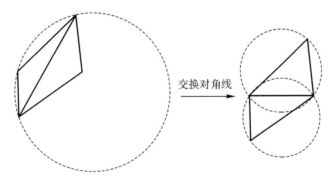

图 4-4　Delaunay 剖分中的局部优化过程

Bowyer-Wartson 算法的大致步骤(见图 4-5)与 Lawson 算法类似,但插入新点后处理非 Delaunay 三角形的方法不同。该算法不仅关注直接包含插入点的三角形,还通过遍历已有三角网找到所有外接圆中包含了插入点的三角形,由于这些三角形包含了点集中的其他点,因此不再满足 Delaunay 三角形的定义,将这些三角形删除,连接被删除三角形的顶点和新插入点形成新的三角网。

4.3.2.2　三角网生长(gift-wrapping)算法

三角网生长(gift-wrapping)算法又叫卷包裹算法,该算法的思想类似另一类经典算法——推进波前法,每次只生成一个三角形,生成过程利用之前已经生成的三角网的边。算法具体步骤(见图 4-6)如下:

1)在待剖分点集 P 中任取一点(通常在点集中心区域选取)作为三角网源点,搜寻并连接离该点最近的点,形成初始 Delaunay 边;

2)在初始边附近根据 Delaunay 空圆准则搜寻第三个点构成第一个 Delaunay 三角形;

3)以第一个三角形的三条边为基线,搜索临近点构成三个新的三角形;

4)以生成的三角形边为基线重复步骤 2)、3),直至所有点都成为 Delaunay 三角的顶点。

 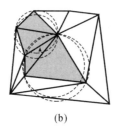 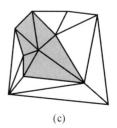

(a)   (b)   (c)

图 4 - 5   Bowyer-Wartson 算法过程

(a)已有 Delaunay 三角网中加入一点;(b)找出所有包含加入点的三角形;

(c)删除找出的三角形并连接加入点与被删除三角形的顶点

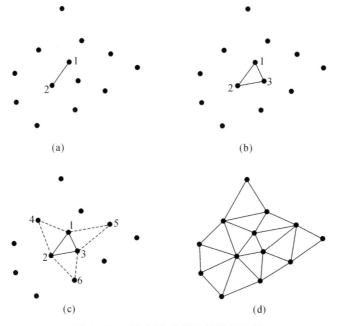

图 4 - 6   三角网生长算法的算法流程

(a)生成初始边;(b)构建初始三角形;(c)以初始三角边为基线扩展三角网;(d)生成最终三角网

4.3.2.3   分治(divide and conquer)算法

该算法采用递归的思路,将待剖分点集分割为足够小的子集,分别在子集内构建 Delaunay 三角网,再逐层合并子三角网,并保证子网连接的部分也是 Delaunay 三角形,最终形成整个剖分区域的 Delaunay 三角网。具体步骤如下:

1)对点集进行坐标排序,使 $X_i \leqslant X_{i+1}$ 且 $Y_i \leqslant Y_{i+1}$,排序是为了方便后续快速进行点集分割并使子集互不相交;

2)将排序后的点集进行递归分割,直至子集包含的点数足够小且易实施 Delaunay 剖分;

3)对每个子集进行三角剖分,一般采用逐点插入算法,由于子集规模小,可以快速通过 LOP 或者删除影响三角形的方式构建 Delaunay 三角网,如图 4-7(a)所示;

4)找出相邻子三角网的顶线和底线,如图 4-7(b)所示,以此限定范围对两个子网之间的区域进行网格剖分,合并子三角网,如图 4-7(c)所示。

5)逐层向上合并子三角网,对合并后的三角网实施 LOP,最终构建包含所有待剖分点集的完整 Delaunay 三角网,如图 4-7(d)所示。

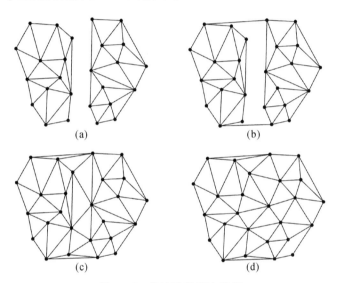

图 4-7　分治法的算法流程
(a)构建初始子集的三角网;(b)连接子集间的区域;(c)对中间区域三角剖分,合并子三角网;
(d)优化总体整体三角网

　　以上三种算法各有优劣:三角网生长算法实现最为简单,但效率最低,要耗费大量的搜索成本,因此已经很少应用于实际建模中;分治算法采用递归结构,最终三角剖分的对象集最小,时间效率最高,但重复的递归运算会占用大量内存,空间效率较低;逐点插入法实现过程也较为简单,且时间效率居中,空间效率很高,是综合评价最高的算法。

　　如前文所述,矿山建模中的曲面模型往往是带有约束的三角网模型,工程揭露的地质特征要作为约束(一般作为约束边)代入建模过程,即 Delaunay 三角网不再是自由的格网,而是要将约束边作三角形固定的边体现在最终的三角网模型中。带约束的 Delaunay 三角剖分有约束图法、Shell 三角化法、轨迹生成法、两步法等,以下以改进的约束边嵌入 Delaunay 三角剖分算法(陈学工等,2007;刘琴琴,2016)为例,介绍带约束的三角网建模过程。

　　带约束边三角剖分的思路是首先通过不带约束的 Delaunay 三角剖分法构建三角网,再考虑加入约束进行部分网格重构。如图 4-8(a)所示,点集 $P = \{A, B, C, D, E, F, G, H\}$

已剖分成 Delaunay 三角网，AH 为加入的约束边[见图 4-8(b)，约束边用虚线表示，下同]。网格重构的过程如下：

1) 由于 AH 穿过了三角网的一个顶点 D，将约束边 AH 分割为 AD 和 DH 两段约束分别处理；

2) $\triangle ABC$ 与 $\triangle BCD$ 构成一个凸四边形，约束边 AD 与两个三角形的公共边相交，这种情况下交换凸四边形的对角线，构成两个新三角形 $\triangle ABD$ 与 $\triangle ACD$[见图 4-8(c)]，验证这两个三角形为 Delaunay 三角形，此时约束边 AD 成为三角网中的一条实边，完成了约束的插入；

3) $\triangle EFG$ 与 $\triangle FGH$ 构成一个凹四边形，约束边 DH 与这两个三角形的公共边相交于点 I[见图 4-8(d)]，删除两个三角形并连接交点 I 与原三角形的顶点 E、F、G、H，构成四个新的三角形[见图 4-8(e)]，此时约束边 IH 成为三角形的一条边；

4) 剩下的约束边 DI 是 $\triangle DEF$ 与 $\triangle EFI$ 构成的凸四边形的一条对角线[见图 4-8(e)]，此时情况与步骤 2)相同，互换对角线构建新的三角形 $\triangle EDI$ 与 $\triangle DFI$，约束边 DI 成为三角形的一条实边[见图 4-8(f)]。至此 AH 作为约束边已经全部插入重构的 Delaunay三角网中。

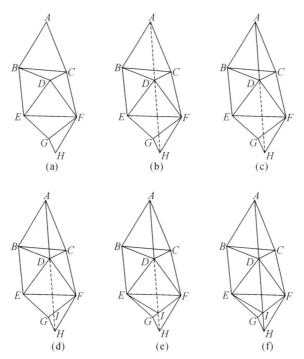

图 4-8 带约束边的 Delaunay 三角剖分(据刘琴琴，2016 修改)

(a)已生成的 Delaunay 三角网；(b)在三角网中加入约束边 AH；(c)LOP 交换对角线；(d)寻找并表示约束变与以后三角形边的交点 I；(e)删除与约束边相交的三角形并连接交点 I 与原三角形的顶点；(f)交换对角线完成所有约束边的插入

以上实例包含了约束边与 Delaunay 三角形的不同相交关系，以此为准则可完成带有地质约束的 Delaunay 三角剖分。

第二篇　矿山水文地质

第5章 地下水的赋存与性质

天下之水,莫大于海。万川归之,不知何时止而不盈;尾闾泄之,不知何时已而不虚……

———《庄子·秋水篇》庄周[战国]

5.1 水文循环

5.1.1 地球中水的分布与水文循环

据联合国教科文组织资料可知,不包括生物体中的水与矿物中的水,浅部层圈中水的总体积约为 $1.386 \times 10^9 \ km^3$(详见表 5-1)。对全球水资源的统计表明,海洋中的咸水占总水量的 97.2%,陆地水占 2.8%。陆地水中可供人类使用的淡水,约占全球水量的 2.527%。淡水中,固态水(冰盖、冰川等)约占 70%,其余 30% 为液态水。液态淡水中,地下水量约占 99%。

表 5-1 地球浅部层圈水的分布

水体		体积/km^3	占比/%
大气体		12 900	0.001
地表水	海洋	1 338 000 000	96.5
	冰川和永久积雪	24 064 100	1.74
	湖泊	176 400	0.013
	沼泽	11 470	0.000 8
	河流	2 120	0.000 2
地下水	包气带水	16 500	0.001
	饱和带水	23 400 000	1.7
	永久冻土带固态水	300 000	0.022
合计		1 385 983 490	100

大气水仅占全球总水量的 0.001%。然而,通过大气循环,全国多年平均年降水量达到 628 mm,约 $6 \times 10^{12} \ m^3$。这些降水中的一部分通过蒸发和植物蒸腾作用返回大气,一部分

则通过地表径流流向地表洼地、湖泊或海洋,一部分则下渗进入地下水系统。

据统计,我国地表水资源量约为 2.64×10^{12} m³,地下水资源量(不含土壤水)约为 0.8×10^{12} m³,我国每年可更新的水资源量约为 2.73×10^{12} m³。

地球中的水,始终处于一个无始无终的循环状态中。地球中的水循环可分为水文循环和地质循环。其中水文循环主要发生在地球的浅部,水文循环的速度较快,途径较短,转换交替迅速。地质循环发生于大气圈和地幔之间,转换交替缓慢。

水文循环是指大气水、地表水和地壳浅表地下水之间的水分交换(见图5-1)。水文循环是在太阳辐射和重力共同作用下,以蒸发、降水和径流等方式周而复始进行的。

平均每年有 577 000 km³ 的水通过蒸发进入大气,然后又通过降水返回海洋和陆地。海洋水、地表水、包气带水及饱水带中浅层水通过蒸发和植物蒸腾而变为水蒸气进入大气圈。由于海洋分布面积广大,来源于海洋的蒸发量占据全球总蒸发量的85%以上。蒸发量因地理位置的不同而异,距离赤道越近,太阳辐射强度越大,蒸发量也越大。蒸发水是纯水,因而蒸发过程中,盐分留在海洋之中,故海洋中的水为咸水。

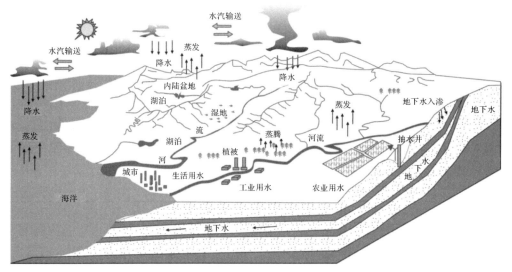

图5-1 水文循环示意图(据美国地质调查局水循环图修改,2022)

水汽随风飘移,在适宜条件下形成降水,这些降水或落入大海,或落到陆地,或重新被汽化。落到陆地的降水:一部分暂时以冰或雪的形式留在地表,或汇入洼地;一部分雨水或融化的雪水形成地表径流,进入河道。如果土壤有空隙,部分雨水或融化的雪水就会渗入地下,部分滞留于包气带中(其中的土壤水为植物提供了生长所需的水分),其余部分渗入饱水带岩石空隙之中,成为地下水。地表水与地下水有的重新蒸发返回大气圈,有的通过地表径流或地下径流返回海洋。

水文循环分为小循环与大循环。海洋与大陆之间的水分交换为大循环。海洋或大陆内部的水分交换称为小循环。通过调节小循环条件,加强小循环的频率和强度,可以改善局部性的干旱气候。目前人力仍无法改变大循环条件。

地壳浅表部水分如此往复不已地循环转化,乃是维持生命繁衍与人类社会发展的必要前提。一方面,水通过不断转化得以净化;另一方面,水通过不断循环水量得以更新再生。水作为资源不断更新再生,可以保证在其再生速度水平上的永续利用。大气水总量虽然小,但是循环更新一次只要 8 天,每年平均更新约 45 次。河水的更新期是 16 天。海洋水全部更新一次需要 2 500 年。地下水根据其不同埋藏条件,更新的周期由几个月到若干万年不等。

气候和气象因素对水资源的形成与分布具有重要影响。不同的气候和气象条件,对水循环中的降水、蒸发及大气环流产生影响。此外,自然地理条件(包括地形地貌、土壤、地质构造、植被等)、人类活动(灌溉、抽取地下水、水利工程、城市化发展、废弃物排放、生活工业用水等),以及太阳和地球活动均对水循环产生不同程度的影响。

5.1.2　水文循环与生态效应

地球上自然生态与人类生存和发展共同分享有限的水资源。根据水循环,降水到达陆地后,大部分蒸发或入渗土壤后再蒸发,小部分形成地表径流。从生态角度,也形象地称之为绿色水和蓝色水。降水的直接利用,或者说绿色水支撑了地表大部分植被生态,人类活动难以直接干扰和调控这种形态。生态需水是在流域自然资源,特别是在水土资源开发利用条件下,为了维护河流为核心的流域生态系统的动态平衡,避免生态系统发生不可逆的退化所需要的临界水分条件。

水循环的能量来自热力学和地球引力,而人类经济活动产生的各种作用力加入后,在自然和人工双重作用下,支撑水循环的能量发生变化,从而导致水循环生态效应的变化。

5.1.2.1　尺度生态效应

从发生空间、驱动能量、变化过程看,水循环的生态效应表现在以下 3 个相互联系的层面。

(1)与降水分布密切相关的宏观效应

降水是水循环的基本通量,其丰裕程度和分布特点决定了水循环生态效应的根本属性,决定了区域生态系统需水的总体格局。降水发生在大气和地表之间,连接大气和地表,是一个立体的空间。降水条件受热力学控制,由于需要巨大的能量积蓄,并且受其他因素干扰,其变化是缓慢和不可逆的,通常需要几十年才显现。这在时空尺度上是宏观生态效应。

(2)与降雨-径流关系的稳定性密切相关的中观效应

水土资源开发利用导致降雨-径流关系发生变化时,将随之出现生态与环境的变化。发生在地表面的整个径流场,包括陆地和水域,是一个拓扑的面。降水在地表演化的能量,由热力学(作用于蒸发)和地球重力(作用于渗透)作用控制,其变化则需要几年乃至十几年才显现。这在时空尺度上属于中观生态效应。

(3)与径流运动的空间和方式密切相关的微观效应

包括地表径流活动区域,即水体规模,以及地表径流与地下径流相互转化关系。水资源利用导致地表水体径流量减少,地下水位下降,使得径流的活动空间缩小,地表水、地下水转化关系改变,进而导致依赖于水体的水生态系统的退化,直至水体自身的消亡。发生在地表连通水域,是一个拓扑的线,受地球重力场控制,受人工作用直接影响,其变化通常在一年内即可显现。这在时空尺度上属于微观生态效应。

5.1.2.2 生态效应作用机理

土资源开发利用引起的生态退化效应,在时间尺度和空间尺度上,总是微观—中观—宏观的渐进过程。在机理联系上,则是各类水资源开发利用工程措施等人工作用力的能量循序积累传递的过程。根据能量守恒定律,人工对水循环的干扰通过能量积累与传递,由点、线到面,进而整个空间,从而导致水循环改变,其生态效应也随之改变。

人类对水循环的干扰作用由局部、个别、微观开始,通过水土资源开发等各种经济活动形成的作用力,直接作用于地表水体及与其相关的潜流场,使得支撑水文循环的能量在热力学和地球重力场之外加入了各种人工作用力,最初,人工能量对水循环直接作用于地表取水、地下水开采,只在局地短期内有限地影响作用河段,对水资源的取用与消耗,使得天然径流量减少、地下水位下降。当这些活动的力度持续加强、密度增加,河道频繁干涸,地下水位大面积持续下降,引起地表、地下水转化关系的变化,进而导致降雨-径流关系发生改变。其主要特点是包气带增厚,致使蒸发增加,径流减少。蒸发的增加导致水热条件的改变,水循环的热力学因素改变使得水循环宏观生态效应悄然发生渐变,几十年长期积累,将导致水循环基本格局的变化。

水资源开发利用导致的宏观生态效应变化远不如中观和微观层次敏感。对水资源规划与管理影响最显著的是微观与中观效应。中观生态效应是水资源规划的重大课题,微观生态效应对取水管理意义重大。认识和重视宏观生态效应,对于正确指导区域水资源开发利用与生态环境保护具有决定性意义。

应该指出的是,导致水循环宏观生态效应变化的水热条件改变,还有其他因素,如温室效应等。另外,改变宏观生态效应需要巨大的能量,非短期能显现,需要长期的、持续不断的能量积累。

5.2　岩土空隙与地下水

5.2.1　岩土中的空隙

地壳表层的地质体在成岩或成岩以后,受到内外动力地质作用,在一定程度上丧失连续性,浅表的地质体普遍存在着大大小小的空隙。水文地质学中的岩土一般指影响和控制地下水赋存和运移范围内的地壳浅表层岩体或土体。岩土体为地下水的赋存提供储存空间,同时也成为地下水运移的通道。空隙的多少、大小、形状、连通情况和分布规律,对地下水的分布和运动具有重要影响。

岩土体中的空隙可分为三类,即松散岩石中的孔隙、坚硬岩石中的裂隙和可溶岩石中的溶穴。通常把存在于这三种空隙中的地下水分别称为孔隙水、裂隙水和岩溶水。

5.2.1.1 孔隙与孔隙水

孔隙一般存在于松散的岩土体中,主要指颗粒及颗粒集合体之间的空隙。事实上,在完整岩体中也存在一定的细小孔隙,但这些孔隙储存的水量非常小,且无法构成地下水运移的通道,故将完整岩体视为不透水岩层,不将其细小孔隙中的地下水纳入孔隙水的范畴。

孔隙的多少,决定岩土体储容水能力,一般用孔隙度表征孔隙与固体相对占比。孔隙度是指单位体积岩土(包括孔隙在内)中的孔隙所占比例,其表达式为

$$n = \frac{V_n}{V} \text{ 或 } n = \frac{V_n}{V} \times 100\% \tag{5-1}$$

式中:n——孔隙度;

　　V_n——孔隙体积;

　　V——包括孔隙在内的岩土体积。

孔隙度是一个比值,可用小数或百分数表示。松散岩土孔隙度常见表 5-2。

表 5-2　松散岩土孔隙度常见表(据 Freeze 和 Cherry,1979,有补充)

岩土	砾石	砂	粉砂	黏土	泥炭
孔隙度/%	25～35	25～50	35～50	40～70	80

自然界中,孔隙度大小与颗粒大小有一定关系,一般具有更多细颗粒的松散岩土体具有更大的孔隙度。但是,对于相对均质的沙砾而言,颗粒大小与孔隙度无关,主要取决于其颗粒分选程度、颗粒排列状况、颗粒形状以及胶结物的多少。特别是分选性,颗粒大小愈悬殊的松散岩土体,由于细小颗粒可填充于大颗粒之间,孔隙度愈小。黏性土的孔隙度一般较大,主要与其结构有关。黏土颗粒表面带有电荷,沉积时黏粒聚合,形成架空的颗粒集合体,可以形成大于颗粒直径的孔隙。

赋存于孔隙中的孔隙水常见于松散沉积物、残坡积物、散体结构的岩体中,其中松散沉积物包括冲积物、洪积物、湖积物、滨海三角洲沉积物,以及冰水沉积物,是分布最广、最具有水文地质意义的地下水赋存场所。孔隙水的空间分布与松散沉积物的形成过程密切相关。图 5-2 为洪积扇中的地下水示意图,由洪积扇顶部到盆地中心存在明显的分带性。从顶部到盆地中心,地下水水位埋深由深变浅,补给条件由好变差,水化学作用由溶滤转为浓缩。充分体现了地下水形成及分布与洪积物地质成因之间的相互关系。

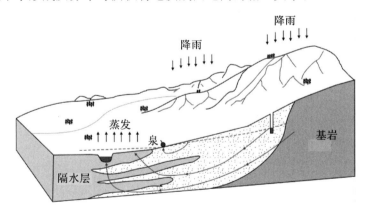

图 5-2　洪积扇中的地下水

孔隙水呈层状分布,空间上连续均匀,含水系统内部水力联系良好,因此是人类利用地下水的主要对象。

5.2.1.2 裂隙与裂隙水

固结的坚硬岩石,包括沉积岩、岩浆岩和变质岩,一般不存在或只保留一部分颗粒之间的孔隙,而主要发育各种应力作用下岩石破裂变形产生的裂隙。

裂隙按成因可分为成岩裂隙、构造裂隙和风化裂隙。

成岩裂隙是岩石在成岩过程中由于冷凝收缩(岩浆岩)或固结干缩(沉积岩)而产生的。岩浆岩中成岩裂隙比较发育,尤以玄武岩中柱状节理最有意义。构造裂隙是岩石在构造变动中受力而产生的。这种裂隙具有方向性,大小悬殊(由隐蔽的节理到大断层),分布不均一。风化裂隙是风化营力作用下,岩石破坏产生的裂隙,主要分布在地表附近。

裂隙的多少以裂隙率表示。裂隙率(K_r)是裂隙体积(V_r)与包括裂隙在内的岩石体积(V)的比值,即

$$K_r = V_r/V \text{ 或 } K_r = (V_r/V) \times 100\%$$

除了这种体积裂隙率,还可用面裂隙率或线裂隙率说明裂隙的多少。野外研究裂隙时,应注意测定裂隙的方向、宽度、延伸长度、充填情况等,因为这些都对水的运动具有重要影响。

赋存于裂隙中的地下水,称为裂隙水。与孔隙水相比,裂隙水一般不容易形成统一的水力联系、水量分布均匀的含水层。裂隙的空间分布特征决定着裂隙水的分布。由局部裂隙带(如断层、岩浆岩接触带)控制的裂隙水呈带状分布,其本身可构成更大裂隙含水系统的一部分。若干个带状裂隙带相互连通时,可构成网格状的裂隙网络,形成网状含水系统(见图5-3)。一些岩层裂隙发育,沿岩层展布方向裂隙沟通良好,可形成良好的层状含水层。裂隙含水系统一般不存在统一的地下水水面,打在同一岩层中的水井,有时水量变化很大,甚至一个有水,而另一个没有水。

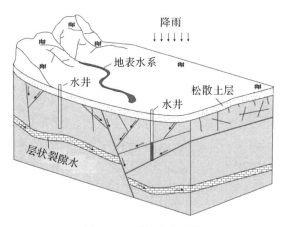

图 5-3　裂隙含水系统

裂隙水的赋存和运移均较为复杂,裂隙水通常表现出强烈的不均匀性和各向异性,因此针对裂隙水的研究还很不成熟。但在人类的地下工程(采矿巷道、地下硐室、隧道工程、基坑、核废料处理场地等)建设与开发中,却必须面对裂隙水可能带来的危害。

5.2.1.3　溶穴与岩溶水

可溶的沉积岩,如岩盐、石膏、石灰岩和白云岩等,在地下水溶蚀下会产生空洞,这种空隙称为溶穴(隙)。溶穴的体积(V_k)与包括溶穴在内的岩石体积(V)的比值即为岩溶率(K_k),即

$$K_k = V_k/V \text{ 或 } K_k = (V_k/V) \times 100\%$$

溶穴的规模悬殊,大的溶洞可宽达数十米,高数十乃至百余米,长达几至几十公里,而小的溶孔直径仅几毫米。岩溶发育带岩溶率可达百分之几十,而其附近岩石的岩溶率几乎为零。

岩溶发育通常需要四个基本条件:可溶岩的存在,可溶岩必须透水,水具有侵蚀性,水的流动。其中最根本的是可溶岩及水流;可溶岩中存在空隙,水能够在空隙中流动,岩溶就可能发育。水的流动性是岩溶发育的充分必要条件,因此,地下水流状况是岩溶发育强度及其空间分布的决定性因素。

与孔隙水、裂隙水相比,岩溶水通常具有高度的非均质性和各向异性,这是由于岩溶水系统是一个能够通过水与介质相互作用不断自我演化的动力学系统,不同演化阶段的岩溶水具有不同的特征。岩溶含水介质的空隙大小悬殊,因此,岩溶水的运动特征总体表现为层流与紊流共存,有压与无压共存,运动方向不同步,缺乏统一的地下水水位。岩溶水的主要补给来源为大气降水,在存在溶蚀漏斗、落水洞的岩溶地区,大气降水可通过这些通道迅速进入岩溶水系统,使岩溶水可以在短时间内得到补充(见图5-4)。由于岩溶地下河系化的发展,一些原来作为岩溶水排泄去路的河流可转变为地下河的地上部分。地下河系化的结果,往往使岩溶水以岩溶大泉或泉群的形式进行集中排泄。

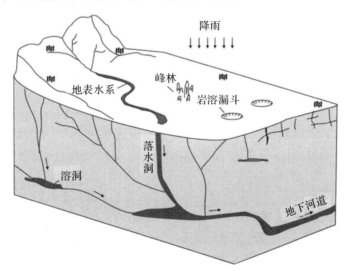

图 5-4　岩溶水系统

5.2.2　地下水的存在形式

地壳岩石中水包括岩石"骨架"中的水和岩石空隙中的水两部分。

岩石"骨架"中的地下水是指矿物结合水,包括沸石水、结晶水和结合水。沸石水是存在于沸石族矿物中的中性水分子,是介于结晶水与吸附水之间的一种特殊类型。沸石族矿物晶体结构的特点之一是都存在有大小不等的孔道,水分子就存在于这些孔道之中。结晶水是结合在化合物中的水分子,水分子在矿物晶格中有确定位置,水分子的数量与该化合物中其他组分之间有一定的比例。结合水也称化合水,以 OH^-、H_3O^+ 离子的形式存在于矿物晶格中,其中尤以 OH^- 最为常见,如高岭石($Al_4[Si_4O_{10}](OH)_8$)、石膏[$Ca(H_2O)_2SO_4$]等中的"水",就属于这种类型。

岩石空隙中的水包括结合水、液态水、固态水和气态水。

结合水是指被吸附在颗粒及岩土空隙表面的水分子。固体颗粒表面带电荷,而水分子是偶极体,因此固体表面能够吸附水分子。结合水一般具有双层结构,外层为弱结合水,内层为强结合水。结合水在自身的重力作用下,无法运移,但当外界施加的力增加到一定程度时,结合水的一部分可以转为自由水并发生运移,这部分水通常是弱结合水。强结合水紧紧吸附在固体颗粒表面,只有加热到 110 ℃以上时才能以水蒸气的形式脱离。

重力水是指能够在自身重力作用下发生运移的水,是水文地质学研究的主要对象,也是工程地质勘察中的主要对象。地层内岩石空隙中如果存在一定的重力水,就可以通过泉或井流出(抽出)。

毛细水是指在毛细力作用下赋存于岩土空隙中的地下水。毛细水受到毛细力和重力的双重影响。在地下水水面附近,在毛细力作用下,形成支持毛细水带。细粒层次与粗粒层次交互成层时,在一定条件下,由于上下弯液面毛细力作用,在细土层中会保留与地下水面不相连接的毛细水,这种毛细水称为悬挂毛细水。还有一部分毛细水,存在于颗粒接触处,称为孔角毛细水。

重力水和毛细水均为液态水,在岩土空隙中还存在固态水和气态水。当岩土体的温度低于 0 ℃时,空隙中的液态水转为固态水。在未饱和水的空隙中存在着气态水,气态水可以随空气流动而流动。在一定温度、压力条件下,固态水、气态水与液态水可以相互转化。

5.2.3 岩土的水理性质

岩土的水理性质系指岩土与水接触后表现出的有关性质,即与水分贮容和运移有关的性质。它包括岩石的容水性、持水性、给水性、透水性。

(1)容水性

容水性是在常压下岩石空隙中能够容纳若干水量的性能,在数量上以容水度来衡量。容水度为岩土完全饱水时所能够容纳水量的体积与岩石体积之比,用百分数或小数表示。通常情况下,容水度在数值上与孔隙度相等。实际上,由于岩土中可能存在一些密闭空隙,或当岩石充水时,有的空气不能逸出,形成气泡,所以一般容水度的值小于孔隙度。但是,对于具有膨胀性的黏性土,因充水后体积扩大,容水度可以大于孔隙度。

(2)持水性

在分子力和表面张力的作用下,岩石空隙中能够保持一定水量的性能,称为岩土体的持水性。当地下水水位下降时,地下水以各类毛细水、结合水的形式滞留于包气带中而无法释出,滞留于非饱和带中的水的体积与岩土体体积之比称为持水度。持水度(S_r)可用来衡量岩土的持水性。持水度与含水量的概念略有不同,岩土介质中的天然体积含水量的数值范围在 0 到容水度之间。

岩土中的持水量多少主要取决于岩石的颗粒直径和空隙直径的大小,即岩石颗粒越细,空隙越小,持水度越大。

(3)给水性

饱和岩土在重力作用下能够自由排出若干水量的性能称为岩石的给水性。在数量上用给水度来衡量。给水度(记为 μ)一般指重力疏干给水度,是指地下水水位下降时,单位岩土体积中释放出的水的体积,用小数或百分数表示。一般地,岩土的给水度要小于孔隙度,这是因为地下水水位下降时,孔隙中的地下水无法全部释放出来。其中一部分将以结合水和毛细水的形式滞留于包气带中。同时,在地下水水位下降过程中,由于水的释出具有滞后性,因此实际的给水度是一个动态变化的值,通常给出的岩土给水度是指排水疏干完全完成后的给水度。

岩土的给水度与岩土的颗粒大小、形态、排列方式、压实程度、土层结构、地下水水位埋深及下降速度等有关。存在于坚硬岩石裂隙和溶隙中的地下水,结合水及毛细水所占的比例非常小,岩石的给水度接近于裂隙率及岩溶率。

根据给水度、持水度和孔隙度的概念可知

$$\mu + S_r = n$$

(4)透水性

透水性也称渗透性,反映岩土的透水能力,即传输水的性能。岩土透水性用渗透系数(水力传导率)来表征,后面章节有专门讨论。

一般地,岩土空隙直径越大,透水性越强。岩土的透水性取决于空隙特征和水的性质。

5.3　含水层、隔水层与含水系统

天然条件下,地层的渗透系数差异较大。地表大部分岩土体具有透水性,不透水体极少。在地表以下一定深度,岩土的空隙被重力水充满,形成地下水面。在地下水面之上,直达地表,这一部分称为包气带或非饱和带。地下水面以下称为饱和带。

包气带中地下水的存在形式包括毛细水、结合水和上层滞水(重力水,下文介绍)。包气带与地表直接连通,可直接接受大气降水或地表水补给。包气带又是饱水带与大气圈、地表水圈联系必经的通道。饱水带通过包气带获得大气降水和地表水的补给,又通过包气带蒸发与蒸腾排泄到大气圈。因此,研究包气带水盐的形成及其运动规律对阐明饱水带水的形成具有重要意义。

根据传输及给出水的性质,饱和带可划分为含水层、隔水层及弱透水层。

含水层是指能够透过并给出相当数量水的岩层。隔水层则是不能透过与给出水,或者透过与给出的水量微不足道的岩层。弱透水层是本身不能给出水量,但垂直层面方向能够传输水量的岩层。

含水层和隔水层具有相对性。岩性相同、渗透性完全一样的岩层,很可能在有些地方被当作含水层,而在另一些地方却被当作隔水层。即使在同一个地方,渗透性相同的某一岩层,在涉及某些问题时被看作透水层,在涉及另一些问题时则可能被看作隔水层。含水层、隔水层与透水层的定义取决于运用它们时的具体条件。

在利用与排除地下水的实际工作中区分含水层与隔水层,应当考虑岩层所能给出水的数量大小是否具有实际意义。例如,利用地下水供水时,某一岩层能够给出的水量较小,对于水源丰沛、需水量很大的地区,由于远不能满足供水需求,而被视作隔水层。但在水源匮乏、需水量又小的地区,同一岩层便能在一定程度上满足,甚至充分满足实际需要,可视为含水层。再如,某种岩层的渗透性比较低,从供水的角度,它可能被看作隔水层,而从水库渗漏的角度,由于水库的周界长,渗漏时间长,此类岩层的渗漏水量不能忽视,这时又必须将它看作含水层。

严格地说,自然界中并不存在绝对不发生渗透的岩层,在一个较长的时间尺度下,即使渗透性很低的岩层也可能发生渗透,例如,在漫长的油气藏形成过程中,油气可从渗透性极低的生油层向储油层缓慢迁移。

弱透水层的存在,可使相邻含水层发生水量交换,即越流,打破了人们对含水层的固有认识,含水层不再被视为地下水的一个基本功能单元,取而代之的是含水系统。含水系统是指由隔水或相对隔水边界圈围的,内部具有统一水力联系的赋存地下水的岩系。含水系统通常存在开放边界,可通过地上或地下与外界发生水量交换。含水系统的定义是从大的空间尺度研究含水层、隔水层与弱透水层的组合关系,是从地质成因角度对岩层的水文地质特征进行划分的分析方法。

5.4　地下水的分类

地下水根据含水介质(空隙特征)划分,可分为孔隙水、裂隙水和岩溶水;根据埋藏条件划分,可分为上层滞水、潜水和承压水(见图5-5)。按含水介质划分的地下水已在本章前面部分进行了简单介绍,现在着重对根据埋藏条件划分的地下水类型进行简述。

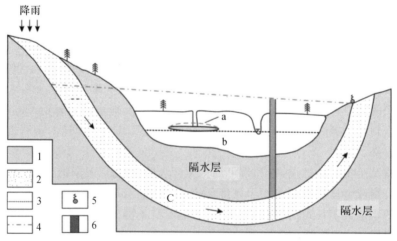

图5-5　潜水、承压水及上层滞水(据张人权等修改,2010)

1—隔水层;2—透水层;3—潜水位;4—承压水测压水位;5—泉(上升泉);

6—水井;a—上层滞水;b—潜水;c—承压水

上层滞水是指包气带中局部给水层之上积聚的具有自由表面的重力水。由于隔水底板分布有限，一般上层滞水的水量也有限，且不稳定。上层滞水主要通过大气降水补给，通过蒸发进行排泄，当水量过多，无法储存时，可通过边缘下渗排泄。

饱水带中第一个具有自由表面且有一定规模的含水层中的重力水称作潜水。潜水没有隔水顶板，或只有局部的隔水底板。潜水的表面为自由水面，称作潜水面。潜水与上层滞水都是具有自由水面的重力水，二者最大的区别仅在于隔水底板的规模。隔水底板的规模是相对的，通常认为在研究范围内隔水底板是稳定的，可视为潜水。同时，潜水也是与承压水相对应的一个概念，在一定条件下，潜水往往与承压水通过隔水层相邻，而上层滞水的上下均为包气带。

赋存潜水的含水层称为潜水含水层。由于潜水含水层上面不存在完整的隔水或弱透水顶板，与包气带直接连通，因此在潜水的全部分布范围都可以通过包气带接受大气降水、地表水的补给。潜水在重力作用下由水位高的地方向水位低的地方径流。潜水的排泄，除了流入其他含水层以外，泄入大气圈与地表水圈的方式有两类：一类是径流到地形低洼处，以泉、泄流等形式向地表或地表水体排泄，这便是径流排泄；另一类是通过土面蒸发或植物蒸腾的形式进入大气，这便是蒸发排泄。

潜水通过包气带与外界连通，因而受到外界的水量或水质的影响较大，一方面比较容易获得补给，另一方面潜水也容易受到污染。

充满两个隔水层（弱透水层）之间的含水层中的水，叫作承压水。赋存承压水的含水层，称为承压含水层。承压含水层上部的隔水层（弱透水层）称作隔水顶板，下部的隔水层（弱透水层）称作隔水底板。承压性是承压水的一个重要特征。图 5-6 表示一个基岩向斜盆地。含水层中心部分埋没于隔水层之下，是承压区；两端出露于地表，为非承压区。含水层从出露位置较高的补给区获得补给，向另一侧出露位置较低的排泄区排泄。由于来自出露区地下水的静水压力作用，承压区含水层不但充满水，而且含水层顶面的水承受大气压强以外的附加压强。当钻孔揭穿隔水顶板时，钻孔中的水位将上升到含水层顶部以上一定高度才静止下来。钻孔中静止水位到含水层顶面之间的距离称为承压高度，这就是作用于隔水顶板的以水柱高度表示的附加压强。井中静止水位的高程就是承压水在该点的测压水位。测压水位高于地表的范围是承压水的自溢区，在这里井孔能够自喷出水。

承压水在很大程度上和潜水一样，主要来源于现代大气降水与地表水的入渗。当顶、底板隔水性能良好时，它主要通过含水层出露于地表的补给区（潜水分布区）获得补给，并通过范围有限的排泄区，以泉或其他径流方式向地表或地表水体泄出。当顶、底板为弱透水层时，除了含水层出露的补给区，它还可以从上下部含水层获得越流补给，也可向上下部含水层进行越流排泄。无论哪一种情况，承压水参与水循环都不如潜水积极。因此，气象、水文因素的变化对承压水的影响较小，承压水动态比较稳定。承压水的资源不容易补充、恢复，但由于其含水层厚度通常较大，故其资源往往具有多年调节性能。

在接受补给或进行排泄时，承压含水层对水量增减的反应与潜水含水层不同。潜水获得补给或进行排泄时，随着水量增加或减少，潜水位抬高或降低，含水层厚度加大或变薄。承压含水层接受补给时，由于隔水顶板的限制，不通过增加含水层厚度而容纳增加的水量。获得补给时测压水位上升：一方面，由于压强增大，含水层中水的密度加大；另一方面，由于孔隙水压力增大,有效应力降低,含水层骨架发生少量回弹,空隙度增大(含水层厚度也有少量增加)。这就是说,增加的水量通过水的密度加大及含水介质空隙的增加而容纳。承压含水层排泄时,减少的水量表现为含水层中水的密度变小及含水介质空隙缩减。

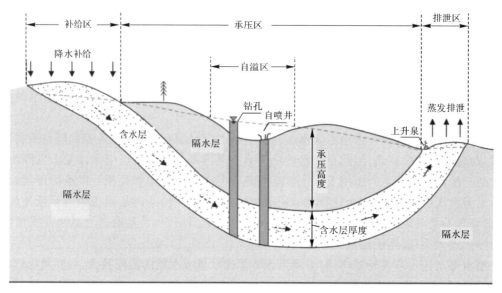

图5-6 基岩自流盆地中的承压水(据张人权等修改,2010)

由于上部受到隔水层或弱透水层的隔离,承压水与大气圈、地表水圈的联系较差,水循环也缓慢得多。承压水不像潜水那样容易污染,但是一旦污染则很难使其净化。

5.5 地下水的化学组分及形成作用

地下水的性质包括地下水的物理性质和化学性质,它们明显地受周围自然地理环境、地质条件和水文地质条件的控制。因此,在空间上表现出极大差异性,而且在时间上也表现出很大差异性,即地下水物理性质及化学性质表现出随空间和时间的变化。

地下水的物理性质通常是指地下水的温度、颜色、透明度、气味、味道等。

地下水的温度变化主要是受气温和地温的影响,尤其是地温。地表出露的地下水水温一般与当地年平均气温相当。地下水通常是无色透明的,但当地下水含有较多固体颗粒、胶体成分或其他悬浮物质时,就会影响透明度而呈现浑浊现象,显然其浑浊程度取决于上述物质含量的多少。地下水通常是无嗅的,但当水中含有某种特殊气体或有机质成分时,也会使地下水带有某种气味。例如含硫化氢气体的水,常带有臭蛋气味;含亚铁成分较高的水,常有铁腥气味;含腐殖质的水,常带有沼泽气味;等等。

综上所述,地下水的物理性质强烈地受所含化学成分及其所存在的环境条件的控制。实际工作中,常常通过物理性质来推断其所含化学成分和存在的环境条件。因此,在野外研究地下水的物理性质是很重要的。

地下水中化学元素迁移、集聚与分散的规律,是水文地球化学的研究内容,是水文地质学的一个重要分支,与地下水动力学一起构成水文地质学的理论基础。地下水水质的演变具有时间上的继承性,自然地理与地质发展历史给予地下水的化学面貌以深刻影响。

无论是地下水利用或是地下水的防治,都需要研究地下水的性质。例如:利用地下水作供水水源时,不同部门对水质有不同的要求;对各种工程建筑的工程地质进行勘察评价时,需要了解水质对建筑物是否具有侵蚀性;通过水质的了解,有助于查清地下水的分布、形成和运动规律;等等。

5.5.1　地下水的化学组分

地下水不是纯水,而是一种水溶液,其中含有气体、离子、胶体、有机质以及微生物等多种组分。

(1)气体成分

地下水中常见的气体有氧气、氮气、硫化氢和二氧化碳。一般每升水中含几毫克至几十毫克。这些气体的存在,在一定程度上可用以指示地下水所处的水文地球化学环境。此外,有些气体的含量直接影响某些盐类的溶解度等,因而这些气体是不可忽视的。地下水中的 O_2 和 N_2 主要来源于大气。它们随同大气降水及地表水补给地下水。H_2S 气体通常存在于还原环境(封闭的地质构造)中。地下水中 CO_2 的来源很复杂,在地壳浅处可来自大气,也可来自土壤中的生物化学作用;在地壳深处或火山活动地区的碳酸盐类岩石,经高温分解作用(变质作用)生成 CO_2 而进入地下水中。

(2)离子成分

地下水中含有数十种离子,其中分布最广、含量较多的离子共 7 种,即氯离子(Cl^-)、硫酸根离子(SO_4^{2-})、重碳酸根离子(HCO_3^-)、钠离子(Na^+)、钾离子(K^+)、钙离子(Ca^{2+})及镁离子(Mg^{2+})。这些离子之所以在地下水中占主要成分,其原因是 O_2、Ca、Mg、Na、K 等元素在地壳中的含量高,且较易溶于水。有些元素如 Cl 与以 SO_4^{2-} 形式出现的 S,虽然在地壳中含量并不高,但极易溶于水。而 Si、Al、Fe 等元素,虽然在地壳中含量很大,但由于其难溶于水,因而地下水中含量通常不大。

(3)其他成分

除了以上主要离子成分外,地下水中还有一些次要离子,如 H^+、Fe^{2+}、Fe^{3+}、Mn^{2+}、NH_4^+、OH^-、NO_2^-、NO_3^-、CO_3^{2-}、SiO_3^{2-} 及 PO_4^{3-} 等;微量组分有 Br、I、F、B、Sr 等;胶体成分主要有 $Fe(OH)_3$、$Al(OH)_3$ 及 H_2SiO_3 等。有机质也经常以胶体形式存在于地下水中。有机质的存在常使地下水酸度增加,并有利于还原作用。

地下水中还存在各种微生物。例如,在氧化环境中存在硫细菌、铁细菌等,在还原环境中存在脱硫酸细菌等。此外,在污染水中,还有各种致病细菌。

5.5.2　地下水的化学性质

地下水的化学成分及其组合关系,决定了地下水具有一定的化学性质,其中主要是矿化度、氢离子浓度、硬度、侵蚀性等。它们与地下水的化学分类、水质评价等都有密切关系。

(1)地下水的矿化度

地下水中所含离子、分子、化合物的总量(气体成分除外)称为地下水的矿化度,它表示地下水中含可溶盐的多少,一般以 g/L 为单位。地下水按矿化度分类见表 5-3。确定地下水的矿化度一般采用以下两种方法:

1)将一定体积地下水置于 $105\sim110$ ℃条件下蒸干,水中矿物质因沉淀而残留下来,称干涸残余物,将其折算为每升水的含量,通常以此量表示地下水的矿化度。

2)在没有干涸残余资料时,也可利用阴、阳离子和其他化合物含量之总和概略表示矿化度,因为在蒸干时有将近一半的 HCO_3^- 分解生成 CO_2 及 H_2O 而逸失。所以,阴、阳离子相加时,HCO_3^- 只取重量的半数。

矿化度低的淡水可作生活用水、工业用水与农业用水,盐水、卤水常用来做提炼某些盐类的原料。

表 5-3 地下水按矿化度分类

地下水的类型	矿化度/$(g\cdot L^{-1})$
淡水	<1
微咸水	$1\sim3$
咸水	$3\sim10$
盐水	$10\sim50$
卤水	>50

(2)地下水的酸碱度

地下水的酸碱度指的是水中氢离子(H^+)的浓度,以 pH 值表示,即 $pH=-lg\,[H^+]$。地下水按 pH 值分类见表 5-4。

表 5-4 地下水按 pH 值分类

地下水的类型	pH 值
强酸性水	<5.0
弱酸性水	$5.0\sim7.4$
中性水	$7.5\sim8.0$
弱碱性水	$8.1\sim10$
强碱性水	>10

自然界中地下水的 pH 值一般在 $7.5\sim8.0$ 之间,而 pH 值低的酸性水对金属和混凝土有腐蚀性。地下水的 pH 值现在多用 pH 仪测定。

(3)地下水的硬度

地下水的硬度是指水中 Ca^{2+}、Mg^{2+} 的含量。硬度可进一步区分为总硬度、暂时硬度和永久硬度。水中所含 Ca^{2+}、Mg^{2+} 的总量是总硬度;若把水加热至沸腾,将导致部分碳酸盐沉淀,水由此失去的那部分 Ca^{2+}、Mg^{2+} 称为暂时硬度;水沸腾后仍留在水中的 Ca^{2+}、Mg^{2+} 含量称为永久硬度。总硬度减去暂时硬度等于永久硬度。

硬度的表示方法有很多,我国目前常用的有两种:一种为德国度($H°$),一个德国度相当于每升水中含有 10 mg CaO 的量;另一种为每升水中 Ca^{2+} 和 Mg^{2+} 的毫克当量(meq)数,1 meq/L＝2.8 $H°$。地下水按总硬度分类见表 5－5。

表 5－5　地下水按硬度分类

地下水的类型	总硬度	
	$Ca^{2+}＋Mg^{2+}/(meq \cdot L^{-1})$	德国度/$H°$
极软水	＜1.5	＜4.2
软水	1.5～3.0	4.2～8.4
微硬水	3.0～7.0	8.4～17.8
硬水	7.0～9.0	17.8～25.2
极硬水	＞9.0	＞25.2

水的硬度是评价水质是否合乎生活用水和工业用水标准的一项重要指标。水的硬度过大,对许多工业用水是不适宜的,而生活用水对硬度也有一定要求。

5.5.3　地下水化学成分形成作用

地下水的补给来源主要是大气降水与地表水。具有一定化学成分的大气降水、地表水进入岩石圈成为地下水后,在与岩石接触中,其化学成分不断演化,这是由地下水化学成分形成作用引起的。这些作用包括溶滤作用、浓缩作用、脱硫酸作用、脱碳酸作用、阳离子交替吸附作用、混合作用以及人类活动。

(1)溶滤作用

水与岩土相互作用,岩土中某些可溶成分被溶解转入水中,称为溶滤作用。溶滤作用与地质条件(岩性、构造等)、自然地理环境(气象、地形、水文等)以及水本身的性状(水温、成分、流速等)有密切关系,在不同的条件和环境下,溶滤作用形成的地下水,其化学成分也不尽相同。

(2)浓缩作用

地下水受到蒸发作用时,水分不断被蒸发,盐分便被积累下来,因而浓度相对增大,这种作用称为浓缩作用。在此过程中,水的矿化度不断增高,水中溶解度较小的盐类便继沉淀析出,使水中各种化学成分的比例发生变化。往往以 HCO_3^- 为主要成分的低矿化水,在浓缩作用后就会变成以 SO_4^{2-} 为主,或者是以 SO_4^{2-}、Cl^- 为主的矿化度较高的水,若继续浓缩,水中硫酸盐浓度达饱和析出,便形成以 Cl^- 为主的高矿化度水。

浓缩作用与自然地理条件有密切关系,气候干旱、地形平缓、地下径流条件差、毛细作用强烈的条件最有利于浓缩作用的进行。因此,在我国西北、华北、东北等干旱和半干旱地区,地下水埋藏较浅的第四系潜水含水层中,常分布矿化度较高的 Cl－Na 型或 SO_4^{2-}－Ca·Na 型水,有人称这种水为大陆盐渍化潜水。

(3)脱硫酸作用

在还原环境中,当地下水中存在有机质时,脱硫酸细菌能将水中的 SO_4^{2-} 还原成 H_2S,

这种作用称为脱硫酸作用。其反应式为

$$SO_4^{2-} + 2C + 2H_2O \longrightarrow H_2S\uparrow + 2HCO_3^- \qquad (5-2)$$

其结果使地下水中 SO_4^{2-} 减少以至消失，HCO_3^- 增加，pH 值变大。在深部封闭地质构造中，由于缺氧，在有机物存在的条件下，最易发生脱硫酸作用。这也正是深层地下水中常常含有 H_2S 气体的主要原因。

（4）脱碳酸作用

CO_2 在水中的溶解度受环境温度和压力控制，其溶解度随温度升高或压力降低而减小。当温度升高或压力降低时，一部分 CO_2 便成为游离 CO_2 从水中逸出，这种作用称脱碳酸作用。

（5）阳离子交替吸附作用

岩石颗粒表面带有负电荷，能吸附某些阳离子。当地下水与岩石颗粒接触时，颗粒可以吸附地下水中的某些阳离子，而将其原来吸附的部分阳离子转为地下水中的组分，这种作用称为阳离子交替吸附作用。

阳离子的交替吸附作用最易在细颗粒岩石中进行。因为颗粒愈细，其比表面积愈大，岩石的吸附能力愈强，因此黏土类土最容易发生交替吸附作用。而在致密的结晶岩中，没有这种作用。

（6）混合作用

两种或两种以上不同化学成分与性质的水混合在一起，形成了一种与原来各化学成分均不相同的地下水，这种作用称为混合作用。在海滨、湖畔或河边，地表水往往混入地下水中。不同含水层中的地下水之间也可发生混合作用。

（7）人类活动

随着人类改造自然的能力和领域的深度和广度日益增大，人类活动对地下水化学成分的形成和变化产生越来越显著的影响，特别是人类活动集中的地区，这种影响已占据主导地位，引起人们的极大关注，成为环境科学的重要分支。

5.6　地下水对矿山工程的腐蚀

5.6.1　地下水的腐蚀机理

矿山工程中对地下水腐蚀性评价主要是针对混凝土结构、混凝土结构中钢筋和钢结构这 3 个对象进行的，地下水中腐蚀性化学组分有氯盐、硫酸盐、镁盐、铵盐、钙盐、苛性碱、碳酸盐等，根据各化学组分的含量对照勘察规范中相应评价标准划分地下水腐蚀性强弱。

5.6.1.1　氯盐（Cl^-）腐蚀

$CaCl_2$、$MgCl_2$、$NaCl$、KCl 等氯盐中的氯离子是地下水中主要的腐蚀介质，决定了地下水腐蚀性的强弱。氯盐是使钢筋混凝土结构中的钢筋锈蚀破坏的主要原因。

氯离子可以和混凝土水泥石中的 $Ca(OH)_2$ 及 $3CaO \cdot 2Al_2O_3 \cdot 3H_2O$ 等起反应，生成体积比反应物大几倍的固相化合物，造成混凝土的膨胀破坏，反应式如下：

$$2Ca(OH)_2 + 2Cl^- + nH_2O \rightarrow CaO \cdot CaCl_2 \cdot (n-1)H_2O$$

$$3CaCl_2 + 3CaO \cdot Al_2O_3 \cdot 6H_2O + 25H_2O \rightarrow 3CaO \cdot Al_2O_3 \cdot 3CaCl_2 \cdot 31H_2O$$

氯离子对钢筋的锈蚀过程可分两步：

1)破坏钝化膜。在水泥水化的高碱性(pH 值为 12～13)水泥浆液的包裹下,钢筋表面产生一层以致密的氧化物 Fe_3O_4 为主的钝化膜,当 pH 值<10 左右时,新钝化膜生成困难,已生成的钝化膜逐渐遭到破坏。当孔隙中溶解的氯离子含量超过临界值时,Cl^- 进入钢筋混凝土中并到达钢筋表面,吸附于局部钝化膜处,可使该处的 pH 值迅速降到 4 以下,使钢筋表面的钝化膜遭到破坏。

2)形成"腐蚀电池"。Cl^- 对钢筋表面钝化膜的破坏首先发生在局部,使这些部位露出了铁基体,与尚完好的钝化膜区域之间构成电位差。一方面,铁基体作为阳极而受腐蚀,大面积的钝化膜作为阴极,形成"腐蚀电池",钢筋表面产生点蚀(坑蚀);另一方面,Cl^- 的导电作用强化了离子通路,降低了阴阳极之间的电阻,提高了腐蚀电池的效率,从而加速了电化学腐蚀过程,坑蚀发展十分迅速。

5.6.1.2　硫酸盐(SO_4^{2-})的腐蚀

硫酸盐是破坏混凝土结构耐久性的一个重要因素,硫酸盐既腐蚀混凝土又腐蚀钢筋,其危害很大。

硫酸盐与混凝土(水化产物)发生化学作用,其反应产物体积增大,膨胀作用使混凝土产生微观、宏观开裂或粉化脱落,强度不断降低。硫酸盐的腐蚀过程为:首先与水泥中游离的 $Ca(OH)_2$ 反应,生成 $CaSO_4 \cdot H_2O$(石膏),以上反应物的体积膨胀可达 1～2 倍;所生成的 $CaSO_4$ 随之可进一步与混凝土中的水化铝酸钙起反应,产生含更多结晶水的大分子产物,体积又会增加 2 倍左右。

5.6.1.3　其他腐蚀

镁离子 Mg^{2+}、NH_4^+ 会置换水泥水化物 $Ca(OH)_2$ 中的钙,产生的 $CaCl_2$ 易溶于水,置换产生的 $Mg(OH)_2$ 松软无黏结力,使混凝土丧失强度。H_2CO_3 与水泥石中的 $Ca(OH)_2$ 反应产生碳酸钙,降低碱度,破坏钝化膜使钢筋锈蚀。苛性碱(主要是 NaOH、KOH)会对混凝土产生化学侵蚀和结晶侵蚀,前者主要是苛性碱与水泥石中的水化硅酸钙、水化铝酸钙等水化产物发生反应,生成胶结性差、易于浸析的产物,后者为苛性碱与 CO_2 作用生成 $Na_2CO_3 \cdot 10H_2O$ 或 $K_2CO_3 \cdot 15H_2O$ 晶体,体积膨胀,对混凝土造成破坏作用。

5.6.2　地下水对矿山工程的腐蚀

矿山水文地质中对地下水腐蚀性的研究也是矿山工程勘察中的重点,而地下水因其化学成分特点对混凝土材料有着非常大的破坏力,它往往通过水中所含的化学离子与混凝土的化学成分进行反应,导致混凝土的结构发生变化,从而改变混凝土的使用寿命。

地下水中普遍含有硫酸根离子,但不同地区不同渠道所产生的地下水,所含硫酸根离子的多少是不同的。当硫酸根离子含量大于正常范围时,它就会与存在于混凝土材料中的氢氧化钙相遇并反应,产生一种新的物质,这种物质能够改变混凝土内部结构的受力,对混凝土产生不利影响,从而对工程勘察产生影响。

地下水的腐蚀性对工程产生的不利影响的不确定性也是工程勘察的难度所在,因为不同地区,包括不同地形的地下水物质含量大有不同。大气降水是地下水的补给来源之一,在降水丰富的地区,地下水能够经过地表大量地渗入进行补给,这些地区的地下水含量就较为充足。还有平原等地形,地下水储量都比较丰富。所以,在进行工程设计和施工前,对目标地区的地下水含量要进行全面的勘察和分析,评估地下水腐蚀性的危害,尽量避免在水中含有对混凝土和钢铁产生破坏的地区进行工程项目的有效运行,最大限度防止地下水的腐蚀情况出现,使工程能够长期进行。

地下水的腐蚀性是矿山工程中不可避免的问题,那么针对不同工程也有着不同的防腐蚀措施。比如在沿海地区,因为气候潮湿,并且常年伴有降雨,因此面临的问题就是如何在潮湿常伴有水侵蚀的情况下最有效防止工程受到腐蚀。一般可以使用环氧涂层钢筋,它可以有效防止地下水对钢筋和混凝土的破坏,防腐蚀能力很好。还可以在易受到腐蚀的区域刷上一层防腐漆,这层防腐漆隔绝了地下水与工程所用钢筋材料和混凝土材料的接触,阻止了地下水中的离子与混凝土中的物质发生化学反应,从而保护了混凝土的内部结构,保障了工程的顺利进行。除此以外,还可以通过增加沥青垫层的方法进行全面防腐蚀保护,如果具体工程中,地下水的腐蚀强度较大,可以多刷几遍沥青,延长混凝土的使用寿命。

第6章　地下水的运动与动态监测

"河水又南,漯水入焉。水出汾阴县南四十里,西去河三里。平地开源,濆泉上涌,大几如轮,深则不测,俗呼之为漯魁。古人雍其流以为陂水,种稻,东西二百步,南北一百余步,与邰阳漯水夹河。"

——《水经注·河水》郦道元[北魏]

6.1　地下水运动的基本特征

地下水运动是研究地下水在多孔介质(岩、土体)中运动规律和应用的学科。多孔介质是由固体和空隙两部分组成。水受固体边界的约束,只能在空隙中流动。固体边界的几何形状十分复杂,使得空隙中地下水的运动要素(例如流速矢量)的分布变化无常,若从这个微观水平上研究地下水的运动规律,实际上是不可能的,也是没有必要的。

人们研究地下水流动规律,必须从宏观水平上来考察,为此要设计一个假想的流场。这个流场首先不能将水流约束在空隙之中,否则不仅涉及复杂固体表面边界的刻画,而且水流在空间上是不连续的,使得一切基于连续函数的微积分手段都不能利用。因此,我们必须引入一个假想的水流代替真实的地下水流。这种假想水流是:充满整个多孔介质(包括空隙和固体部分)的连续体;而且这种假想水流的阻力与实际水流在空隙中所受的阻力相同;它的任意一点水头 H 和流速矢量 v 等要素与实际水流在该点周围一个小范围内的平均值相等。这种假想水流便是宏观水平的地下水流,我们称之为"渗流",它所占据的空间称"渗流场"。

描述渗流场运动特征的各物理量(水头、水压、流速等)称为运动要素。地下水只能在多孔介质的空隙中流动,如果从微观水平,即从空隙中地下水的质点流速矢量来研究地下水运动,将是十分困难的。为此,采用上述典型体元的方法,将真实的地下水质点流速矢量引至多孔介质连续体上的流速矢量,我们可采用两种平均的方法。

若将空隙中地下水质点流速矢量 u 在整个典型体元 V_0(包括空隙和固体两部分)上取平均值,即

$$v(P) = \frac{1}{V_0} \int_{V_0} u' dV_v \tag{6-1}$$

称 $v(P)$ 为多孔介质连续体中 P 点的渗流速度矢量或达西流速矢量。显然,渗透流速是个假想的流速,它是假定多孔介质连续体(包括空隙和固体部分)都能过水的流动速度。

这种假想的流速使用起来比较方便,因为计算通过某断面的流量 Q 时,只要依下式计算即可。

$$Q = vA \qquad (6-2)$$

其中,A 是多孔介质连续体的过水断面(包括空隙和固体部分)的面积,这在连续体内取值是十分方便的。

多孔介质中互不连通的孤立孔隙对地下水的储存与运动都是没有意义的;盲孔隙只有一个小口与空隙系统相联系,对于地下水的运动几乎没有意义(仅在地下水溶质运移上有意义)。另外,研究地下水的运动时,一般情况下可以忽略结合水的运动,从而可略去结合水所占据的空隙空间。我们仅将那些对地下水储存和运动有意义的空隙体积与相应典型体元的体积之比称为有效空隙率 n(严格地讲,关于运动的有效空隙率与关于储存的有效空隙率是有差别的)。

因此,地下水渗透流速与孔隙平均流速之间的关系可改为

$$v = nu \qquad (6-3)$$

式中:n 为空隙率,实指有效空隙率。

引进渗透流速的概念之后,研究对象从实际水流转变为假想水流(见图 6-1),渗流场中地下水流的实际流线则可以用以渗流速度为基础的虚构流线来表示。垂直于所有流线的断面 AB 称为渗流断面(过水断面),即在假想水流中,过水断面实际包括孔隙和固体颗粒占据的所有空间。

过水断面可以是平面也可以是曲面,单位时间内通过渗流断面的地下水体积称渗透流速。

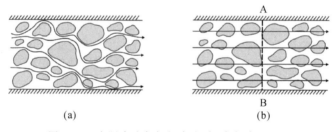

图 6-1 实际水流与假想水流(据陈崇希,1999)
(a)实际水流;(b)假想水流

渗透流速是个矢量,因而根据渗透流速方向与空间坐标轴的关系把地下水流分为:只沿一个坐标方向运动的称为一维流动;沿两个坐标方向有分流速的称为二维流动;沿三个坐标方向都有分流速的则称为三维流动。

6.2 达 西 定 律

6.2.1 达西实验

法国水力工程师亨利·达西(Henry Darcy)在装有均质砂土滤料的圆柱形筒中做了大量的渗流实验(见图 6-2),于 1856 年得到渗流基本定律,后人称之为达西定律,其形式为

$$Q = KA \frac{H_1 - H_2}{L} = KAJ \qquad (6-4)$$

式中:Q 为渗透流量;A 为渗流断面面积;H_1、H_2 为 1 和 2 断面上的测压水头值;L 为 1 和

2 两断面间的距离;J 为水力坡度,圆筒中渗流属于均匀介质一维流动,渗流段内各点的水力坡度均相等;K 为比例系数,称为砂上的渗透系数(也称水力传导系数)。

达西定律的另一表达形式为

$$v = \frac{Q}{A} = KJ \qquad (6-5)$$

式中:v 为渗流速度,又称达西速度,量纲为$[LT^{-1}]$。

渗流速度与水力坡度成正比,所以称它为线性渗透定律,说明此时地下水的流动状态为层流。

若将达西定律用于二维或三维的地下水运动,则水力坡度不是常量,沿流向可以变大也可以变小,它应该用微分形式表示,即

$$v = KJ = -K\frac{dH}{ds} \qquad (6-6)$$

式中:$-K\dfrac{dH}{ds}$ 是沿流线任意点的水力坡度。在直角坐标系中可表示为

$$v_x = -K\frac{\partial H}{\partial x} \qquad (6-7)$$

$$v_y = -K\frac{\partial H}{\partial y} \qquad (6-8)$$

$$v_z = -K\frac{\partial H}{\partial z} \qquad (6-9)$$

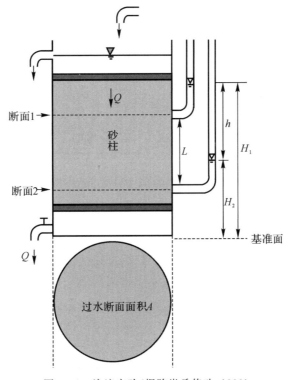

图 6 - 2　渗流实验(据陈崇希修改,1999)

6.2.1.1 水力梯度(I)

水力梯度为沿渗透途径水头损失与相应渗透途径长度的比值。水在空隙中运动时,必须克服水与空隙壁以及流动快慢不同的水质点之间的摩擦阻力(这种摩擦阻力随地下水流速增加而增大),从而消耗机械能,造成水头损失。因此,水力梯度可以理解为水流通过单位长度渗透途径为克服摩擦阻力所耗失的机械能。从另一个角度看,也可以将水力梯度理解为驱动力,即克服摩擦阻力使水以一定速度流动的力量。既然机械能消耗于渗透途径上,因此求算水力梯度时,水头差必须与相应的渗透途径相对应。

6.2.1.2 渗透系数(K)

水力梯度 I 是无因次的,故渗透系数 K 的因次与渗透流速 v 相同。一般以 m/d 或 cm/s 为单位。令 $I=1$,则 $v=K$,意即渗透系数为水力梯度等于 1 时的渗透流速。水力梯度为定值时,渗透系数愈大,渗透流速就愈大;渗透流速为一定值时,渗透系数愈大,水力梯度愈小。由此可见,渗透系数可定量说明岩石的渗透性能。渗透系数愈大,岩石的透水能力愈强。

水流在岩石空隙中运动,需要克服孔隙壁与水及水质点之间的摩擦阻力,所以渗透系数不仅与岩石的空隙性质有关,还与水的某些物理性质有关。设有黏滞性不同的两种液体在同一岩石中运动,则黏滞性大的液体渗透系数就会小于黏滞性小的液体。一般情况下研究地下水运动时,当水的物理性质变化不大时,可以忽略,而把渗透系数看成单纯说明岩石渗透性能的参数。但在研究卤水或热水的运动时,就不能不加以考虑了。松散岩石渗透系数的常见值可参见表 6-1。

表 6-1 松散岩石渗透系数参考值

松散岩石名称	渗透系数/($m \cdot d^{-1}$)	松散岩石名称	渗透系数/($m \cdot d^{-1}$)
亚黏土	$0.001 \sim 0.1$	中砂	$6 \sim 20$
亚砂土	$0.10 \sim 0.50$	粗砂	$20 \sim 50$
粉砂	$0.50 \sim 1.0$	砾石	$50 \sim 150$
细砂	$1.0 \sim 6.0$	卵石	$100 \sim 500$

6.2.1.3 达西定律的适用条件

并非所有的地下水水流都服从达西定律,达西定律的应用有一定的适用条件。超出适用条件的地下水的运动,不能用达西公式进行描述。达西定律的适用条件包括上限和下限,这是针对地下水水流的流动状态而言的。这里仅讨论达西定律适用条件的上限问题。

地下水流状态可分为层流和紊流,二者基于雷诺数(Re)进行判定。Re 的表达式为

$$Re = \frac{vd}{v} \tag{6-10}$$

式中:v —— 地下水的渗流速度;

d —— 含水层颗粒的平均粒径;

v —— 地下水的运动黏滞系数。

由 Re 的表达式可知,其大小不仅与水流的性质和速度有关,还与含水层的颗粒大小有关。若 Re 小于某一临界 Re,则地下水呈层流状态;若大于临界 Re,则呈紊流状态。

层流是指水质点在运动过程中不相互混杂的水流,一般而言,层流的临界 Re 位于 150～300 之间。由于在天然孔隙含水层中,水力坡度一般较小,水流速度缓慢,因此天然地下水多处于层流状态。然而,并非所有处于层流状态的地下水都服从达西定律。事实上,适用于层流的 Re 远远大于适用于达西定律的 Re。现有研究表明,只有当 Re 为 1～10 时,地下水的运动才符合达西定律。

达西定律体现了地下水运动服从质量守恒及能量守恒定律,从数量上揭示了渗流与介质渗透性及水力梯度之间的数量关系,渗流速度与水力梯度成正比,其线性比例系数为渗透系数,因此达西定律为线性渗透定律。当地下水运动不符合达西定律时,渗流速度和水力梯度不成正比。

需要指出的是,由于地下水运动迟缓,因此绝大多数地下水的运动都是符合达西定律的。

6.2.2　达西定律的应用

达西定律的实际应用范围很广,现就达西定律在矿山中的两个应用进行说明。

(1)求算地下水渗透流量

设一潜水含水层为均质、各向同性的水平岩层,地下水呈稳定平行流动,如图 6 - 3 所示。

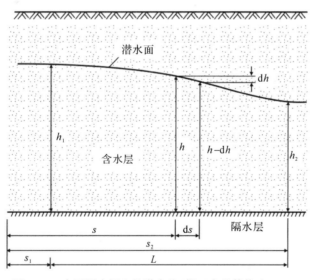

图 6 - 3　水平隔水层上的潜水流(据王大纯等修改,1995)

图中潜水浸润曲线为一下降曲线,各点的水力坡度均不相同,故以微分形式表示,即

$$I = -\frac{\mathrm{d}h}{\mathrm{d}s} \tag{6 - 11}$$

式中:$\mathrm{d}s$ 为渗透途径上无限小的长度,$\mathrm{d}h$ 为 $\mathrm{d}s$ 长度上的水头变化值。设含水层厚度

为 h,则单位宽度渗透流量 q 为

$$q = -Kh\frac{\mathrm{d}h}{\mathrm{d}s} \tag{6-12}$$

式中:q、K 为常数,h 与 $\dfrac{\mathrm{d}h}{\mathrm{d}s}$ 为变量,分离变量积分得

$$\frac{q}{K}\int_{s_1}^{s_2}\mathrm{d}s = -\int_{h_1}^{h_2}h\,\mathrm{d}h \tag{6-13}$$

$$\frac{q}{K}(s_2-s_1) = \frac{h_1^2-h_2^2}{2} \tag{6-14}$$

令 $s_2-s_1=L$ 得

$$q = K\frac{h_1+h_2}{2}\cdot\frac{h_1-h_2}{L} \tag{6-15}$$

式中:$\dfrac{h_1+h_2}{2}$ 为上、下断面间含水层平均厚度;$\dfrac{h_1-h_2}{L}$ 为平均水力坡度。

若渗透宽度为 B,渗透系数为 K,过水断面的渗透流量以 Q 表示,则

$$Q = KB\frac{h_1+h_2}{2}\cdot\frac{h_1-h_2}{L} \tag{6-16}$$

式中:h_1、h_2、B、K、L 等值通过现场勘探和试验可以确定,因此 Q 值也就不难算出。

(2)矿山防渗分析

设矿区周围为岩体透水层,矿区在内外水头差的作用下发生渗漏。利用达西公式进行分析如下:

$$Q = K\omega\frac{H_1-H_2}{L} \tag{6-17}$$

式中:Q——矿区的渗漏量,$\mathrm{m^3/d}$;

$\qquad K$——砂层的渗透系数,$\mathrm{m/d}$;

$\qquad \omega$——坝下过水断面面积,$\mathrm{m^2}$;

H_1、H_2——坝上、下游水位,m;

$\qquad L$——坝下渗透途径,m。

式(6-17)表明,要想使矿区渗漏量 Q 变小或等于零,必须设法使 K、ω、I 变小或使其中一个等于零。

基于此,设计人员常采用防渗帷幕的方法防渗。其作用是减少过水断面或增加渗透途径使水力坡度减小,或者降低渗透系数。如果透水层不厚,可将防渗帷幕直接置入隔水岩层中,使过水断面渗透系数减小,这样渗漏量也随之减小,从而达到防渗目的。

6.3　地下水的补给与排泄

地下水经常不断地参与自然界的水循环。含水层或含水系统经由补给从外界获得水量,通过径流将水量由补给处输送到排泄处向外界排出。在补给与排泄过程中,含水层与含水系统除了与外界交换水量外,还交换能量、热量与盐量。因此,补给、排泄与径流决定着地

下水水量水质在空间与时间上的分布。

6.3.1　地下水补给的概念

含水层或含水系统从外界获得水量的过程称作补给。补给除了获得水量,还获得一定盐量或热量,从而使含水层或含水系统的水化学与水温发生变化。补给获得水量,抬高地下水位,增加了势能,使地下水保持不停的流动。由于构造封闭或气候干旱,地下水长期得不到补给,便将停滞而不流动。

补给的研究包括补给来源、补给条件与补给量。地下水的补给来源有大气降水、地表水、凝结水,来自其他含水层或含水系统的水等。与人类活动有关的地下水补给有灌溉回归水、水库渗漏水,以及专门性的人工补给。

6.3.2　地下水的补给方式

6.3.2.1　大气降水对地下水的补给

(1)大气降水入渗机制

松散沉积物组成的包气带,降水入渗过程相当复杂。迄今为止,降水入渗补给地下水的机制尚未充分阐明。现以松散沉积物为例,讨论降水入渗补给地下水。

目前认为,松散沉积物中的降水入渗存在活塞式与捷径式两种方式,如图 6-4 所示。

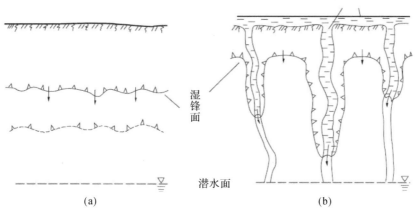

图 6-4　活塞式与捷径式下渗(据王大纯等,1995)
(a)活塞式下渗;(b)捷径式与活塞式下渗的结合

活塞式入渗(piston type infiltration)一般出现于均质岩土层中(如砂土等),下渗水流的湿锋面整体向下推进下渗水流,犹如活塞推进。活塞式下渗是在理想的均质土中室内试验得出的。实际上,从微观的角度看,并不存在均质土。

捷径式入渗(Short-circuit type infiltration)在黏性土和基岩中均可存在。黏性土除了粒间孔隙与颗粒集合体内和颗粒集合体间的孔隙外,还存在根孔、虫孔与裂缝等大孔隙;在基岩中,大多数情况下裂隙岩溶发育不均匀,因此存在可供地下水下渗的裂隙或岩溶通道。在大孔隙、裂隙或岩溶通道中的下渗水流存在快速运移的优先流,有时也称为大孔隙流,能够快速抵达含水层。例如:在一些存在竖向裂隙的黄土地区,大气降水可以通过这些裂隙快速运移到地下深处;在岩溶地区,当存在连通地表和地下水溶洞的落水洞时,大气降水也可以快速通过落水洞补充溶洞中的地下水。事实上,地表并不存在绝对均质的土层,降雨入渗时或多或少都会形成优先流,因此大部分情况下,活塞式与捷径式下渗都是同时存在的。活塞式入渗和捷径式入渗的入渗方式不同,因此地下水水位的响应也有所不同。

(2)影响大气降水补给地下水的因素

落到地面的降雨,归根结底有三个去向:转化为地表径流、腾发返回大气圈、下渗补给含水层,如图6-5所示。地面吸收降水的能力是有限的,强度超过入渗能力的那部分降雨便转化为地表径流。

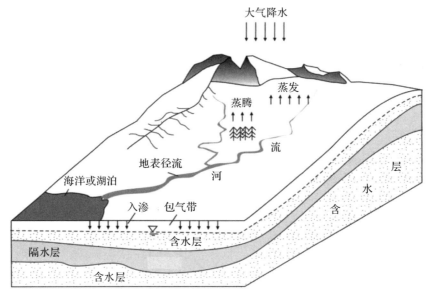

图6-5　大气降水补给地下水

渗入地面以下的水,不等于补给含水层的水。其中相当一部分将滞留于包气带中构成土壤水,通过土面蒸发与叶面蒸腾的方式从包气带水直接转化为大气水。以土壤水形式滞留于包气带并最终返回大气圈的水量相当大。我国华北平原总降水量有70%以上转化为土壤水。

土壤水的消耗(干旱季节以及雨季间歇期的蒸发与蒸腾)造成土壤水分亏缺,而降水必须补足全部水分亏缺(在捷径式下渗情况下降水必须补足水分亏缺的大部分)后方能补给地下水。由此可见,雨季滞留于包气带的那部分水量,相当于全年支持毛细水带以上包气带水的蒸发和蒸腾量。

影响大气降水补给地下水的因素比较复杂,其中主要有年降水总量、降水特征、包气带的岩性和厚度、地形、植被等。

由于降水量中相当一部分要补足水分亏缺,因此当年降水量过小时,能够补给地下水的有效降水量就很小;年降水量大则有利于补给地下水,α值(降雨入渗系数,指降水入渗补给量与相应降水量的比值)较大。

降水特征也影响α值的大小。间歇性的小雨很可能只湿润土壤表层而经由蒸发及蒸腾返回大气,不构成地下水的有效补给。过分集中的暴雨则又可能因降水强度超过地面入渗能力而部分转化为地表径流,使 α 值偏低。因此,不超过地面入渗速率的连绵细雨最有利于地下水的补给。

包气带渗透性好,有利于降水入渗补给。包气带厚度过大(潜水埋深过大),则包气带滞留的水分也大,不利于地下水的补给。但潜水埋藏过浅,毛细饱和带达到地面,也不利于降水入渗。

当降水强度超过地面入渗速率时,地形坡度大会使地表坡流迅速流走,使地表径流增加。地势平缓与局部低洼的地方,有利于滞积表流,增加降水入渗的份额。

森林、草地可滞留地表坡流与保护土壤结构,这方面有利于降水入渗。但是浓密的植被,尤其是农作物,以蒸腾方式强烈消耗包气带水,造成大量水分亏缺。尤其在气候干旱的地区,农作物复种指数的提高,会使降水补给地下水的份额明显降低。

影响降水入渗补给地下水的因素是相互制约、互为条件的整体,不能孤立地割裂开来加以分析。例如,强烈岩溶化地区,即使地形陡峻,地下水位埋深达数百米,由于包气带渗透性极强,连续集中的暴雨也可以全部吸收,有时 α 值可达 $70\% \sim 90\%$。又如,地下水位埋深较大的平原、盆地,经过长期干旱后,一般强度的降水不足以补偿水分亏缺。这时候,集中的暴雨反而可成为地下水的有效补给来源。

6.3.2.2　地表水对地下水的补给

当地表水与地下水具有水力联系,且地表水位高于地下水位时,地表水可补给地下水。地表水与含水层或含水系统在空间上的接触关系决定了地表水对地下水的补给状态。河流对地表水的补给往往呈线状分布,这与河流的空间展布特征有关,凡满足上述补给条件的部位,均可补给地下水。

从河流的横断面分析,河流可通过侧渗或垂直下渗两种方式补给地下水。相对静止的地表水体如湖泊、积水洼地等,则主要以下渗补给为主。

在河流纵断面上,在不同河段,河水与地下水的补排关系有所不同。一般来说,山区河谷深切,河水位常低于地下水位,起排泄地下水的作用,洪水期则河水补给地下水。山前,由于河流的堆积作用,河床处于高位,河水常年补给地下水。冲积平原与盆地的某些部位,河水位与地下水位的关系随季节而变。而在某些冲积平原中,河床因强烈的堆积作用而形成所谓地上河,河水经常补给地下水。

河水补给地下水时,补给量的大小取决于下列因素:透水河床的长度与浸水周界的乘积(相当于过水断面)、河床透水性(渗透系数)、河水位与地下水位的高差(影响水力梯度)以及河床过水时间。

大气降水与地表水是地下水的两种主要补给来源。从空间分布上看:大气降水属于面状补给,范围普遍且较均匀;地表水则可看作线状补给,局限于地表水体周边。从时间分布比较,大气降水持续时间有限而地表水体持续时间长,或是经常性的。在地表水体附近,地下水接受降水及地表水补给,开采后这一补给还可加强,因此地下水格外丰富。

6.3.2.3　凝结水的补给

在某些地方,水汽的凝结对地下水的补给有一定意义。

饱和湿度随温度降低而降低,温度降到一定程度,空气中的绝对湿度与饱和湿度相等。温度继续下降,超过饱和湿度的那一部分水汽,便凝结成水。这种由气态水转化为液态水的过程称作凝结作用。

夏季的白天,大气和土壤都吸热增温;到夜晚,土壤散热快而大气散热慢。地温降到一定程度,在土壤孔隙中水汽达到饱和,凝结成水滴,绝对湿度随之降低。由于此时气温较高,地面大气的绝对湿度较土中为大,水汽由大气向土壤孔隙运动,如此不断补充,不断凝结,当形成足够的液滴状水时,便下渗补给地下水。

一般情况下,凝结形成的水相当有限。但是,高山、沙漠等昼夜温差大的地方(如撒哈拉大沙漠昼夜温差大于 50 ℃),凝结作用对地下水补给的作用不能忽视。据报道,我国内蒙古沙漠地带,在风成细沙中不同深度均有水汽凝结。

6.3.2.4　含水层之间的补给

两个含水层之间存在水头差且有联系的通路,则水头较高的含水层补给水头较低者。

当隔水层分布不稳定时,在其缺失部位的相邻的含水层便通过"天窗"发生水力联系。松散沉积物及基岩都有可能存在透水的"天窗",但通常基岩中隔水层分布比较稳定,因此,切穿隔水层的导水断层往往成为基岩含水层之间的联系通路。穿越数个含水层的钻孔或止水不良的分层钻孔,都将人为地构成水由高水头含水层流入低水头含水层的通道。

相邻含水层通过其间的弱透水层发生水量交换,称作越流。越流经常发生于松散沉积物中,黏性土层构成弱透水层。

6.3.2.5　地下水的其他补给来源

除了上述补给来源,地下水还可从人类无意与有意的某些活动中得到补给。建造水库、进行灌溉以及工业与生活废水的排放都使地下水获得新的补给。

采用有计划的人为措施补充含水层的水量称为人工补给地下水。人工补给地下水的目的主要是补充与储存地下水资源,抬高地下水位以改善地下水开采条件,同时还有以下目的:储存热源用于锅炉用水,储存冷源用于空调冷却,控制地面沉降,防止海水倒灌与咸水入侵淡含水层等等。

人工补给地下水通常采用地面、河渠、坑池蓄水渗补及井孔灌注等方式。

6.3.3　地下水的排泄

含水层或含水系统失去水量的过程称作排泄。在排泄过程中,含水层与含水系统的水质也发生相应变化。研究含水层(含水系统)的排泄包括排泄去路、排泄条件与排泄量等。

地下水通过泉、向河流泄流及蒸发、蒸腾等方式向外界排泄。此外,还存在一个含水层(含水系统)向另一含水层(含水系统)的排泄。用井孔抽取地下水,或用渠道、坑道等排除地下水,均属地下水的人工排泄。

(1)泉

泉在很多地方作为供水水源,它对一个地区的沉积模式有重要影响。

有些泉的流量很稳定,有的则变化很大。泉有常年性和暂时性之分。泉水中含有多种矿物质、可溶解的气体或石油。泉水的温度与年平均气温接近,也有的低于或高于年平均气温。

根据地下水赋存特征,将泉划分为上升泉和下降泉。上升泉是承压水的排泄,下降泉是潜水或上层滞水的排泄。值得注意的是,由于潜水流在排泄区普遍存在上升流,不能以水流是否"上升"作为上升泉和下降泉的划分依据。

由于地表侵蚀,地形切割至地下水水面,或切穿承压含水层的隔水顶板,使地下水排泄成泉,称为侵蚀泉,如图 6 - 6(a)(b)所示。

如果地形切割至相对隔水底板,地下水从含水层与隔水底板接触处出露,形成的泉称为接触泉,如图 6 - 6(c)所示。

地形面切割导水断裂,断裂带测压水位高于地面时出露成泉,称为断层泉,如图 6 - 6(d)所示。

水流前方出现相对隔水层,或下伏相对隔水底板抬升,地下水流动受阻,溢流地表成泉,称为溢流泉,如图 6 - 6(e)所示。

当岩脉或岩浆岩侵入体与围岩的接触带因冷凝收缩形成导水带,出露地下水成泉,称为接触带泉,如图 6 - 6(f)所示。

地下水集中排泄于河、湖或海的底部时,便形成水下泉。

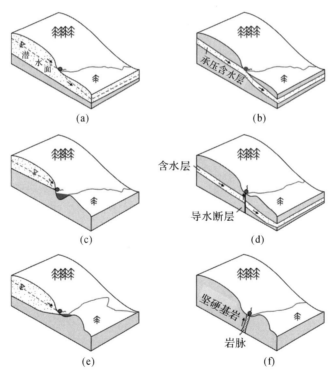

图 6 - 6　泉的类型
(a)(b)侵蚀泉;(c)接触泉;(d)断层泉;(e)溢流泉;(f)接触带泉

(2)泄流

当河流切割含水层时,地下水沿河呈带状排泄,称作地下水的泄流。在河流上选定断面,定期测定河水流量,可得出河流流量过程线,并分割得出地下水泄流量,如图 6-7 所示。最简单的分割方法如图 6-8 所示。在流量过程线起涨点 A 起引一水平线交于退水段的 B 点,则图中有阴线部分即相当于地下水泄流补给河水的量,在水文学中此水量称作河流的基流。由于雨季河水位与地下水位及其间关系将发生变化,因此地下水泄流量不同于旱季。只有当汛期不长时,可用此简便方法粗略估算地下水向河流的泄流量。更为精确的水文分割方法可参见水文学的专门著作。

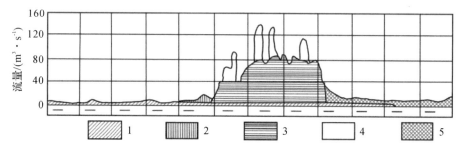

图 6-7　玛纳斯河 1955 年日平均流量过程线补给类型分割图(引自《地下水科学概论》,2014)
1—深层地下水补给;2—融雪水补给;3—浅层地下水补给;4—降雨补给;5—高山冰雪融水补给

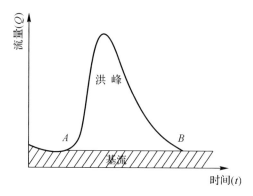

图 6-8　流量过程线的直接分割法(引自《地下水科学概论》,2014)

（3）蒸发

低平地区,尤其干旱气候下松散沉积物构成的平原与盆地中,蒸发与蒸腾往往是地下水主要的排泄方式。

地下水的蒸发排泄实际上可以分为两种:一种是与饱水带无直接联系的土壤水的蒸发,另一种是饱水带—潜水的蒸发。

包气带上部的水,包括孔角毛细水、悬挂毛细水乃至过路毛细水(自然还包括结合水)都不与潜水面发生直接联系。这部分水由液态转为气态而蒸发排泄,造成包气带水分亏缺,会间接影响饱水带接受降水补给的份额,但不会直接消耗饱水带的水量。这一类土壤水的蒸发强度取决于气候与包气带岩性。它会使土壤水发生季节性的浓缩,但在雨季又可得到降水补充而淡化,只要不用高矿化度水去灌溉土壤,土壤在长期中不会累盐,也不会使地下水盐化。

紧接潜水面的包气带中分布着支持毛细水。支持毛细水是潜水沿着毛细孔隙上升而形成的,实际上与潜水密不可分。当潜水面埋藏不深,支持毛细水带上缘离地表较近时,大气相对湿度小于饱和湿度,毛细弯液面上的水不断由液态转为气态,逸入大气;潜水则源源不断通过毛细作用上升补充支持毛细水,使蒸发得以持续进行。水分沿毛细管源源上升又不断气化蒸发,水流带来的盐分便浓集于毛细带的上缘。降雨时,入渗降水淋溶部分盐分重新返回潜水。因此,强烈的潜水蒸发将使土壤集盐(造成土壤盐渍化)与地下水不断浓缩盐化。

影响潜水蒸发,从而决定土壤与地下水盐化程度的因素是气候、潜水埋藏深度及包气带岩性,以及地下水流动系统的规模。

气候愈干燥,相对湿度越小,潜水蒸发便愈强烈。潜水面埋藏愈浅,蒸发愈强烈。包气带岩性主要通过其对毛细水上升高度与速度的控制而影响潜水蒸发。砂土最大毛细水上升高度太小,而亚黏土与黏土的毛细上升速度又太低,均不利于潜水蒸发。粉质亚砂土、粉砂等组成的包气带,毛细上升高度大,而毛细上升速度又较快,故潜水蒸发最为强烈。

干旱、半干旱地区地下水流动系统的排泄区是蒸发浓缩作用最为强烈的地方。区域性流动系统的排泄区由于能够汇集更大范围地下水中的盐分,蒸发浓缩较局部流动系统排泄区更为发育。

干旱、半干旱的平原与盆地,常常由于利用地表水大量灌溉引起潜水面抬升,潜水蒸发增强,从而造成次生的土地盐渍化。

(4)蒸腾

植物生长过程中,经由根系吸收水分,在叶面转化成气态水而蒸发,这便是叶面蒸发,也称蒸腾。

根据苏联与美国学者的试验研究,每生成单位重量小麦籽粒,需要消耗 1 200～1 300 倍的水量。植被繁茂的土壤全年的蒸发量约为裸露土壤的两倍,个别情况下甚至超过露天水面蒸发量。在中亚细亚林区,整个生长期,林木的蒸腾量可达 630～840 mm,对前德意志联邦共和国进行水均衡计算,发现蒸腾量竟占总蒸发量的 75%,年平均达 378.53 mm。

与土壤水蒸发和潜水蒸发不同,蒸腾的深度受植物根系分布深度的控制。在潜水位深埋的干旱、半干旱地区,某些灌木的根系深达地下数十米,由此可见,蒸腾作用的影响深度是很大的。

成年树木的耗水能力相当大,一棵 15 年的柳树每年可消耗 90 m³ 以上的水。苏联饥饿草原上的灌渠林带,排水影响范围的直径可达 200 m,潜水位下降最多达 1.6 m,如图 6-9所示。因此,可在渠边植树代替截渗沟,以消除地下水位上升引起的土壤次生盐渍化。

蒸腾只消耗水分而不带走盐类。植物根系吸收水分时,也吸收一部分溶解盐类,但是,只有喜盐植物才吸收较多盐分。

在实际工作中,求算总腾发量很不容易,而要区分土壤水蒸发、潜水蒸发与蒸腾是相当困难的。

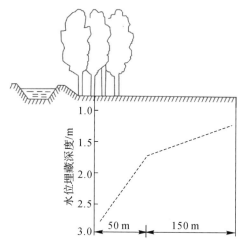

图 6 - 9　饥饿草原护田对潜水位的影响(据乌克兰林学院,1963)

6.4　地下水向井中的运动

6.4.1　水井的类型

水井是常见的集水建筑物。根据水井直径的大小和开凿方法的不同,可分为管井和筒井两类。管井的直径小,通常小于 0.5 m,而深度比较大,常用钻机开凿。筒井的直径可达 1 m 到数米,而深度较浅,通常用人工开挖。此外,还有一些特殊类型的井,如我国西北黄土高原区的辐射井和淮北地区的大骨料井等。

根据水井揭露的地下水类型,水井分为潜水井和承压水井两类。无论潜水井还是承压水井,根据揭露含水层的程度和进水条件不同,都可分为完整井和不完整井两类。凡是贯穿整个含水层,在全部含水层厚度上都安装有过滤器,并能全面进水的井,称为完整井[图 6 - 10(a)中的井 a、图 6 - 10(b)中的井 a]。如果水井没有贯穿整个含水层,只有井底和含水层的部分厚度上能进水,则称为不完整井。不完整井可分为井底进水[图 6 - 10(a)中的井 c、图 6 - 10(b)中的井 b]、井壁进水[图 6 - 10(a)中的井 d、图 6 - 10(b)中的井 c],以及井底和井壁同时进水[图 6 - 11(a)中的井 b]三种情况。

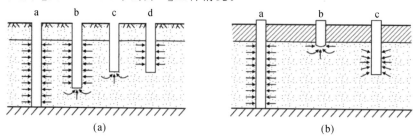

(a)　　　　　　　　　　　　(b)

图 6 - 10　完整井和不完整井(据薛禹群等,2010)

(a)潜水井;(b)承压水井

6.4.2　潜水井的稳定流

1863 年,法国水力学家裴布依(J. J. DuPuit)首先应用达西定律对潜水完整井(穿透整个含水层的井)的出水量进行过计算。他假设潜水含水层为均质、各向同性的水平岩层,潜水面为水平面,其侧向边界无限远,附近无井进行抽水或注水。

井中抽水时,井内水位降低,水从井壁流入井内,井外的潜水也随之降低,距井越远,降低值越小,最远处趋于零。潜水面成为一个以井轴为中心的漏斗状曲面,该曲面称为降落漏斗,如图 6-11 所示。当降落漏斗随抽水时间的延续不再扩大而趋于稳定时,井内水位、抽出的水量与流入井中的水量均为稳定值,整个降落漏斗范围内的水流呈现稳定流动的特征。从降落漏斗边缘到井轴的距离称为影响半径,常用 R 表示。

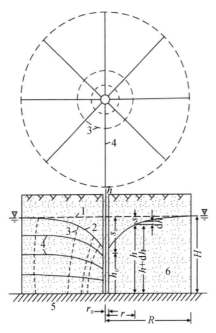

图 6-11　井流条件示意图(据 C. W. Fetter,2011)
1—天然水头线;2—降落漏斗;3—等水头线;4—流线;5—隔水层;6—含水层

过水断面是一个以井轴为中心的旋转曲面。为了便于求解,可近似地视为一圆柱面,其过水断面面积为

$$\omega = 2\pi r h \tag{6-18}$$

其中:r 是以井轴为中心的圆柱面半径;h 是与井轴距离为 r 的含水层厚度,其水力坡度为

$$I = -\frac{\mathrm{d}h}{\mathrm{d}r} \tag{6-19}$$

根据达西定律得

$$Q = K\omega I = 2\pi K r h \frac{\mathrm{d}h}{\mathrm{d}r} \tag{6-20}$$

分离变量,并在 r_0 到 R、h_0 到 H 间积分,即

$$Q \int_{r_0}^{R} \frac{\mathrm{d}r}{r} = 2\pi K \int_{h_0}^{H} h \, \mathrm{d}h \qquad (6-21)$$

得

$$Q = \frac{\pi K (H^2 - h_0^2)}{\ln \frac{R}{r_0}} \qquad (6-22)$$

式中：Q——井的出水量，$\mathrm{m^3/d}$；

$\quad\quad K$——渗透系数，$\mathrm{m/d}$；

$\quad\quad H$——含水层厚度，m；

$\quad\quad h_0$——井中水位降落后水层厚度；

$\quad\quad r_0$——井的半径，m；

$\quad\quad R$——影响半径，m。

式(6-22)为地下水向潜水完整井运动的裘布依公式。用 S_0 表示井中的水位降深，则 $S_0 = H - h_0$，再将自然对数换算成常用对数，式(6-22)可变为

$$Q = \frac{1.366 K (2H - S_0) S_0}{\lg \frac{R}{r_0}} \qquad (6-23)$$

若抽水井附近有一或两个观测孔，只要变动一下相应的积分上、下限，便可得到出水量公式。

一个观测孔时：

$$Q = \frac{1.366 K (2H - S_0 - S_1)(S_0 - S_1)}{\lg \frac{r_1}{r_0}} \qquad (6-24)$$

两个观测孔时：

$$Q = \frac{1.366 K (2H - S_1 - S_2)(S_1 - S_2)}{\lg \frac{r_2}{r_1}} \qquad (6-25)$$

式中：S_1、r_1 分别为一号观测孔的水位降深和该孔距抽水井的距离，m；S_2、r_2 分别为二号观测孔的水位降深和该孔距抽水井的距离，m；其余符号意义同前。

至于承压含水层中的完整井，其出水量的计算同样可用达西定律，通过类似式(6-23)的推求过程可得出：

$$Q = 2.732 K \frac{MS}{\lg \frac{R}{r_0}} \qquad (6-26)$$

式中：M 为承压含水层厚度，m；其余符号意义同前。

6.4.3　承压水井的稳定流

这部分所讨论的条件与第一部分相似，只是含水层是等厚的承压含水层。在这种条件下抽水，剖面上的流线是相互平行的直线，等水头线是铅垂线，等水头面（渗流断面）则是真

正的圆柱面(见图 6 - 12)。在这种情况下渗流断面上各点的水力坡度是相同的,其流动方向沿着 r 轴向。根据流网分析,渗流断面为圆柱面,即

$$A = 2\pi r M \tag{6-27}$$

代入达西线性渗流定律,得

$$Q = KA\frac{\mathrm{d}H}{\mathrm{d}r} = 2\pi Tr\frac{\mathrm{d}H}{\mathrm{d}r} \tag{6-28}$$

分离变量积分,取积分限为:r 由 r_w 至 R,H 由 H_w 至 H_0,得

$$Q = \frac{2\pi T(H_0 - H_\mathrm{w})}{\ln\dfrac{R}{r_\mathrm{w}}} = 2.73\frac{Ts_\mathrm{w}}{\lg\dfrac{R}{r_\mathrm{w}}} \tag{6-29}$$

式中:Q 为抽水井涌水量;K 为含水层渗透系数;M 为承压含水层厚度;T 为含水层导水系数;R 为圆柱形含水层的半径;r_w 为抽水井半径;H_0 为圆柱形含水层外侧水头(保持不变);H_w 为抽水井中的水头(实指进水井壁处的水头);s_w 为抽水井中的水头降深(实指进水井壁处的水头降深)。

式(6 - 29)即为裘布依稳定完整承压井流的涌水量方程。

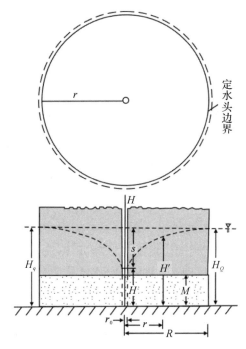

图 6 - 12　裘布依稳定承压井流(据 C. W. Fetter,2011)

若将涌水量公式移项,可得计算导水系数 T 的公式,即

$$T = 0.366\frac{Q\lg\dfrac{R}{r_\mathrm{w}}}{s_\mathrm{w}} \tag{6-30}$$

若抽水试验有两个观测孔,那么只要改变积分限:r 由 r_1 至 r_2,H 由 H_1 至 H_2,即可得

到相应公式：

$$T = 0.366 \frac{Q \lg \frac{r_2}{r_1}}{H_2 - H_1} \tag{6-31}$$

或者

$$T = 0.366 \frac{Q \lg \frac{r_2}{r_1}}{s_1 - s_2} \tag{6-32}$$

式中：H_1、H_2 为相应 r_1、r_2 观测孔的水头；s_1、s_2 为相应 r_1、r_2 观测孔的降深。

若积分上下限改为：r 由 r_w 至 r，H 由 H_w 至 H，则可以得出降落漏斗（水头线）的方程式，即

$$H = H_w + \frac{Q}{2\pi T} \ln \frac{r}{r_w} = H_w + s_w \frac{\ln \frac{r}{r_w}}{\ln \frac{R}{r_w}} \tag{6-33}$$

式中：H 为相应 r 的水头。

此式表明，降落漏斗曲线的形状取决于内、外边界的水头 H_w 和 H_0，与 Q、T 无关。

6.5 地下水系统

6.5.1 地下水系统的概念

"地下水系统"这一术语的出现，一方面固然是系统思想与方法渗入水文地质领域的结果，但是，更重要的，则是水文地质学发展的必然产物（张人权，1987）。

水文地质学发展的初期，主要是解决"找水"问题，即确定井位以打出水量足够大的井。这种情况下，人们只注意水井附近小范围内含水层的状况，认为以定流量抽水时水井周边的地下水位很快达到稳定，不随时间而变化。随着开采地下水规模的增长，长期以井群集中开采地下水时，人们发现，采水井群使周边地下水下降，影响波及的含水层范围随时间延续而不断扩展，地下水的运动是非稳定的。这时，人们才开始明白，必须将整个含水层而不是井附近含水层中的一个小范围作为研究对象。

不过，当时人们仍然认为，地下水的流动仅仅局限于含水层，而含水层上下的岩层是绝对隔水的，既不能透过水也不能给出水。但在许多情况下，井群中所抽出的水量远远超过了含水层所能供给的量，于是人们又注意到"越流"的存在，即在大多数情况下，含水层上下的岩层只是相对隔水的弱透水层，它能够释出水，也能够将相邻含水层的水传输到开采含水层中。到此时，再也不能把含水层看作一个独立的单位了。研究地下水时，往往必须将若干个含水层连同其间的弱透水层（相对隔水层）合在一起视为一个完整的单元和系统。于是，便出现了"含水层系统""含水系统"等术语。大致与此同时，也形成了地下水资源的概念，而地下水资源正是按"含水系统"发育的。

大规模开发利用地下水，不仅仅产生地下水资源枯竭问题，同时也导致地面沉降、海水

入侵、淡水咸化、土壤沙化、植被衰退等一系列与地下水有关的环境生态问题。

如果说水文地质学发展的前期集中于解决水量问题,那么,到了近年,愈来愈多的问题与地下水水质有关了。海水入侵、咸水入侵淡含水层、地下水污染的预测与防治,归根结底,都是地下水中溶质运移的问题。与此相关,有人提出了作为地下水流动单元的地下水流动系统。

回顾这一段历史,我们可以看到人们的视野在不断拓宽,开始只看到一口井附近小范围的含水层,然后扩展到整个含水层,随后又扩展到地下含水系统与地下水流动系统,最终看到了地下水系统只是其中一个组成部分的环境生态系统。换句话说,人们心目中的研究对象是一个愈来愈复杂的系统。

地下水系统的概念正是在这一背景下形成的。

地下水含水系统是指由隔水或相对隔水岩层圈闭的,具有统一水力联系的含水岩系。显然,一个含水系统往往由若干含水层和相对隔水层(弱透水层)组成。然而,其中的相对隔水层并不影响含水系统中的地下水呈现统一水力联系。

地下水流动系统是指由源到汇的流面群构成的,具有统一时空演变过程的地下水体。

6.5.2　地下水含水系统

如前文所述,含水系统的发育主要受到地质结构的控制。因此,松散沉积物与坚硬基岩中的含水系统有一系列不同的特征。

松散沉积物构成的含水系统发育于近代构造沉降的堆积盆地之中,其边界通常为不透水的坚硬基岩。含水系统内部一般不存在完全隔水的岩层,仅有黏土、亚黏土层等构成的相对隔水层,并包含若干由相对隔水层分隔开的含水层。含水层之间既可以通过"天窗",也可以通过相对隔水层越流产生广泛的水力联系。但是,在同一含水系统中,各部分的水力联系程度有所不同。例如,山前洪积平原多由粗颗粒的卵砾石构成,黏性土层极少,水力联系较好。

远离沉积物源区的冲积湖积平原,黏性土层比例较大,水力联系减弱。另外,愈往深部,水流途径愈长,需要穿越的黏性土层愈多,水力联系更为减弱(见图 6 - 13a)。

基岩构成的含水系统总是发育于一定的地质构造之中,或是褶皱,或是断层,更多的情况下两者兼而有之。固结良好的基岩往往包含有厚而稳定的泥质岩层,构成隔水层。有时,一个独立的含水层就构成一个含水系统(见图 6 - 13b)。岩相变化导致隔水层尖灭(见图 6 - 13c),或者导水断层使若干含水层发生联系时(见图 6 - 13d),则数个含水层构成一个含水系统。显然,这种情况下,含水系统各部分的水力联系是不同的。另一方面,同一个含水层由于构造原因也可以构成一个以上的含水系统(见图 6 - 13b、c)。因此,只有通过各种途径查明含水层之间的水力联系状况后,才可能正确地圈划含水系统。

含水系统是由隔水或相对隔水岩层圈闭的,但并非全部边界都是隔水或相对隔水的。除了极少数构造封闭的含水系统(见图 6 - 13e)以外,通常含水系统总有某些向环境开放的边界,以接受补给与进行排泄。这种开放边界不仅出现于表面,而且也存在于地下。例如,不同地质结构的含水系统以透水边界邻接是常见的。虽然这时相邻含水系统之间水力联系相当密切,但是由于两者水的赋存与运动规律不同,仍然有必要区分为不同的含水系统(见

图6-13a、c）。含水系统在概念上是含水层的扩大，因此，关于含水层的许多概念均可应用于含水系统。下面将重点讨论地下水流动系统。

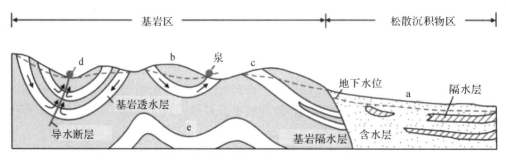

图6-13　不同类型的含水系统示意图（据张人权等修改，2018）

6.5.3　地下水流动系统

与传统的水文地质分析方法相比较，地下水流动系统的分析方法更为程序化、更为周密，从定性分析到定量模拟联系比较密切。因此，以地下水系统理论为基本框架，融合传统水文地质分析方法，有可能发展形成现代水文地质学。

托特、英格伦等人发展起来的地下水流动系统理论，实质上是以地下水流网为工具，以势场及介质场的分析为基础，将渗流场、化学场与温度场统一于新的地下水流动系统概念框架之中。这样，就将本来似乎互不关联的地下水各方面的表现联系在一起，纳入一个易于被人们理解的地下水空间与时间连续演变的有序结构之中，有助于人们从整体上把握地下水各个部分之间以及它与环境之间联系的完整图景（张人权，1990）。

地下水在流动中必须消耗机械能以克服黏滞性摩擦（水质点与介质表面以及速度不同的流层中水质点间的摩擦）。对于地下水来说，驱动水运动的主要能量是重力势能。重力势能来源于地下水的补给。大气降水或地表水转变为地下水时，便将相应的重力势能加诸地下水。即使地面的入渗条件相同，不同地形部位重力势能的积累仍有所不同。地形低洼处地下水面达到或接近地表，地下水位的抬升增加地下水排泄（转化为大气水与地表水），从而阻止地下水位不断抬高。因此，地形低洼处通常是低势区——势汇。地形高处，地下水位持续抬升，重力势能积累，构成势源。由于这个缘故，通常情况下地形控制着重力势能的分布。

加拿大学者托特将受地形控制的势能称为地形势，他利用解析解得出了均质各向同性潜水盆地中的地下水流系统。该地下水系统出现了不同级次嵌套式地

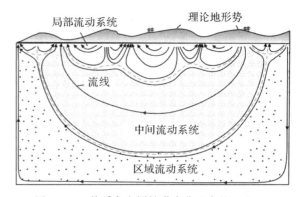

图6-14　均质各向同性潜水盆地中的理论
流动系统（根据Toth修改，1963）

下水水流系统，共分为三个级次：区域流动系统、中间流动系统和局部流动系统，如图6-14所示。托特认为，地下水流动具有自组织的有序特征，与地下水有关的自然作用及自然现象

呈现有规律的分布,他提出的流域盆地地下水流模式为分析处理一系列与地下水有关的系统提供了新的思路。

6.6　矿山地下水动态监测

6.6.1　矿山地下水动态监测原则

矿山地下水动态监测项目主要包括流量监测和水质监测,以及对与地下水有密切联系的地表水体应进行水位(包括洪水位)、水深、流速、水质、结冰厚度等的监测,必要时应测定含沙量。

在矿山地下水动态监测工作中,应使各个监测站(点)组成一个完整的监测网。矿山地下水动态监测工作的开展应符合环境保护的要求,并采取相应措施。矿山地下水动态监测工作应符合国家有关标准的规定。

6.6.2　矿山地下水动态监测点布置的一般要求

矿山地下水各监测站建站前应编写包括监测项目、监测层位、钻孔深度、钻孔结构、施工要求、止水方法、止水要求、孔口装置以及管材选择等内容的详细设计。

监测地下水的同时,应进行地表水监测。一般应包括与地下水密切相关的滨海、地表河流、湖泊、水库及池塘等的水质、渗漏量和流量(或积水量)等。地表水监测点应以能监测矿区范围内与地下水存在水力联系的滨海、河流(渠)、池塘及湖泊等为主要布置原则。

地下水监测点的分布应与水文监测网协调一致,对与矿井安全关系密切的监测项目,要求采用自动记录仪进行连续监测。

6.6.3　矿山地下水动态监测点的布设原则

矿山监测站(点)的布设密度,取决于矿山水文地质条件的复杂程度(见表6-2),不同水文地质的矿山监测站(点)的布设应按以下原则确定。

表6-2　矿区水文地质条件分类表

类型	特征
水文地质 条件简单	矿层位于地下水位之上,或矿层位于地下水位之下,含水层的充水空间不发育,涌水量小[钻孔单位涌水量 $q<0.1$ L/(s・m)],与地表水无水力联系,虽然含水层充水空间发育,但距离矿层较远,其间岩层结构致密,并有良好的隔水层,同时断层导水性微弱
水文地质 条件中等	矿层顶底板或附近有充水空间较发育、涌水量中等[钻孔单位涌水量 $q=0.1\sim1$ L/(s・m)]的含水层,虽有隔水层,也不稳定,断层导水性弱,地表水与地下水无水力联系,或有水力联系,但对矿层开采无甚影响
水文地质 条件复杂	矿层顶板或底板直接与充水空间发育、涌水量大[钻孔单位涌水量 $q>1$ L/(s・m)]的含水层接触,虽不直接接触,但含水层位于未来坑道顶板裂隙带可能高度内,或底板隔水层强度不足以对抗含水层静水压力的破坏,地质构造复杂,断层导水,地下水与地表水有水力联系

1）矿床水文地质条件简单的矿山，以利用勘探阶段所设动态监测点和矿山排水点为主。另外，针对矿山具体情况，对可能影响矿山安全的地段设点监测。

2）矿床水文地质条件中等的矿山，除对勘探阶段保留下来的监测点继续监测外，对尚未控制到的，或由于采掘工程使水文地质条件发生变化的各个有代表性的地段，均应增设新的监测站（点）。

3）矿床水文地质条件复杂的矿山，为保证监测资料在时间、空间方面都具有较强的可比性、连续性和完整性，要求建立一个比较完善的监测网。

4）凡在矿区采掘范围内出现的涌水点，均应进行流量监测。当流量小于 0.5 L/s 时，可分区段汇流监测；当流量大于 1 L/s 且稳定期超过一个月时，均应成为长期监测点。

5）对各项采掘工程施工中新出现的涌水点，雨季时涌水量剧增和重现的旧涌水点，以及由于地层岩体不稳固而又未搞好安全处理的涌水点，均应安排短期监测，以便确定其补给状况和发展趋势。对 15 日后涌水量仍无大幅度衰减者，应将其转为长期监测点。

地下水监测网由监测点和监测线组成，其范围应能覆盖矿山整个地下水系统。监测点或监测线应尽可能具有多种监测功能，能同时监测水流量和水质。

一般监测点应布置在矿坑充水来源地段。例如：开采设计范围内影响矿坑充水的含水层、岩溶发育区段、构造破碎带、接触带；地表水体与矿井间以及由于采矿影响可能成为矿坑充水因素的含水层等；勘探期间尚未查明可能对矿坑充水有影响的区段。

对进行预先疏干或采用帷幕注浆、防渗墙防治水的矿山，进行地下水监测时，监测孔宜控制到疏干与堵水区的外围，以检验治水效果和监控地下水对采矿的影响。

观测孔组成的监测剖面，应控制不同水文地质单元和动态变化特征不同的区段。一般矿区，监测剖面不应少于两条，水文地质条件复杂的矿区不应少于三条；每个剖面应有 $2\sim3$ 个监测点。

监测剖面线的组合形式，一般有"L""T""＋"或放射状等几种形式。各矿区具体布设形式的选用，应视本矿区水文地质特征而定。

地表有河流流过的矿山，监测剖面应沿地下水流向或垂直河谷方向布设。当剖面横切几条河流时，观测点应布设在溪流、湖泊、水塘、洼地的边上。监测地下水流向时，应布设在有代表性的地段，并使观测孔构成三角形监测网。

应尽量利用地质勘探阶段已设置的地表水及地下水监测设施。地下水监测应利用一切可供利用的地下水天然或人工露头。利用地质钻孔时，应尽量避免采用小口径和泥浆钻进孔。

对矿区内地面渗水地段，应着重在雨季监测。记录其范围，估计渗漏量。漏失严重的重要地段，应在汇水范围内分段监测其漏失量。

6.6.4　矿山地下水动态监测点布设位置的选择

（1）流量监测站（点）布设位置的选择

矿井的每一个开采阶段，每一阶段的不同开采翼、不同开采层，疏干石门或水文地质条件复杂的开采区域，或某些重要的涌水点（长期涌水的大突水点、放水孔等），都应设立固定站，长期进行涌水量测定。

采掘工作面的探放钻孔、一般出水点、井筒新揭露的含水层等,通常都设置临时站测定涌水量。重要水点附近,水文地质条件复杂区域、排水井的下游、疏干石门水沟的出口处或各主要含水层水沟的下游、不同开采及大巷水沟入水仓处等,应设置监测站(点)。大巷水沟设站处 3～5 m 内的水沟应顺直,断面应规整,沟底坡度应均匀,流水应通畅稳定。特别是大巷入水仓处的测站,应远离水仓口 20 m 以外,避开紊流段。监测站处应用油漆书写站名并设有明显的标志。

(2)水质监测站(点)布设位置的选择

水质监测网应以能监控矿区范围内的地下水化学类型、污染程度、污染质扩散途径、主要污染指标浓度变化规律及边界上的水质分布特征为主要布置原则,对于可能造成地下水污染的各种污染源分布地段均应布置观测点或辅助监测线。

采样点应布设均匀,一般主要含水层不应少于 3 个点,次要含水层 1～2 个点,其位置应布置在:

1)矿坑排水点的总出口处;

2)坑道内占总涌水量 5% 以上的涌水点;

3)水质异常及地热异常的涌水点;

4)位于矿坑充水主要径流方向上的钻孔;

5)矿床底板承压含水层及可能与矿区含水层有水力联系的地表水体和泉水;

6)地表水取样位置应分布于矿石、废石、尾砂的堆放场及工业废水排放点的上下游,并尽可能与流量测量位置一致。

(3)河流监测站位置的选择

河流监测站应选择在顺直、匀整的河段。顺直河段的长度一般不应少于洪水时主河槽河宽的 3～5 倍。

河流监测站的水流要平稳,应避开回流、死水及有显著比降的地段。应避开妨碍监测工作的地物、地貌、冰塞、冰坝及工业生产中排泄废水、污水的地点。监测站的上、下游附近,不应有砂洲、浅滩、淤积故道(牛轭湖)。

山区河流监测站应选择在急滩或窄口的上游,水流比较稳定、河底比较平坦的河段。

(4)其他地表水监测站位置的选择

在池塘、湖泊、内涝积水与塌陷集水区进行监测站布置时,应选择易监测的地方设立固定标桩和水尺,测量水深、积水范围、积水时间,并计算积水量。矿区附近有水库时,应收集水库的水位标高、库容量与渗漏量等资料。

6.6.5　监测孔设计与施工

(1)监测孔分类及布设要求

矿山地表监测孔可用来监测水质。流量、水质的监测主要集中在矿井内部各中段的涌水点,可根据矿区具体情况确定。

地表监测网剖面上的监测孔的布设应符合以下要求:

1)采区边缘孔:布置在距开采边界 50 m 的地段内。当分期开采和露天开采阶段下降时,应充分利用上部坑道或露天台阶重新布孔,使监测孔不远离采区。当采区与不均匀含水层接触边界较长时,除剖面上的边缘孔外,应沿边界加密监测孔。加密的孔距,在岩溶含水层为 50 m,孔隙、裂隙含水层为 100 m。

2）中圈孔:孔位应设在勘探或设计所预测的疏干漏斗水力坡度发生转折地段。

3）外围孔:布设在补给边界和影响边界的附近,掌握降落漏斗发展方向及预测塌陷区的扩展范围。

4）安全监测孔:孔位应根据塌陷区的安全问题,不稳定的补给区和起重要阻水作用的构造、岩脉、岩层等隔水边界的分布状况来确定。这些地段的勘探评价孔,应保留 1～2 个钻孔作为长期监测孔。

（2）监测孔的设计及质量要求

监测孔的结构应符合观测目的和要求。监测孔的一般口径应大于 91 mm,终孔口径不应小于 75 mm。需安装自记水位计的钻孔,口径应大于 110 mm,若动水位埋深大于 50 m,口径应大于 150 mm。井壁地层为稳固基岩的监测孔,可采用裸露井壁;井壁地层为不稳定岩层或松散岩系时,应安装套管和过滤器,过滤器的孔隙率应大于 10%。

监测第四系以下含水层水位时,对第四系岩层应下护壁套管,严格止水,止水类型宜用水泥或黏土止水。

对监测孔孔口的固定测点、地面标高,均应作四级水准测量和坐标测量。孔口应加盖、上锁或安装保护装置。

抽水单位涌水量大于 0.1 L/(s·m),注水单位吸水量大于 0.5 L/(s·m) 或注水水头抬高 1 m 后,水位能在 2 h 内完全恢复的孔,才可作为长期监测点。

监测孔的孔深,应低于疏干时该点的最大降深水位;靠近疏干钻孔泄水点（或坑内泄水点）的监测孔,其深度应保证在泄水点的标高以下。观测孔孔斜应每 100 m 不大于 2°,自记观测孔孔斜应为 1°。

（3）监测孔的施工

监测孔宜采用清水钻进或水压钻进,当使用泥浆作冲洗介质时,泥浆指标应符合《供水水文地质钻探与管井施工操作规程》(CJJ/T 13—2013) 的有关规定。不应向孔内投入黏土块,并应在成孔后及时进行清洗。

钻进过程中,应及时、详细、准确地描述和记录地层岩性及地层深度,并应准确测定初见水位。岩（土）样采取与地层编录,应符合《供水管井设计施工及验收规范》(CJJ 10—1986) 的有关规定。

监测孔钻至规定深度后停钻,应校验孔深。根据井（孔）结构设计图,向井（孔）中下井管。井管下完后,应立即在管外围填砾料,同时在砾料层中安装水位监测管。

在水位监测管的下端应安装 2～5 m 长的过滤管。水位监测管应随砾料的围填,连续安装至地面以上 30～50 cm,并应在管口加盖封堵;砾料填至距地面 5～10 m 时,宜换填黏土块（黏土球）至地面,进行管外封闭。

分层观测的观测孔,应严格止水,并应及时检查止水效果。下管,填砾结束后,应选用有效的方法及时进行洗井。洗井的质量应符合《供水水文地质钻探与管井施工操作规程》(CJJ/T 13—2013) 中的有关规定。

6.6.6　地下水动态监测的内容和方法

(1)流量监测

地下水流量监测对象,除了未疏干的含水层泉点外,主要是矿坑(井)的涌水点。

流量测试设备可根据监测的对象、现场条件和测量精度的要求,选用容积法、浮标法、流量表、孔板流量计、水泵有效功率法或堰测法等。

对不同含水层和不同地下水类型的涌水点应分别统计涌水量。对矿区的排水量,应根据记录按月进行统计。

监测过程中发现流量表数据反常应及时检查,以确保数据的准确性。流量监测时间与次数应符合以下要求:

1)按表 6-3 中的时间监测,雨季应加密监测;

2)新凿立斜井,垂深每延深 10 m,应监测涌水量一次;

3)每新揭露一个含水层,每封完一次水,虽不到规定的测水距离,也应测定涌水量。

当使用堰测法或孔板流量计进行流量监测时,固定标尺读数应精确到毫米,其换算单位流量值(L/s)应计算至小数点后两位;流量表监测精度不应低于 0.1 m;对月排水量统计值应精确到立方米(即吨位值)。

表 6-3　矿区地下水动态监测时间间隔表

监测项目	监测点名称	基建期及淹井恢复期			生产期			补勘扩大范围及洪水期			发生淹井灾害期		
		Ⅰ	Ⅱ	Ⅲ	Ⅰ	Ⅱ	Ⅲ	Ⅰ	Ⅱ	Ⅲ	Ⅰ	Ⅱ	Ⅲ
地下水流量	矿坑总涌水量	5	1~5	1 或自记	5	5~10	5 或自记	10	1~5	自记	—	连续自记	
	矿坑排水量	5	5	自记	5	5~10	自记	10	1~5	自记	—	—	
	放水孔及重要水点	—	1	1	—	5		—	1	1			
	泉流量	—	5	5	—	30		—	5	5			5
水质	排水点	按矿山实际需要而定											
	涌水点	按矿山实际需要而定											

注:Ⅰ—水文地质简单类型;Ⅱ—水文地质中等类型;Ⅲ—水文地质复杂类型;表中数字单位为每次监测间隔的天数;"—"为无须进行监测项目。

(2)水质监测

水质分析类别可分为简分析、全分析和特殊项目分析。

1)简分析:包括水的物理性质(温度、颜色、口味、气味、透明度)、Cl^-、SO_4^{2-}、NO_3^-、NO_2^-、HCO_3^-、Mg^{2+}、Ca^{2+}、Na^+、K^+、游离 CO_2、pH 值、总硬度、暂时硬度、永久硬度及总矿化度等。

2）全分析：包括水的物理性质（温度、颜色、口味、气味、透明度）、Cl^-、SO_4^{2-}、NO_3^-、NO_2^-、CO_3^-、HCO_3^-、SiO_3^{2-}、PO_4^{3-}、F^-、Br^-、I^-、Mg^{2+}、Ca^{2+}、Na^+、K^+、Fe^{2+}、NH_4^+、Fe^{3+}、Mn^{2+}、Al^{3+}、Cu^{2+}、Zn^{2+}、Pb^{2+}、游离 CO_2、侵蚀 H_2S、可溶性 SiO_2、pH 值、耗氧量、总硬度、暂时硬度、永久硬度、焙干残渣、灼热残渣等。

3）特殊项目分析：通常是在总结矿区水质变化规律之后，再根据矿山需要提出某项元素或多项元素组分的分析。

（3）常规分析应包括下列项目和内容

1）饮用水分析项目：当矿床开采一定程度影响地下水源时，应进行饮用水项目分析；饮用水源应符合《生活饮用水标准检验方法》（GB/T 5750.1—2006～GB/T 5750.13—2006）的有关规定；

2）水质物理化学污染分析项目：包括水的物理性质（温度、颜色、口味、气味、透明度）、肉眼可见物、pH 值、Cl^-、SO_4^{2-}、HCO_3^-、CO_3^-、Fe^{2+}、Fe^{3+}、Mn^{2+}、Cu^{2+}、Pb^{2+}、Zn^{2+}、As^{3+}、Se^{4+}、Hg^+、Cd^{2+}、Cr^{7+}、氟化物、氰化物、挥发酚类、游离性余氯、耗氧量、溶解氧；

3）细菌污染分析项目：细菌总数、大肠菌类及杂菌；

4）放射性污染分析项目：总 α 放射性、总 β 放射性、镭、铀、氡等。

第7章 矿山水文地质勘探

"凿井之处,山麓为上,蒙泉所出,阴阳适宜,园林室屋所在。向阳之地次之,旷野又次之。山腰者居阳则太热,居阴则太寒,为下。凿井者,察泉水之有无,斟酌避就之。"

——《农政全书》徐光启［明］

7.1 概 述

矿山水文地质勘探的目的是查明研究区内的水文地质条件,了解地下水的形成、赋存条件、运动特征及水质情况,以防止地下水对矿山开采造成危害。因此,矿山水文地质勘探对于准确把握矿区水文地质、工程地质和环境地质条件至关重要,其是科学、有效地进行矿山防治水的关键基础,也是在保护矿区周边水资源与环境的基础上合理开放利用矿产资源的根本保障。

7.2 矿山水文地质勘探的基本任务

矿山设计前,应进行矿区水文地质勘探。若勘探阶段的工程程度难以满足矿山防治水工作的需要,应补充矿山防治水水文地质勘探。总体而言,矿山水文地质勘探的目标主要体现在以下几个方面:

1)详细查明矿区水文地质条件及矿床充水因素,以预测矿坑涌水量;

2)对矿床地下水资源综合利用进行评价,同时提出矿山防治水建议,并指出供水水源方向;

3)矿山防治水水文地质勘探应针对矿山专项防治水技术方案,进一步查明同矿山防治水工程相关的水文地质条件,以满足矿山防治水工程设计的需要;

因此,矿山水文地质勘探须在合理划分勘探类型的基础上明确勘探程度及勘探基本任务。

7.2.1 勘探类型划分

根据矿床主要充水含水层的储水空间特征,矿床充水类型可划分为以孔隙含水层充水为主的孔隙充水矿床、以裂隙含水层充水为主的裂隙充水矿床和以岩溶含水层充水为主的岩溶充水矿床,其中岩溶充水矿床又可进一步划分为三个亚类,即溶蚀裂隙为主的岩溶充水矿床、溶洞为主的岩溶充水矿床和地下河为主的岩溶充水矿床。

对于上述各类充水矿床,根据矿体(层)与主要充水含水层的接触关系和相对位置,可按充水方式划分为直接充水的矿床和间接充水的矿床。

充水矿床勘探的复杂程度类型可按表7-1划分。

表7-1 充水矿床勘探复杂程度类型

划分依据	第一型 水文地质条件 简单矿床	第二型 水文地质条件 中等矿床	第三型 水文地质条件 复杂矿床
矿床的排水条件、地表水体与矿体的关系	主要矿体位于当地侵蚀基准面以上,地形有利于自然排水;主要矿体位于当地侵蚀基准面以下,附近无地表水体	主要矿体位于当地侵蚀基准面以下,附近地表水不构成矿床的主要充水因素	主要矿体位于当地侵蚀基准面以下;附近存在较大的地表水体且与地下水水力联系密切;地质构造复杂,存在沟通区域性强含水层(带)的强导水构造
主要充水含水层的补给条件	差	一般	好
第四系覆盖	很少或无第四系覆盖	第四系覆盖面积小且薄	第四系覆盖厚度大,含水层分布广
水文地质边界条件	简单	中等	复杂
充水含水层富水性	弱	中等	强
隔水性能	存在良好隔水层	无强导水构造	存在强导水构造沟通充水含水层
老窿水及分布状况	无老窿水分布	存在少量老窿水,位置、范围、积水量清楚	存在大量老窿水,位置、范围、积水量不清楚
疏干排水是否产生地表塌陷、沉降	疏干排水不会产生塌陷、沉降	疏干排水可能产生少量塌陷	疏干排水可能产生大量塌陷、沉降

注:①各型矿床划分应至少符合表中3条划分依据;②充水含水层的富水性按钻孔单位涌水量(q)划分:$q \leqslant 0.1$ L/(s·m)为弱富水性;0.1 L/(s·m)$< q \leqslant 1.0$ L/(s·m)为中等富水性;$q > 1.0$ L/(s·m)为强富水性。

7.2.2 勘探程度及任务要求

矿山水文地质勘探应研究区域水文地质条件,确定矿区所处水文地质单元的位置,并在此基础上详细查明矿区地下水的补给、径流、排泄条件,区域地下水对矿区的补给关系,以及主要进水通道和渗透性。

矿山水文地质勘探应详细查明矿区含水层和隔水层的岩性、厚度、产状、分布范围、埋藏条件、含水层的富水性、矿床顶底板隔水层的稳定性；应着重查明矿床主要充水含水层的富水性、渗透性、水位、水质、水温、动态变化及地下水径流场的基本特征，确定矿区水文地质边界及其特征。

矿山水文地质勘探应详细查明对矿坑充水有影响的构造破碎带位置、规模、性状、产状、充填与胶结程度、风化及溶蚀特征、富水性和导水性及其变化、沟通各含水层以及地表水的程度，并分析构造破碎带可能引起突水的地段，进而提出矿山开采防治水的建议。

矿山水文地质勘探应详细查明对矿床开采有影响的地表水汇水面积、分布范围、水量、流量、流速及其动态变化，历史上出现过的最高洪水位、洪峰流量及淹没范围，详细查明地表水补给矿坑充水的方式、地段，并分析论证其对矿床开采的影响，进而提出地表水防治的建议。

对于矿层与含（隔）水层多层相间的矿床，应详细查明开采矿层顶底板主要充水含水层的水文地质特征和隔水层的岩性、厚度、稳定性和隔水性，断裂发育程度、导水性以及沟通各含水层的情况，并分析采矿对含水层可能破坏的情况。当深部含有强含水层时，应查明主要充水含水层从底部获得补给的途径和部位。

对于被富水性中等或强的孔隙含水层覆盖的矿床，应详细查明上覆孔隙含水层的厚度、富水性、渗透性、水文地质边界条件和地下水的补给条件与运动规律，以及渗流场分布，应评价水体下开采安全性和矿床开采对上覆盖孔隙含水层的影响。

对于有老窿水分布的矿床，应调查老窿区的分布范围、深度、积水和塌陷情况，并圈出老窿区范围，估算老窿积水量，提出开采中应对老窿水的防治建议。

对于存在有热水、有害气体的矿床，应基本查明热水和气的分布、温度、压力、梯度、流量；应大致查明热水、气的来源及其控制因素，有害气体成分及其浓度，地热盖层的厚度，以及热异常区的范围、温度及热水、气对矿床开采的影响。

对于冻土地区矿床，应详细查明冻土的类型、分布、厚度，层上水、层间水、层下水的空间分布、富水性及其对矿床开采的影响。

对于各类充水矿床，应着重查明下列问题：

1）对于孔隙充水矿床，应查明含水层的成因类型、分布、厚度，含水介质的岩性、结构、粒度、磨圆度、分选性、胶结物、胶结程度，含水层的富水性、渗透性及其变化；应查明流沙层的分布及特征；应查明含（隔）水层的组合关系，各含水层之间、含水层与弱透水层以及与地表水之间的水力联系；应评价流沙层的疏干条件及降水和地表水对矿床开采的影响。

2）对于裂隙充水矿床，应查明裂隙含水层的裂隙性质、规模、发育程度、分布规律、充填情况及其富水性、透水性；应查明岩石风化带的深度和风化程度；应查明构造破碎带的性质、形态、规模及其与各含水层和地表水的水力联系；应查明裂隙含水层与其相对隔水层的组合特征。

3）对于岩溶充水矿床，应查明岩溶发育与岩性、构造等因素的关系，岩溶在空间的分布规律、充填深度和程度，以及岩溶含水层的富水性、透水性及其变化；应查明地下水主要径流带的分布。不同亚类岩溶充水矿床应着重查明不同问题：①以溶隙、溶洞为主的岩溶充水矿床，应查明上覆松散层的岩性、结构、厚度，或上覆岩石风化层的颗粒组分、厚度、风化程度及其物理力学性质；应分析在疏干排水条件下产生突水、突泥、地面塌陷的可能性，塌陷的程度与分布范围以及对矿井充水的影响;对层状发育的岩溶充水矿床,还应查明相对隔水层和弱含水层的厚度及分布。②以地下河为主的岩溶充水矿床,应查明岩溶洼地、漏斗、落水洞等的位置及其与地下河之间的联系;应查明地下河发育与岩性、构造等因素的关系,地下河水的补给来源、补给范围、补给量、补给方式及其与地表水的转化关系,地下河出、入口处的高程、流量及其变化;应查明地下河水系与矿体之间的相互关系及其对矿床开采的影响。

对于不同充水方式的矿床,应着重查明下列问题:

1)对于直接充水的矿床,应查明直接充水含水层的富水性、渗透性,地下水的补给来源、补给边界、补给途径和地段,以及充水含水层与其他含水层、地表水、导水断裂的关系;当顶板充水含水层裸露时,还应查明地表汇水面积及大气降水的入渗补给强度;应对地板含水层的承压性进行调查。

2)对于间接充水的矿床,应查明隔水层或弱透水层的分布、岩性、厚度及稳定性,以及岩石的物理力学性质及水理性质、裂隙发育情况、受断裂构造破坏程度;顶板间接充水的矿床应查明构造破碎带和导水裂隙带,并应研究和估算原生导水裂隙带高度及采动导水裂隙带高度,同时应分析主要充水含水层地下水进入矿坑的地段;地板间接充水的矿床应查明承压水层径流场和水压力特征,直接底板的岩性、厚度及其变化,岩石的物理力学性质及水理性质,以及断裂构造对底板完整性的破坏程度;应研究和计算采矿对底板扰动破坏深度,并应分析论证可能产生底鼓、突水的地段。

7.3 矿山水文地质勘探的基本方法

矿山水文地质勘探应与矿产地质勘探和矿产建设紧密结合,并应结合先进的技术手段开展综合性勘探工作。按照技术手段划分,矿山水文地质勘探所采用的主要技术手段有矿山水文地质测绘、矿山水文地质物探、矿山水文地质钻探、矿山水文地质试验、矿山地下水及地表水动态观测、遥感技术等。

7.3.1 矿山水文地质测绘

水文地质测绘是以了解水文地质条件为目的的野外工作,通过地面观察测绘,对地下水和与其有关的各种地质现象进行填图。矿山水文地质测绘工作内容是按照预定路线或观察点对地形地貌、地层岩性、水文地质条件进行详细观察记录,着重调查与矿坑涌水有关的各种水文地质要素,通过对观察、测绘、勘察和试验资料的综合分析,编制报告和图件。

(1)矿山水文地质测绘精度要求

矿山水文地质测绘精度主要以图幅上单位面积内观测点数量以及在图上描绘的精确度来反映。

区域水文地质测绘范围最好为一个完整的水文地质单元,建议比例尺为 1:5 000~1:50 000,工作重点为查明矿区地下水的补给、径流、排泄条件。

矿区水文地质测绘应包括矿床疏干可能影响的范围及补给边界,以查明矿床充水因素及矿区水文地质边界条件为重点,建议比例尺为 1:2 000~1:5 000。

水文地质测绘应在比例尺大于或等于测绘比例尺的地形地质图的基础上进行。在水文地质测绘工作开展前,应开展尽可能详尽的资料收集工作,包括且不限于航(卫)片解译资料、区域水文地质普查成果、相邻矿区资料、矿区及相邻地区历年的气象水文资料、生产矿井(或露天采场)的水文地质资料。

水文地质观测点应布置在井、泉、钻孔、地表水体处、主要含水层或含水断裂带露头处、地表水渗漏地段等重要水文地质界线上,以及能反映地下水存在与活动的各种自然地理和地质现象标志处。此外,在已有取水和排水工程位置也应布置观测点。

水文地质观测线的布置应着重考虑以下几点原则:

1)沿水文地质条件变化最大的方向布置,即确保水文地质观测线从主要含水层补给区向排泄区展布;

2)确保沿着水文地质观测线能见到更多的井、泉、钻孔、地表水体等水文地质观测点;

3)确保所布置的水文地质观测线上有足够多的地质露头。

(2)矿山水文地质测绘调查内容

结合勘探程度及任务要求,矿山水文地质测绘应详细调查矿区地形地貌、地下水的天然和人工露头及其水化学特征、岩溶发育情况、第四系松散层的形成与分布,地下水的补给、径流与排泄条件,并应圈定矿区水文地质边界。为达到上述目的,在矿山水文地质测绘工作中,应调查地表水体的分布、水位、水深、流量、容量、洪水淹没范围、延续时间及其与地下水的关系,应调查老窿区的分布与积水情况,应该对现有生产矿井或勘查坑道及逆水文地质编录,应采集代表性岩土样进行物理力学和水理性质测试。如调查区存在热水(气),应调查热水(气)的分布、控制因素、水温、流量、水中气体及化学组分、热水(气)的补给、径流和排泄条件。

地形地貌与地下水的形成和分布关系密切,地形起伏控制着地下水的流向。地形地貌调查,应着重关注地貌的成因类型、形态特征、形成年代、地貌景观与新构造运动的关系等。对于不同地貌的各种形态,应进行详细定性描述和定量测量,尤其应重点关注与新构造运动有关的河流阶地的分布和河漫滩的位置及特征。利用相关沉积物特征,可以推断地貌发育的古地理环境及地质作用,分析微地貌特征与地层岩性、地质构造和不良地质作用之间的联系。比如:冲积物颗粒磨圆度和分选性一般比较好,具有清楚的层理构造,表明其所在之处地貌为河流堆积地貌;坡积物一般呈棱角状或次棱角状,分选性较差,表明其所在之处地貌为山麓斜坡地貌;红黏土一般是由碳酸盐岩风化而成的残积物,其所在之处地貌大概率为岩溶地貌。

地层岩性往往直接决定地下水的含水类型、水质和水量。进行水文地质测绘时,应根据地层岩性特征,将地层归纳为含水岩组和隔水岩组。对于矿区岩石,影响地下水水量的关键在于岩石的空隙性,影响地下水水质的关键在于矿物成分。因此,对于非可溶坚硬岩石,要着重调查研究裂隙成因、分布、张开程度和充填情况;对于可溶坚硬岩石,要着重调查研究岩石的矿物成分、溶隙发育程度及影响岩溶发育的因素。

地质构造对地下水的赋存和运移也具有重要意义。基岩内部的构造裂隙和断层带通常是矿区地下水的主要储水空间,一些断层还能起到阻隔或富集地下水的作用。对于断裂构造,要根据断裂力学性质和错动运移特征,判断断层的性质是属于正断层、逆断层或是平移断层。此外,要详细调查其厚度、产状、张开程度、充填情况、活动特征、含水性、断层两侧地下水的水力联系程度及断层对地下水的赋存、补给、运移和富集的影响。对于褶皱构造,要查明其形态、规模及其展布特征,尤其注意两翼对称性和倾角大小变化规律,结合地层岩性特征判断主要含水层在褶皱构造中的部位和在轴部的埋藏深度,研究张拉应力集中部位裂隙发育程度,分析褶皱构造对地下水运动和富集的影响。

对于地下水露头进行全面调查研究,是水文地质测绘的核心工作。在测绘中将地下水露头点绘制在地形地质图上,以便于将各主要水文地质点联系起来分析区内水文地质条件。泉点是基本的水文地质点,对认识矿区地下水的形成、分布与运动规律至关重要。因此,应查明泉点出露的位置、地形、高程、地质条件、补给排泄条件、泉水水质、出露条件及动态特征。对于井、孔、矿坑等地下水人工露头,应查明露头所在的地理位置、地貌单元、井的深度、口径、井水用途和使用情况、井水水位、水温,并开展水质分析,通过走访、调查、收集水井的水位和涌水量变化情况。

7.3.2　矿山水文地质物探

水文地质物探的全称为水文地质地球物理勘探,是根据地下水、含水层与非含水层自身及它们之间存在的物性差异,利用地球物理方法来间接判断水文地质特征的一种勘探方法。其中,常用的地面物探技术有电法勘探技术、磁法勘探技术、重力勘探技术、地震勘探技术和放射性勘探技术,此外还有在钻孔内进行测井的井下物探技术。

（1）电法勘探技术

电法勘探技术是通过对天然电场或人工电场进行探究,以获得岩土体不同电学特征资料,进而对有关水文地质问题做出评估和判断,可用于探测岩石单元、盖层厚度、断层裂隙、海水入侵等。通常,电法勘探可分为直流电法勘探和交流电法勘探两大类,每一大类又包含诸多小类,相关的方法名称及应用情况详见表7-2。

表7-2　不同种类的电法勘探在水文地质中的应用情况（房佩贤,1987）

类别	场地性质	方法名称		应用情况
直流电法	天然场	自然电场法	电位法	测地下水流向;河床、水库渗漏点;
			梯度法	地下水与地表水之间的补排关系
	人工场	电阻率法	剖面法 联合测面法 对称四极剖面法 复合四极剖面法 中间梯度法 偶极剖面法	填图;追索断层破碎带;探测基底起伏情况;查明岩溶发育带
			测深法 偶极电测探法 环形电测探法 三极电测探法 对称四极测探法	划分近水平层位;确定含水层厚度、埋深;划分咸淡水分界面;查清地质构造;探测基底埋深、风化壳的厚度等
		激发极化法		划分含泥质地层;查明溶洞、断层带
		充电法	电位法 梯度法	追索地下暗河、充水断层带;测地下水流速、流向;查坝基渗漏点;研究滑坡及测定下滑速度

续表

类别	场地性质	方法名称	应用情况
交流电法	天然场	大地电场法	查区域构造
	人工场	甚低频电磁场法	确定断层带或岩溶发育带位置
		交变电磁场法	探查构造;找水
		频率测深法	探测地下构造;划分地层
		地质雷达	探测浅部地下空洞、管线位置、覆盖层厚度等
		无线电波透视法	探查溶洞、暗河、断层

自然电场法是针对毛细孔壁会选择性吸附流动孔隙水负离子的这一特性,通过正离子向水流方向移动形成过滤电位,判断孔隙地层中潜水的流向。因此,在水库的漏水地段常出现自然电位的负异常,而在隐伏上升泉位置则常可测得自然电位正异常。

电阻率法则是基于自然界不同岩土体的导电性能差异,建立人工电场观测不同测点的视电阻率,进而通过推断和地质解释,完成相应的水文地质勘探工作。为解决不同的地质问题,常采用不同的电极排列形式和移动方式。因此,电阻率法又可以进一步细分为电剖面法、电测深法和高密度电阻率法。

激发极化法是基于含水砂层在充电后断电瞬间可观测到充电所激发的二次电位这一现象,通过二次电位衰减速率随含水量的增加而减小的规律性认识,在实践中圈定地下水富集带和确定井位的一种勘探方法。

作为交流电法勘探的常用设备,地质雷达是利用对空雷达的原理,发射脉冲电磁波,其中一部分被称为直达波,沿着空气与岩土体界面传播到达接收天线;另一部分则被称为回波,进入岩土体内部,遇到电性不同的地层岩性和地下水、洞穴、等介质体,经过反射和折射,回到接收天线。根据所接收的直达波和回波的时间差,就可判断相关介质体的存在和埋藏位置。地质雷达具有分辨率高、解译精度高等特点,被广泛应用于隧道超前地质预报工作。水是自然界中常见物质中电磁波速最低的物质,含水界面会产生强烈的电磁反射。因此,岩体中的含水溶洞和饱水破碎带很容易被地质雷达探测发现。

（2）磁法勘探技术

磁法勘探是根据岩石的磁性差异所形成的局部磁性异常来判断地质构造,在水文地质勘探中,大面积的航空磁测资料可为寻找有利的储水构造提供依据（张永波,2001）。

（3）重力勘探技术

重力勘探是根据岩土体密度差异所形成的局部重力异常来判断地下埋藏介质的方法,在水文地质勘探中,可采用高精度重力探测仪探测一些埋深不大且具有一定体积的溶洞。

（4）地震勘探技术

地震勘探是通过研究人工激发的弹性波在地壳内的传播规律来勘探地质介质的方法。人工激发的地震波从激发点向外传播,遇到不同弹性介质的分界面产生反射和折射,利用检波器将反射波和折射波到达地面所引起的微弱振动变成电信号,送入地震仪,经滤波和放大后,经整理、分析,就能推断和解译不同地层分界面的埋藏深度、产状、构造等。在水文地质勘探中,采用深度由几米到 200 m 的浅层地震勘探法,一般可解决以下问题:

　　1)确定基岩的埋深,圈定储水地段;

　　2)确定潜水的埋深;

　　3)探测断层带;

　　4)探测风化壳厚度;

　　5)划分第四纪含水层的主要沉积层次,如细砂、中砂、沙砾石等。

　　(5)放射性勘探技术

　　放射性勘探是根据不同岩石所含放射性元素含量的差异,通过探测放射性元素在蜕变过程中产生的 γ 射线强度来区分岩性和寻找基岩裂隙水。放射性物探方法在水文地质勘探中可解决以下问题:

　　1)测定地下水位和含水层埋深、厚度及分布;

　　2)圈定地下水富集部位;

　　3)测定地下水的矿化度、咸淡水界面和污染范围;

　　4)以放射性同位素作为示踪剂,研究地下水动力学特征。

　　(6)井下物探技术

　　井下物探是在钻孔内开展物探测井工作,目前采用的探测方法主要有电测井、声测井、温度测井、放射性测井、电磁波测井等(详见表 7 - 3)。此外,还可采用钻孔电视对孔壁进行直接观察。

表 7 - 3　不同种类的测井法及其在水文地质勘探中的应用(房佩贤,1987)

类别	方法名称		应用情况
电法测井	视电阻率法测井	普通电阻率法测井	划分钻井剖面,确定岩石的电阻率参数
		微电极系测井	详细划分钻井剖面,确定渗透性地层
		井液电阻率测井	确定含水层位置(或井内出水位置);估计水文地质参数
	自然电位测井		确定渗透层;划分咸淡水界面;估计地层中水的电阻率
	井中地磁波法		探查溶洞、破碎带
放射性测井(核测井)	自然伽马法测井		划分岩性剖面;确定含泥质地层,求地层含泥量
	伽马-伽马($\gamma - \gamma$)法测井		按密度差异划分剖面;确定岩层的密度、孔隙度
	中子法测井	中子-伽马法	按含氢量的不同划分剖面,确定含水层的位置;确定地层的孔隙度
		中子-中子法	
	放射性同位素测井		确定井内进(出)水点的位置;估计水文地质参数

续表

类别	方法名称	应用情况
声波测井	声速测井	划分岩性;确定地层的孔隙度
	声幅测井	划分裂隙含水带,检查固井的质量
	声波测井	区分岩性,查明裂隙、溶洞及套管壁的状况;确定岩层的产状、裂隙的发育规律
热测井	温度测井	探查热水层;研究地温梯度;确定井内出水(漏水)点的位置
钻孔技术情况测井	井斜测井	为其他测井资料解释提供钻孔的倾角和方位角参数
	井径测井	为其他测井资料提供井径参数;确定岩性的变化
流速测井	流速测井	划分含水层和隔水层及其埋深、厚度;测定各含水层的出水量;检查止水的效果和井管断裂的位置及渗透量;确定合理的井深

7.3.3　矿山水文地质钻探

矿山水文地质钻探是在水文地质测绘和水文地质物探的基础上,进一步查明地层岩性、地质构造、含水层厚度、地下水埋深及分布、水量、水温等水文地质条件,解决和验证水文地质测绘和水文地质物探工作中难以解决的水文地质问题,同时利用钻孔开展相关水文地质试验以获取水文地质参数,为水资源的评价利用和水灾害的评价防治提供可靠的水文地质资料和依据。

对于矿山水文地质钻探,钻孔深度应揭穿主要目的层,对于底板直接或间接充水的矿床应按勘查剖面加深控制,以揭穿含水层的裂隙、岩溶发育带。

钻孔孔径的确定,取决于钻孔类型、孔深、孔内地层复杂程度和终孔口径等限制因素。抽水试验孔的终孔孔径应大于 91 mm,具体应结合抽水量和安装抽水设备的相关要求综合确定。水位观测孔观测段的孔径则必须满足止水和水位观测的要求。

钻孔孔斜的要求,应满足抽水设备和水位观测仪器的工艺要求,否则会加大孔内磨损,增加孔内事故,影响设备正常运转。

在钻进施工过程中,最好以清水为钻井液开展取芯钻进,必须采用泥浆钻进时则必须采取洗井措施。当钻孔揭露多个含水层时,应测定分层稳定水位,开展分层抽水试验,并进行分层止水。在钻进过程中,应以钻孔为单位,开展准确、及时、完整的编录工作,具体包含以下内容:

1)钻孔类型及位置;

2)钻进情况;

3）地层岩性及其变化情况；

4）观测与试验；

5）钻孔结构；

6）基于岩芯水文地质编录，着重研究含水介质空隙类型、发育程度、分布特征以分析其富水性。

其中，钻进过程中的观测项目主要有：

1）冲洗液的消耗量及颜色变化；

2）钻孔水位变化；

3）及时描述岩芯并统计岩芯采取率，并测量其裂隙率或岩溶率；

4）测量钻孔的水温变化及其位置；

5）观察和记录钻进过程中发生的涌水、涌沙、涌气现象；

6）观测和记录钻进的速度、孔底压力及钻具突然下落、孔壁坍塌、缩径等现象及其深度；

7）根据需求采集水、气、岩、土样品。

在钻进工作结束后，可按要求进行水文地质物探测井工作。除留作长期观测孔的钻孔，均应按照钻孔设计要求进行封孔。

7.3.4 矿山水文地质试验

矿山水文地质试验是获取水文地质数据必不可少的技术方法，常用的试验手段有抽水试验、渗水试验、示踪试验和连通试验。

（1）抽水试验

抽水试验是使用钻孔或井进行抽水测试，观察并记录体积和水位随时间的变化规律，直接测定含水层的富水程度和相关水文地质参数（渗透系数、给水度等），同时查明边界条件、补给来源、强径流带、含水层间、地下水与地表水之间水力联系等水文地质条件的一种勘探手段。

在抽水试验前，对于群孔抽水试验，应获得自然流场水位、流量变化趋势和速率资料。在此基础上，以抽水孔为原点常布置1~2条观测线，每条观测线上布置3个观测孔。若仅布置1条观测线，沿垂直地下水流向布置；若布置2条观测线，则沿垂直和平行地下水流向分别布置1条观测线。在实际工程中，为减少勘探成本，也可只开展单孔抽水试验。

在抽水试验过程中，应防止抽出的水在抽水影响范围内回渗到含水层中，其间需要观察记录以下内容：

1）测量抽水试验前后的孔深，以核查孔壁坍塌和淤塞的严重程度，判断是否会严重影响资料精度。

2）同时观测孔内的天然水位、动水位及恢复水位。

3）观测流量。

4）每隔2~4小时观测记录一次气温和水温。

5）对覆盖性岩溶含水层，应观察记录地面塌陷和沉降现象。

6）在抽水试验结束前，取水样作水质分析。通过对试验资料的整理，即可计算水文地质参数。

对于承压水完整井,有如下经验公式:

$$R = 10s\sqrt{K} \\ K = \frac{0.336Q}{Ms}\lg\frac{R}{r}$$

(7-1)

式中:R 为井孔的影响半径,m;s 为水井的稳定降深,m;K 为地层的渗透系数,m/d;Q 为稳定时井的抽水量,m^3/d;M 为承压含水层的厚度,m;r 为井的半径,m。

对于潜水完整井,有如下经验公式:

$$R = 2s\sqrt{K(H_w + H_0)/2} \\ K = \frac{0.336Q}{Ms}\lg\frac{R}{r}$$

(7-2)

式中:H_w 为水井的稳定水位,m,其值等于降深稳定后井水面标高与含水层底板标高之差;H_0 为含水层的初始水位,m,其值等于抽水前潜水面的标高与含水层底板标高之差。

根据含水介质的岩土性质,根据相关行业规范及工程经验预估初始值 K_0,代入上述相关经验公式,经过反复迭代至 K 和 R 值不再发生变化,收敛稳定后的 K 值即为所求。利用抽水试验求得的渗透系数,代表的是抽水降落漏斗范围内岩土层平均渗透性。对于渗透性大、富水性中～强的含水层而言,其降落漏斗通常很大,所求渗透系数能比较客观地反映大尺度下岩土层的平均渗透性。

然而,值得注意的是,以下情形无法采用抽水试验判断含水层渗透性:

1)在地下水流不再是达西流的岩溶发育的岩层内。

2)在包气带内。

3)渗透性较差的含水层。因为渗透性差的含水层通常较弱,即使采用很小流量的潜水泵抽水,地下水位也会快速下降,难以达到稳定降深。

对于稳定流抽水试验和非稳定流抽水试验,都应尽设备能力作一次不小于 10 m 的最大降深;对于稳定流抽水试验,可进行 3 次水位降低以采用涌水量与降深相关方程预测矿井涌水量,以判定矿区含水层的富水性。

对于孔径为 91 mm 或接近 91 mm(孔径≤130 mm)的钻孔,直接用 10 m 稳定降深时所测得的稳定抽水量 Q 除以降深值,即可得到单位涌水量 q,并依据其判断含水层的富水性等级:

1)当 $q \leqslant 0.1$ L/(s·m)时,判定为弱富水性;

2)当 0.1 L/(s·m)$< q \leqslant 1.0$ L/(s·m)时,判定为中等富水性;

3)当 1.0 L/(s·m)$< q \leqslant 5.0$ L/(s·m)时,判定为强富水性;

4)当 $q > 5.0$ L/(s·m)时,判定为极强富水性。

对于具有多层含水层的矿区需要进行分层评价时,应进行分层抽水试验。对厚度大、富水性强且自上而下富水性不均一的含水层,应分段进行抽水试验,分段求取水文地质参数。

(2)渗水试验

渗水试验是测定包气带非饱和含水层渗透系数的简易方法,可研究大气降水、灌溉水、渠水和暂时地表水的补给情况。

通过在表层土中挖出一个横截面积较小的圆形测试坑,将水连续注入坑中,保持坑底部的水层厚度恒定。如果单位时间注入水量恒定,则可根据达西定律计算含水层土壤层的渗透系数。

$$K = \frac{Q}{FI} \qquad\qquad (7-3)$$

式中:K 为垂向渗透系数,m/d;Q 为稳定渗透量,即注入水量,m^3/d;F 为深入坑底面积,m^2;I 为垂向水力梯度,无量纲。

根据式(7-3)求垂向渗透系数,要求试验坑中水不能发生侧向渗漏。因此建议采用双环法开展试验,其相对于试坑法和单环法能更有效地排除侧向渗透的影响,确保试验成果的较高精度。

(3)示踪试验

示踪试验是通过井、孔将示踪剂注入含水层中,测定地下水流向、流速和传播路径的一种方法。单孔示踪法是将放射性示踪剂投入钻孔或测试井中,再用放射性探测器测定该点的流速。

流向测定的原理是根据示踪剂浓度在水流上下游产生的差异,用流向探测器测得各方向放射性强度,所测强度最大值与最小值方向的连线即为地下水动态流向,强度最大方向为下游方向。

流速测定的原理是:采用微量放射性同位素标记滤水管中的水柱,标记的地下水注被流经滤水管的水稀释而导致浓度淡化,其稀释的速率与地下水渗透速率之间服从以下关系式(房佩贤等,1987):

$$V_f = \frac{(V-V_T)\pi r_1}{2V\alpha t}\ln\frac{N_0}{N} \qquad\qquad (7-4)$$

式中:V_f 为地下水的渗流速度,m/d;r_1 为滤管的内半径,mm;N_0 为同位素的初始浓度($t=0$ 时)计数率;N 为 t 时刻同位素浓度计数率;α 为流畅畸变校正系数,对于没有滤水管不填砾料的基岩裸孔,一般取 $\alpha=2$;V 为测量水柱的体积,m^3;V_T 为探头的体积,m^3。

根据计算机在不同时刻 t 采集的计数率 N,采用最小二乘法回归分析,即可计算出地下水的渗透速度。

(4)连通试验

对于水文地质条件复杂的矿床,在具备进行连通试验的区域,即在地质调查的基础上通过地质依据已经确认有连通性的地段,可开展连通试验,以查明岩溶地区以下几方面:

1)地下河系的连通、延展、分布情况;

2)各孤立岩溶点之间的关系;

3)岩溶水的流场类型、结构、规模。

连通试验的原理是在测试区域上游的地下位置放置一个指示器,在某些下游地下水点监视指示器的存在、时间和浓度,找到地下水的路径和流速,进而判断地下水的运动相关信息。

若监测点观测到的浓度-时间曲线为单峰曲线,则表明投放点到监测点之间只有一条径流通道;当单一径流通道中间存在地下湖时,示踪剂会被稀释,导致示踪剂到达接收点的时间会被推迟,使得示踪剂的浓度-时间曲线下降段被拖得很长。

若监测点观测到的浓度-时间曲线为多峰曲线,则表明投放点到监测点之间的水力联系有多条径流通道,一般认为峰值的数量与管道的数量是对应的。

7.3.5　矿山地下水及地表水动态观测

在矿山基础设施建设和开采期间,要求对采矿影响范围内地下水、地表水的水位、水质、水温进行动态观测,此外还应该对地表水径流量和矿坑排水量进行动态观测。针对地下水、地表水的监测网布置,要求其能控制矿山疏干影响范围内地下水、地表水的动态变化。因此,监测点的布设应避开矿山开采的影响,选择具有代表性的钻孔、井、泉、地表水体或生产矿井。勘探阶段应在各类观测孔或其他观测点中选留部分孔或观测点用于后期持续监测。在矿山基础设施建设和开采期间,应结合矿山开采补充完善监测网,且应满足如下原则:

1)永久性地下水位观测孔须布置在露天采场最终境界以外或坑下开采错动范围以外;

2)对于存在多个含水层的矿区,应分层监测地下水水位,第四系含水层宜独立设置监测孔;

3)注浆帷幕、防渗墙等堵水工程内、外侧应设立专项地下水监测点;

4)采矿影响范围内的地表水体上、下游应设立专项地下水监测点;

5)针对可能受矿山排水疏干岩溶塌陷影响的特定建筑物,应设立专项地下水监测点;

6)对大、中型露天矿,大面积崩落法开采的矿山、岩溶裸露或其他降雨径流渗入量对采矿安全有影响的矿山,应在矿区建立简易气象观测站。

矿山地下水、地表水水位的观测频率应为 1～3 次/月,在雨季或地下水位急剧变化时,应每隔 1～5 天观测一次。地表水径流量及水温监测频率为每月 1 次,矿坑排水水量及水温应每天进行观测。地下水、地表水水质监测频率应为每季度 1 次。

7.3.6　遥感技术在矿山水文地质勘探中的应用

遥感技术是根据电磁波理论,应用各种传感仪器对远距离目标所辐射和反射的电磁波信息,进行收集、处理和成像,进而对地面各种景物进行探测和识别的一种综合技术。在矿山水文地质勘探中的应用主要有以下几方面。

(1)探测地下水在河流或湖泊中的排泄口

机载热红外扫描器能通过对多期次水温进行探测和数据处理,作高精度等水温线图,显示地下水入流范围,进而探测出河流或湖泊中地下水排泄口。虽然该方法在确定大河中小股地下水入流较为困难,但对于确定狭小河流的地下水入流具有明显优越性。

(2)探测浅层含水层

热红外图像反映的是地表辐射温度,而地表辐射温度又是地表温度的函数。地表温度变化则与浅层地下水埋藏直接相关。地下土壤层温度变化传导至地表之后,有可能使地表日温度波动。因此,可通过地表浅层土壤温度变化来探测地下水。含水层能引起地表异常的最大埋深可达 10 余米。

(3)探测落水洞和确定隐伏岩溶

对于岩溶发育的碳酸盐岩峡谷和山脊区,落水洞的发育使得周围土壤过量排水和地表向下漏水,进而引起地表温压作用,导致温度不同。因此,可通过红外遥感探测隐伏岩溶,判定地下塌陷和岩溶分布。采用此类方法进行隐伏岩溶判别的深度可达 30 m。通常,在岩溶发育的碳酸盐岩峡谷和山脊区确定落水洞位置的方法步骤为:

1)采用立体解译并确定地形洼地;

2)圈定热红外图像中的环状异常带;

3)在环状异常带所在区域进行现场核查。

(4)探测断层破碎带

在基岩山区,航空遥感图片的水文地质解译有助于划分地层岩性,圈定可作为地下水运移通道的断层破碎带。

(5)探测古河道

被新生代第四纪松散堆积物覆盖的古河道,很难在野外调查中通过肉眼察觉,但其底部地下水较丰富,使得上部松散堆积物湿度大,可运用远红外图像对湿度的敏感性,探测和发现古河道位置。

(6)探测冲(洪)积扇边界

冲(洪)积扇不同扇体在规模大小、物质成分、颗粒级配、后期改造等方面存在渐变性差异,造成不同的光谱特征,在遥感图像上呈现为不同的色调、影纹结构、几何形态等。因此,可以根据这些特征判别冲(洪)积扇边界,甚至可以判别扇体差异性、期次、叠置关系。

7.4 矿山水文地质勘探的资料整理

矿山水文地质勘探的资料整理主要包括文字报告、附图、附表附件等具体内容,资料整理应与矿山水文地质条件及工程地质条件的复杂程度相适应。

水文地质条件复杂或水文地质条件中等、工程地质条件复杂的水文地质勘探报告,宜单独编制,应同矿产地质勘探报告同时提交。在矿产地质勘探报告提交后,针对矿山防治水工程设计需要进行的专门水文地质工作,应单独编写补充水文地质勘探报告或专项水文地质工作报告。

(1)文字报告

文字报告要求内容齐全、重点突出、论证有据、数据准确、文字通顺、结论明确,文字内容与图表内容协调一致、互为补充,形成一个整体。建议按照以下章节内容布置:

第1章 工作概况

第2章 勘探工程

第3章 自然地理

第4章 区域水文地质

第5章 矿区水文地质

第6章 涌水量预测

第7章 矿区水资源综合利用评价和矿山防治水

第8章 矿区工程地质特征

第9章 工程地质评价

第10章 矿区环境地质

第 11 章 环境地质评价

第 12 章 结论与建议

(2)附图、附表及附件

附图、附表及附件应做到数据准确、系统完整、清晰美观。因此,相关图件的着色原则应按照相关规范要求执行。

附图应包括以下图件:

1)矿区水文地质勘探实际材料图;

2)区域水文地质图;

3)矿区水文地质图及水文地质剖面图;

4)矿区工程地质图及工程地质剖面图;

5)钻孔水文地质工程地质综合柱状图;

6)钻孔抽水试验综合成果图;

7)矿床主要充水含水层地下水等水位(水压)线图;

8)地下水、地表水、矿坑水动态与降水量关系曲线图;

9)矿坑涌水量计算图。

附表应包括以下内容:

1) 勘探钻孔一览表;

2) 钻孔抽水试验成果汇总表;

3) 钻孔简易水文地质工程地质综合编录一览表;

4) 地表水、地下水、矿坑水动态监测成果表;

5) 气象要素统计表;

6) 风化带、构造破碎带及含水层厚度统计表;

7) 矿坑涌水量计算表;

8) 井(泉)、生产矿井和老窿调查资料综合表;

9) 水质分析成果表;

10) 岩(土)样试验成果汇总表;

11) 工程地质动态观测资料汇总表;

12) 矿区环境地质调查资料汇总表。

附件应包括以下内容:

1) 钻孔岩芯照片;

2) 反映矿区地貌特征的遥感影像图片;

3) 抽水试验中抽水井流量、其他地表及地下水流量、各观测孔水位等原始观测资料;

4) 工程地质编录中的各钻孔回次的岩石质量指标、裂隙率统计资料。

【资料】《矿区水文地质工程地质勘查规范》(GB/T 12719—2021)说明

开展矿山水文地质工程勘查工作应遵循《矿区水文地质工程地质勘查规范》,该国家标准于 2021 年 5 月 21 日正式发布,2021 年 12 月 1 日正式实施。《矿区水文地质工程地质勘查规范》按照 GB/T 12719—2009 给出的规则起草,代替《矿区水文地质工程地质勘探规范》(GB/T 12719—1991),主要起草单位:中国地质科学院水文地质环境地质研究所、中国地质调查局、中国矿业大学(北京)、华北有色工程勘察院有限公司、中国煤炭地质总局水文地质局。主要起草人:张发旺、李向全、侯新伟、武强、文冬光、傅耀军、王振兴、刘新社、马履霞、折书群、刘玲霞。该标准规定了勘查类型、勘查程度、工程量、勘查技术要求及矿区水文地质工程地质环境地质评价和报告编写的基本要求。

该标准适用于固体矿产矿区水文地质工程地质各阶段的勘查工作,是制定勘查设计、工程质量检查、验收和报告编写、审查批准的依据,是从事相关工作的行动指南。

矿山水文地质与工程地质工作者在从事相关工作时,应熟悉该勘查规范,并严格按照规范开展各项工作。

引用的规范性文件包括:

GB/T 3838 地表水环境质量标准

GB/T 5749 生活饮用水卫生标准

GB/T 8537 食品安全国家标准 饮用天然矿泉水

GB/T 11615 地热资源地质勘查规范

GB/T 14848 地下水质量标准

GB 8306 中国地震动参数区划图

DZ/T 0342—2020 矿坑涌水量预测计算规程

第8章 矿井(坑)涌水预测与防治

"修教十年,而葛卢之山发而出水,金从之。蚩尤受而制之,以为剑、铠、矛、戟,是岁相兼者诸侯九。雍狐之山发而出水,金从之。蚩尤受而制之,以为雍狐之戟、芮戈,是岁相兼者诸侯十二。"

——《管子·地数》[春秋]

矿山开发过程中,矿井(坑)涌水问题曾是矿山开发过程中遇到的最大难题之一。矿井(坑)涌水是指在矿井(坑)建设和生产期间,地下水涌入矿井(坑)中的现象。矿井(坑)涌水量是指有变化规律的充水因素(不含井巷突水、地表水倒灌等)所形成的矿井(坑)涌水量。在掘进或采矿过程中,当巷道揭穿导水断裂、富水溶洞、积水老窿时,大量地下水突然涌入矿井(坑)的现象,称为矿井(坑)突水。

在矿井(坑)建设过程中,需要基于前期水文地质工作基础,对涌水量进行预测,为矿山地下水疏干设计、确定生产能力提供地质依据。一般情况下,矿井(坑)涌水问题可通过抽排水系统进行排水,对矿山生产不会产生较大影响,前提是涌水量预测相对较准确。矿床水文地质条件较复杂的矿井(坑),若发生重大突水事故,则往往造成重大的人员伤亡或经济损失。因此,矿井(坑)涌水预测与防治是矿山水文地质工作中最为重要的工作之一。

8.1 矿井(坑)涌水预测概述

8.1.1 矿床水文地质类型与充水条件

(1)矿床水文地质类型

根据矿床主要充水含水层的含水介质,将充水矿床划分为孔隙充水矿床、裂隙充水矿床和岩溶充水矿床,其中岩溶充水矿床又可进一步划分为三个亚类,分别为以溶蚀裂隙为主的岩溶充水矿床、以溶洞为主的岩溶充水矿床以及以地下河为主的岩溶充水矿床。

根据矿体与主要充水含水层的接触关系、相对位置和充水方式,将充水矿床划分为直接充水矿床、顶板间接充水矿床和底板间接充水矿床。直接充水矿床的主要充水含水层与矿体直接接触,地下水直接进入矿井;顶板间接充水矿床的主要充水含水层位于矿层导水裂缝之上,矿层与充水含水层之间有隔水层或弱透水层,地下水通过构造破碎带、导水裂缝带或弱透水层进入矿井;底板间接充水矿床的主要充水含水层位于底板之下,承压水通过底板薄弱地段、构造破碎带、弱透水层或导水的陷落柱进入矿井。

（2）充水条件

矿床的充水条件包括充水水源、充水通道和充水强度三个方面。

矿床的充水水源主要有大气降水、地表水、地下水、老空水等。在矿山水文地质调查过程中，应注意采矿活动对矿床充水水源的影响。例如，随着矿井（坑）开挖深度的增加，矿井（坑）与周围地表水或地下水的水头差加大，一些厚度较小的隔水层可能转变为弱透水层，从而发生越流问题。

矿床的充水通道主要分为两类：一是地层岩石中的孔隙、裂隙和溶穴（溶隙、溶洞、地下水河等）等自然形成的通道；二是在采矿过程中形成的人为涌水通道，包括顶板冒落裂隙通道、底板突破通道、钻孔通道等。

矿床的充水强度直接与充水水源和充水通道的性质及特征有关，同时还受到矿床的边界条件（侧向边界、顶底板边界）、地质构造条件（类型、规模和分布）、充水岩层接受补给的条件（充水层及岩体的出露程度、盖层透水性、与补给水源的接触面积等），以及地震的影响。

8.1.2　矿井（坑）涌（突）水危险性评价

《矿区水文地质工程地质勘查规范》（GB/T 12719—2021）中明确规定了矿山水文地质勘探阶段，需分析论证矿区充水水文地质条件，确定影响矿区涌（突）水特征的主要控制因素。有关涌水危险性评价的具体方法，详见该规范。

矿井（坑）涌（突）水危险性评价应着重考虑地表水、洪水、断层、老空水、陷落柱、封闭不良钻孔、岩溶管道流等充水因素。地表水主要包括矿区的地形地貌、植被、水体岸线的侵蚀（淤积情况）、现有水利工程与矿区的位置关系、相关的设计标准、以往及今后矿区附近水利工程对相关水体水文参数的影响。洪水调查应包括历史上曾经发生过的特大洪水、洪水的历史最高水位、近年来洪水最高水位、调查河段及附近测站的历年洪水水位、洪峰流量、比降及相应暴雨资料等。断层包括断层破碎带的位置、规模、性质、产状、充填与胶结程度、风化及溶蚀特征、富水性和导水性及其变化、沟通各含水层以及地表水的程度。老空水包括空间分布特征、积水性、老空水的水质、动态变化及与矿体的水力联系等。陷落柱包括煤矿附近陷落柱的发育情况、煤层下伏石灰岩地层的分布特征、岩层倾角的大小、构造的展布、下伏含水层的水头等。封闭不良钻孔包括钻孔贯穿的含水层的层数、厚度、富水性、隔水层的隔水性能、导水区段、与地表水体的水力联系。岩溶管道流包括岩溶管道流的动态特征、补给来源、与大气降水的关系等。

针对矿井（坑）涌（突）水危险性评价的充水因素调查应根据矿区实际条件，确定具体的地质调查内容，确保系统不遗漏，全面反映矿井（坑）涌（突）水的影响因素。

8.1.3　矿井（坑）涌水量预测主要内容

矿井（坑）涌水量预测主要内容包括矿坑正常涌水量、矿坑最大涌水量、开拓井巷涌水量、预测疏干工程排水量。

矿坑正常涌水量是指在正常状态下，相对稳定时的总涌水量。矿坑最大涌水量是指正常状态下开采系统在丰水年雨季的最大涌水量。二者主要是矿山水文地质调查阶段的核心任务。

开拓井巷涌水量是指在开拓各种井巷过程中的涌水量。疏干工程排水量是指在设计疏干时间内,将水位降至某规定标高时的疏干排水量。二者一般是矿山建设或生产过程中水文地质的核心任务。

　　矿井(坑)涌水量预测一直是矿山水文地质工作最为核心的任务,同时也是面临的最大难题之一,其预测精度普遍不高。究其缘由,主要是由矿床水文地质条件本身的复杂性所决定,正确认识水文地质条件,进而构建水文地质概化模型,在实际工作中较为困难。一方面,在矿山地质工作中,对水文地质工作的投入普遍不足,工程控制程度低,对充水岩层的补给来源、渗透通道和渗透性认识不足,预测模型中的水文地质参数以经验值取值为主,给模型构建带来困难;另一方面,现有数学模型难以刻画复杂的矿床水文地质条件,矿山井巷类型与空间分布复杂多变,且随着开采方法、开采速度与规模的不同,呈现动态上的不稳定,给模型构建带来诸多不确定性因素。

8.2　矿井(坑)涌水量预测的方法简介

　　矿井(坑)涌水量预测的方法主要包括解析法、数值法、水均衡法、水文地质条件比拟法、统计学方法、试验性开采抽水法等。解析法和数值法以渗流理论为基础,水均衡法以水均衡原理为基础,水文地质条件比拟法以相似比理论为基础,统计学方法以观测资料统计理论为基础(廖资生等,1990)。

　　涌水量计算方法主要基于概化的矿区水文地质概念模型和所取得的各项水文地质参数情况,以及各种方法的应用条件进行选择。

8.2.1　矿坑涌水量预测计算的工作流程

　　进行矿坑涌水量预测计算首先要查明水文地质条件,包括矿坑充水水源、充水路径及它们之间的相互关系;然后根据当地降水入渗条件和地下水补给、径流、排泄特点,预测分析开采条件下地下水系统补给、径流、排泄特征的变化;按 GB 12719 确定含水层厚度,确立水文地质边界,并获得主要充水岩层具有代表性的水文地质参数。确定计算对象、计算水平(或中段)及计算范围。

　　基于矿坑水文地质条件,对矿床水文地质条件进行概化,构建水文地质概念模型,再建立水文地质数学模型,通过模型需要的水文地质参数输入求取涌水量,如图 8-1 所示。

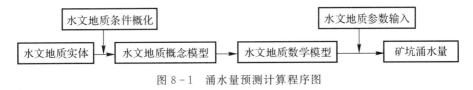

图 8-1　涌水量预测计算程序图

　　构建水文地质概念模型是矿坑涌水量预测过程中最为关键的一环。一般地,随着矿山开采的不断推进,对水文地质条件的认识不断深化,因此水文地质概念模型应是一个动态构建的过程。水文地质模型构建好后,选择合适的水文地质数学模型进行矿坑涌水量计算。数学模型的选择应充分考虑矿区水文地质条件、矿山的疏干工程及巷道系统的布局,与矿床水文地质条件以及勘探工程的控制程度相适应,正确反映水文地质条件的基本特征,充分利用勘探工程提供的各种信息。

8.2.2 井工矿矿坑涌水量预测计算

井工矿矿坑涌水量预测区别于露天矿坑涌水量预测,常见的数学模型包括解析法、数值法、水均衡法、Q-S 曲线外推预测法、水文地质比拟法、相关分析法等。不同方法有其不同的应用前提和适用条件,详见表 8-1。

表 8-1 矿坑涌水量预测模型的应用前提和适用条件

方法	应用前提	适用条件
解析法	(1)一般用稳定流解析法; (2)坑道系统能概化成理想的"大井"	(1)含水层必须有补给源,达到稳定流条件; (2)不适用于矿坑充水水源以含水层储存量为主,补给量明显不足的矿床,以及主要充水含水层富水性极不均一,埋藏、补给和边界条件复杂的矿床
数值法	(1)在水文地质条件复杂、非均质的空间,通过实测取得较可靠的水文地质参数,地下水流场的边界条件和补给水源基本确定。 (2)实测取得较可靠的、大量的水文地质参数等基础资料;查明矿区主要充水含水层的边界条件和补给水源;有一定数量的观测孔控制较准确的等水位线图,各节点的水头值可靠。 (3)地下水流场模型较全面反映各种地质因素	(1)勘查精度要求高; (2)数据资料要求高; (3)对一般中小型矿山和水文地质条件简单的矿床,不宜采用数值法进行涌水量预测
水均衡法	(1)通过研究某一时期(均衡期)矿区(均衡区)地下水各补给项、排泄项之间的关系; (2)应建立地下水与降水量的长期观测站,形成包括由钻孔、生产井巷、老窿采空区、有代表性的泉与地下暗河、有意义的地表汇水区等组成的长期观测网,圈定均衡区域、选择均衡期,建立可靠的均衡模型	(1)适用于小型封闭集水盆地中第四系堆积物覆盖下的露天矿; (2)适用于位于分水岭地段区域地下水位以上的矿床
Q-S 曲线外推预测法	(1)根据稳定流理论,生产矿井的涌水量 Q 与水位降深 S 之间可用 Q-S 曲线的函数关系表示; (2)三次以上水位降深的抽(放)水试验; (3)下一开采水平(或中段)的采坑(或开采)面积应与上一开采水平(或中段)相同; (4)外推预测时,推断的范围一般不应超过抽水试验最大降深的 2~3 倍	(1)适用于建井初期的井筒涌水量预测; (2)适用于已开采水平(或中段)疏干资料外推延伸开采水平(或中段)的涌水量,以及矿床规模小、矿体分布集中、边界条件和含水层结构复杂而难以建立数学模型的矿区; (3)适用于难以取得水文参数的矿区

续表

方法	应用前提	适用条件
水文地质比拟法	(1)在同一地区,地质、水文地质条件(以及开采方式、规模)相同或相似的矿坑; (2)新建矿井与生产矿井的地质、水文地质条件基本相似	(1)当计算矿区与生产矿井的水文地质条件相似、开采方法基本相同时,可用生产矿井的排水资料比拟计算矿区的涌水; (2)适用于各类矿床,特别适用于有多年排水量观测资料的生产矿井
相关分析法	(1)矿坑涌水量受到多种因素的影响,对难以确定函数关系、存在某种统计关系的矿床; (2)为反映除降深外的其他影响因素,宜采用多元复相关因子建立回归方程; (3)要求每一抽水试验或坑道放水试验的落程一般不少于两次; (4)原始数据具有代表性、一致性、独立性与相关性	(1)相关分析法属稳定流范畴,至少有两个相对稳定的涌水量和水位降深值; (2)对主要进水方向、相对隔水边界、主要导水构造应有控制性观测孔,并能够控制矿区地下水降落漏斗的发展; (3)应尽量采用大降深、定流量的抽(放)水试验,最大水位降深要求达到第一生产中段底板以下; (4)引用降深下推倍数不宜过大,下推降深一般不超过抽(放)水试验最大降深的三倍; (5)适用于非均质程度高的岩溶充水矿床,抽水降深可以很大、含水层富水性较弱的矿床

现简要介绍解析法、数值法、水均衡法的建模过程。

8.2.2.1　解析法

解析法是一种较为常用的矿井(坑)涌水量预测方法,该方法以地下水动力学原理为基础,构建水文地质数学模型,利用井流公式进行涌水量预测。解析法在应用过程中,基于等效原则,将矿井(坑)视为一口"大井",以简化井巷系统复杂性对构建涌水量预测模型的影响,称为"大井法"。

在水量计算中,地下水井流数学模型是水文地质学相对成熟的理论,为矿井(坑)涌水量奠定了理论和方法基础。

解析法一般用于矿山水文地质详查阶段,要求含水层均质程度较高,边界条件较简单,能够根据不同条件下流向矿井(坑)的地下水流建立偏微分方程和定解条件,并用解析方法进行求解。

根据矿床疏干过程中地下水水位的变化情况,可分为稳定井流解析法和非稳定井流解析法。稳定井流解析法以裘布依假设为基础构建预测模型，主要应用于地下水水位降落漏斗相对稳定的矿井；非稳定井流解析法以 Theis 理论为基础构建模型，若矿井（坑）概化为井群，则需要利用叠加原理进行模型构建与求解。

应用解析法建模时，最为关键的问题是如何进行矿床水文地质条件的概化，包括疏干渗流场的水力特征和边界条件的概化，以及水文地质参数的选取等。矿床疏干渗流场的特征要求系统分析降落漏斗演变规律、水流状态（层流或紊流、平面流或空间流）、地下水类型（潜水或承压水）；边界条件概化包括侧向边界类型的概化和垂向越流补给边界类型的确定；相对较为重要的水文地质参数包括渗透系数（K）、疏干"大井"的半径、影响半径（或影响带厚度）、最大疏干水位降深等。下面结合案例介绍解析预测矿井涌水量的步骤及方法。

解析法的适用条件包括：含水层必须有补给源，且达到稳定流条件；充水岩层为大面积分布的强透水层，在矿山排水疏干至某一水平（或中段）后，水位基本稳定，可视为达到稳定流条件；当地下水处于极其缓慢的非稳定流运动时，可近似地看作相对稳定流；最大水位降深抽水一般是非稳定流，不宜用稳定流解析法作为最大疏干计算；不适用于矿坑充水水源以含水层储存量为主、补给量明显不足的矿床，以及主要充水含水层富水性极不均一，埋藏、补给条件复杂的矿床。

解析法一般以完整井为基础，建立稳定流数学模型。对于倾角大于 45°的层状矿体，一般采用"大井法"构建稳定流数学模型；对于倾角小于 45°的层状矿体，则采用水平廊道法构建稳定流数学模型。坑道形态对解析法计算将产生重要影响，若坑道长度和宽度比值大于10，不宜采用解析法进行矿坑涌水量预测。

（1）"大井法"构建稳定流数学模型

矿坑涌水量预测采用的主要计算公式如下：

承压完整井裘布依公式（Dupuit 公式）：

$$Q = \frac{2.73KMS}{\lg R_0 - \lg r_0} \qquad (8-1)$$

潜水完整井裘布依公式（Dupuit 公式）：

$$Q = \frac{1.366K(2H-S)S}{\lg R_0 - \lg r_0} \qquad (8-2)$$

承压转无压完整井裘布依公式（Dupuit 公式）：

$$Q = \frac{1.366K(2S-M)M}{\lg R_0 - \lg r_0} \qquad (8-3)$$

"大井法"的引用影响半径（R_0）可基于等效原则，采用下式计算：

$$R_0 = R + r_0 \qquad (8-4)$$

式中：Q——矿坑涌水量，m^3/d；

K——渗透系数，m/d；

M——含水层厚度，m；

S——水位降深，m；

H——潜水含水层高度，m；

r_0——巷道系统（大井）引用半径，m；

R——抽水孔或矿坑排水地下水影响半径,m;

R_0——矿坑排水地下水引用影响半径,m。

以上计算公式中,影响半径(R)采用经验公式进行计算,常用的经验公式如下:

承压含水层(吉哈尔经验公式):

$$R = 10S\sqrt{K} \tag{8-5}$$

潜水含水层(吉哈尔经验公式):

$$R = 2S\sqrt{H_0 K} \tag{8-6}$$

式中:H_0——含水层的初始水头高度,m;

　　　K——渗透系数,m/d;

　　　S——矿坑内地下水位设计降深,m。

半经验公式:所有含水层(钱学溥经验公式):

$$R_0 = \sqrt{\frac{Q}{\pi M_0}} \tag{8-7}$$

式中:M_0——地下水补给模数,$L/(s \cdot km^2)$,常见值见表 8 - 2;

　　　Q——矿坑排水量;

　　　R_0——矿坑排水地下水引用影响半径,m。

表 8 - 2　地下水补给模数常见值

含水层岩性	结晶岩	碎屑岩	松散岩	碳酸盐岩
地下水补给模数 $M_0/(L \cdot s^{-1} \cdot km^{-2})$	$0.1 \sim 0.3$	$0.3 \sim 1.0$	$0.5 \sim 2.0$	$0.5 \sim 5.0$

引用半径 r_0 一般采用下式进行计算:

$$r_0 = \sqrt{\frac{F}{\pi}} = 0.565\sqrt{F} \tag{8-8}$$

式中:F 为坑道系统分布范围所圈定的面积。

如果坑道近似圆形或正方形,利用上式计算的引用半径较为准确,对于其他形态,可根据坑道形态不同,采用相应的专门公式进行计算,见表 8 - 3~表 8 - 5。

表 8 - 3　不同坑道形态引用半径计算公式

坑道形态		计算公式	备注
	长条形 (缝口型)	$r_0 = \dfrac{S}{4} = 0.25S$ (S:基坑长度)	当宽/长→0 时方适用
	椭圆形	$r_0 = \dfrac{D_1 + D_2}{4}$ (D_1、D_2:椭圆长轴及 短轴长度)	

坑道形态		计算公式	备注
	矩形	$r_0 = \eta \dfrac{a+b}{4}$ （长 a，宽 b）	η 取值见表 8-4
	方形	$r_0 = 0.59a$	边长 a
	菱形	$r_0 = \eta \dfrac{C}{2}$ （C：菱形边长）	η 取值见表 8-5
	不规则圆形	$r_0 = \sqrt{\dfrac{F}{\pi}}$ （F：中段坑道系统面积）	长宽之比 $\dfrac{a}{b} < 2 \sim 3$
	不规则多边形	$r_0 = \dfrac{P}{2\pi}$ （P：中段坑道系统周长）	长宽之比 $\dfrac{a}{b} < 2 \sim 3$

表 8-4 矩形坑道引用半径中 η 取值表

b/a	0	0.05	0.1	0.2	0.3	0.4	0.5	$\geqslant 0.6$
η	1.00	1.05	1.08	1.12	1.144	1.16	1.174	1.18

表 8-5 菱形坑道引用半径中 η 取值表

θ	0°	18°	36°	54°	72°	90°
η	1.00	1.06	1.11	1.15	1.17	1.18

（2）水平廊道法构建稳定流数学模型

采用的主要计算公式如下：

承压水廊道法公式（双侧进水）：

$$Q = \frac{2BKMS}{R} \tag{8-9}$$

潜水廊道法公式(双侧进水):

$$Q = \frac{BK(2H-S)S}{R} \tag{8-10}$$

承压转无压廊道法公式(双侧进水):

$$Q = \frac{BK(2S-M)M}{R} \tag{8-11}$$

式中：B——廊道水平长度,m;

　　　R——廊道排水地下水影响半径,m。

8.2.2.2　数值法

解析法一般用于较为理想化的条件,要求含水层的均质性和各向同性程度较高,边界条件相对简单,可利用现有的计算公式进行求解。实际的矿井(坑)涌水问题有时要复杂得多,解析法求解难以满足要求。随着计算机技术的发展,基于对渗流偏微分方程的数值求解,成为涌水量预测的重要方法之一。数值方法本质上是一种偏微分方程的近似求解,常见的方法包括有限元法和有限差分法。

有限元法是一种利用变分原理和加权余量法求解偏微分方程的方法。其基本求解思路是将计算区域划分为有限互不重叠的单元,在每个单元内,选择一些合适的节点作为求解函数的插值点,用单元基函数的线形组合来逼近单元中的真解,以求解每个单元的近似解。有限差分法与有限元法不同,其求解思路为用有限个离散点构成的网格来代替连续的求解区域,利用数值微分公式把定解问题中的微商换成差商,从而把原问题离散化为差分格式,进而求解。有限差分法和有限元法自 20 世纪 60 年代起,开始应用于地下水流数值模拟中。随着技术的不断进步,国外涌现了大量的数值模拟商业软件,如 FEFLOW 有限元模拟软件、MODFLOW 有限差分模拟软件、FEMWATER 有限元模拟软件、Visual MODFLOW 三维有限差分模拟软件等。

(1)有限差分法

有限差分法的实质就是用差分方程近似代替偏微分方程,把定解问题转化为一个线性代数方程组。矿坑涌水量二维承压非稳定流问题,其方程为

$$Q = \frac{\partial}{\partial x}\left(T_{xx}\frac{\partial H}{\partial x}\right) + \frac{\partial}{\partial y}\left(T_{yy}\frac{\partial H}{\partial y}\right) + \varepsilon = S\frac{\partial H}{\partial t} \tag{8-12}$$

式中：Q 为矿坑涌水量；H 为水头高度；T_{xx}、T_{yy} 分别为 x 轴和 y 轴主方向导水系数；S 为含水层的储水系数；ε 为单位时间、单位面积上进入含水层的水量,流入为正,流出为负。

(2)有限元法

有限元法最常见的是伽辽金法和里兹法,二者所建立的线性方程组是相同的。以里兹法为例,从变分原理出发,通过区域剖分和分片插值,把求泛函的极值问题化为一组多元线性方程组的求解问题。变分原理,就是把描述地下水运动的偏微分方程的求解,化为求某个泛函(指以函数作为自变量的函数)的极值问题。最简单、最常用的有限元法是将渗流区域剖分为三角形单元,然后使用线性插值的方法求解。

1)稳定流问题的有限元解法。

$$
\left.
\begin{aligned}
&\frac{\partial}{\partial x}\left(T_{xx}\frac{\partial H}{\partial x}\right)+\frac{\partial}{\partial y}\left(T_{yy}\frac{\partial H}{\partial y}\right)+\varepsilon=0 &&(\text{在 } D \text{ 上})\\
&H=H_0 &&(\text{在 } L_1 \text{ 上})\\
&T\frac{\partial H}{\partial x}=q &&(\text{在 } L_2 \text{ 上})
\end{aligned}
\right\}
\qquad(8-13)
$$

式中：D 为渗流区，即 L_1 和 L_2 所包围的研究区域。其中，L_1 为水头值 H 已给定的一类边界，L_2 为流入量强度给定的二类边界。

2)非稳定流问题的有限元解法。

用有限元法解决非稳定流问题时，要求将时间区间也进行离散化，即剖分成若干时间步长 Δt，这和差分法完全相同。以简单的二维非稳定流为例，变分问题是求泛函数的极限，即

$$
I(H)=\iint_P\left[\frac{1}{2}T_{xx}\left(\frac{\partial H}{\partial x}\right)^2+\frac{1}{2}T_{yy}\left(\frac{\partial H}{\partial y}\right)^2+\left(S_t\frac{\partial H}{\partial t}-\varepsilon\right)H\right]\mathrm{d}x\,\mathrm{d}y-\int H\mathrm{d}l
$$

$$
(8-14)
$$

$$
\begin{aligned}
\frac{\partial I_\Delta}{\partial H_i}=\iint_\Delta\Big[&T_{xx}\frac{\partial H}{\partial x}\frac{\partial}{\partial H_i}\left(\frac{\partial H}{\partial x}\right)+T_{yy}\frac{\partial H}{\partial y}\frac{\partial}{\partial H_i}\left(\frac{\partial H}{\partial y}\right)\\
&+\left(S_t\frac{\partial H}{\partial t}-\varepsilon\right)\frac{\partial H}{\partial H_i}\Big]\mathrm{d}x\,\mathrm{d}y-\int_{L_\Delta}q\frac{\partial H}{\partial H_i}\mathrm{d}l
\end{aligned}
\qquad(8-15)
$$

式中：H 为水头高度；T_{xx}、T_{yy} 分别为 x 轴和 y 轴主方向导水系数；S_t 为含水层的储水系数；ε 为单位时间、单位面积上垂向进入含水层的水量，流入为正，流出为负。

8.2.2.3　水均衡法

水均衡法一般适用于水文地质条件简单、富水性较弱的矿区。其基本思想为，在查明矿床水文地质条件的基础上，确定矿井(坑)的地下水收支项，进而建立涌水预测方程。使用水均衡法进行涌水量预测的基础为长期的地下水动态与降水量监测，并结合含水系统的空间分布，圈定拟计算的均衡区域，选择合适的均衡期和均衡要素。在实际工作中，考虑开采对均衡方程的影响是必要的，这对于提高预测精度非常重要。水均衡法可用于预测矿井(坑)的多年最大涌水量、一般情况下的最大涌水量和正常涌水量。

对于地下水来说，天然条件下，地下水的补给与排泄始终处于动态平衡状态。在一个水文年内，地下水补给量大于排泄量，地下水储存量增加，水位上升；地下水排泄量大于补给量，地下水储存量减少，水位下降。以无压含水层重力储水为例，公式为

$$
Q_1-Q_0=\mu F\Delta H \qquad(8-16)
$$

式中：Q_1——均衡时段内地下水系统的天然补给总量，m^3；

$\quad Q_0$——均衡时段内地下水系统的排泄补给总量，m^3；

$\quad \mu$——含水层的给水度，$\%$；

$\quad F$——均衡区含水层的分布面积，$\%$；

$\quad \Delta H$——均衡时段内地下水水位变化幅度，m。

一个水文年内的地下水补给量和排泄量总处于变化状态，地下水水位随补给与排泄关系有所变化，但从多年来看，地下水补给量和排泄量基本上是相等的，即天然条件下，地下水

多年天然补给量等于多年天然排泄量。天然条件下,地下水的均衡方程为

$$Q_1 = Q_0 \tag{8-17}$$

8.2.3 露天矿矿坑涌水量预测计算

8.2.3.1 概述

露天矿矿坑涌水与井工矿矿坑涌水有所不同,后者主要来源为地下水。露天矿矿坑位于地表,其涌水来源包括地下水、地表水和大气降水。露天矿矿坑涌水量可按下式计算:

$$Q = Q_1 + Q_2 + Q_3 \tag{8-18}$$

式中:Q—— 露天矿矿坑涌水量,m^3/d;

Q_1——露天采坑地下水涌水量,m^3/d;

Q_2——地表水汇入采坑的水量,m^3/d;

Q_3——降入采坑的水量,m^3/d。

露天采坑地下水涌水量(Q_1),可采用井工矿矿坑涌水量预测计算中的解析法、比拟法预测计算。地表水汇入采坑的水量(Q_2)可按汇水面积计算。有排洪沟的,以排洪沟圈定的面积作为汇水面积。对于降入采坑的水量(Q_3),应进行年(日)平均降水量的计算和最大日降水量计算。最大日降水量应具有频率的概念。根据多年(一般 10 年以上)连续降水量观测数据,通过经验频率计算或理论频率计算,可以获得一日暴雨降入采坑的水量。

8.2.3.2 露天矿矿坑涌水量计算公式

(1)地表水汇入采坑的水量的计算

$$Q_2 = F \cdot P \cdot \alpha \tag{8-19}$$

式中:Q_2—— 地表水汇入采坑的水量,m^3;

F—— 采坑上游汇水面积,m^2;

P—— 降雨量,m;

α—— 地表径流系数(可以实测或者采用经验值 0.4~0.7)。

在地形条件允许的情况下,应设置截水沟,以减少地表水汇入采坑的水量。

(2)降入采坑的水量的计算

直接降落在露天采坑中的降雨量(Q_3),应进行年(日)平均降雨量的计算和最大日降雨量计算。

正常气候条件下降入采坑的水量,可根据年平均降雨量或雨季日均降雨量计算,公式如下:

$$Q_3 = F \cdot X \tag{8-20}$$

式中:Q_3——降入采坑的水量,m^3;

F——露天矿坑的面积,m^2;

X——年平均降雨量(或雨季日均降雨量),m。

在极端气候条件下,需要计算进入采坑的最大水量,需要根据一日最大降雨量进行计算。在计算中,需要考虑极端天气频率的问题。通过设计频率的计算,计算直接降落在露天采坑中、不同频率的降雨量。

计算公式如下:

$$Q_P = F \cdot H_P \qquad (8-21)$$

式中:Q_P—— 设计频率暴雨径流量,m^3/d;

H_P—— 设计频率暴雨量,m;

F—— 露天矿坑的面积 m^2。

其中 H_P 由下式计算:

$$H_P = S_P t^{1-n} \qquad (8-22)$$

$$S_P = \frac{\overline{H}(1+\varphi C_v)}{t^{1-n}} \qquad (8-23)$$

式中:S_P—— 频率为 P 的暴雨强度,mm/min。

t—— 降水历时,min。如记录为日最大降水量,则 $t = 24 \times 60 = 1\ 440(\mathrm{min})$。

n—— 暴雨强度递减指数,由当地 n 值等值线查取。

$\overline{H}$—— 历年日最大降雨量平均值,m。

φ—— 皮尔逊Ⅲ型曲线(P-Ⅲ型曲线)的离均系数,为频率 P 与 C_s 的函数。

C_s—— 偏差系数,C_s 一般是 C_v 的 $3\sim5$ 倍,根据不同地区情况确定。

C_v—— 变差系数,由下式确定:

$$C_v = \sqrt{\frac{\sum (K-1)^2}{N-1}} \qquad (8-23)$$

式中:N 为统计年数;K 为变率,由下式确定:

$$K = \frac{H}{\overline{H}} \qquad (8-24)$$

式中:H ——统计系列中某年最大降雨量。

露天矿排水设计频率(P)标准:对一般矿山,可根据矿山规模按设计暴雨常用频率选用,一般选用设计暴雨频率 P 为 2%、5%、10%,相应重现期分别为 50 年一遇、20 年一遇、10 年一遇。

8.2.3.3 露天采坑涌水量的比拟计算

露天开采,开采下一个水平(或中段),采坑的地表境界面积和坑底境界面积可能有所变化。计算下一个开采水平(或中段)的矿坑涌水量,可以利用以下几个公式:

露天采坑地下水涌水量:

$$Q = Q_0 \sqrt{\frac{FS}{F_0 S_0}} \qquad (8-25)$$

地表水汇入采坑的水量,一般不变:

$$Q = Q_0 \qquad (8-26)$$

降入采坑的水量:

$$Q = Q_0 \frac{A}{A_0} \qquad (8-27)$$

式中：Q_0——目前开采水平(或中段)采坑地下水涌水量，m^3/d；

$\quad\quad A_0$——目前开采水平(或中段)采坑的地表境界面积，m^2；

$\quad\quad F_0$——目前开采水平(或中段)采坑坑底境界面积，m^2；

$\quad\quad S_0$——目前开采水平(或中段)采坑地下水位降深，m；

$\quad\quad Q$——下一个开采水平(或中段)采坑地下水涌水量，m^3/d；

$\quad\quad A$——下一个开采水平(或中段)采坑的地表境界面积，m^2；

$\quad\quad F$——下一个开采水平(或中段)采坑坑底境界面积，m^2；

$\quad\quad S$——下一个开采水平(或中段)采坑地下水位降深，m。

8.3　矿床地下水的防治

矿床水文地质工作是矿产普查勘探中的一个重要组成部分，是一项专门性的水文地质工作。在发展国民经济建设中有着重要的意义，直接关系到矿产资源的合理开发和人民生命财产的安全。它的任务主要是查明矿床充水因素和水文地质边界条件，正确预计矿井涌水量，为矿井设计提供防、排、供水所必需的水文地质工程地质资料。

8.3.1　矿床水文地质类型划分

矿床水文地质分类是矿区水文地质学中的重要理论部分，也是矿床水文地质工作中的重要研究课题。矿床水文地质类型划分的正确与否，对矿床水文地质学在理论研究上和生产实践中关系甚大。分类正确，可使矿区水文地质学在理论上日趋完善和发展，更重要的是在生产实践中，特别是在矿床水文地质工作中，可以合理地布置勘探工程和工作量。同时，为矿床将来的开采利用提供依据。为此，解放以来，我国广大水文地质工作者历来很重视分类工作的研究，各地质勘探部门都为矿区水文地质分类做了很多工作，并且根据各种不同的原则提出了相应的分类方案。

为了解过去分类情况和今后如何分类，先将我国对矿区水文地质分类作一简单介绍。

根据《矿区水文地质工程地质勘查规范》(GB/T 12719—2021)，矿床主要充水含水层的容水空间特征，将充水矿床划分为三类。

(1)孔隙充水矿床

以孔隙含水层充水为主的矿床，简称孔隙充水矿床。

这类矿床在我国多分布于沿海丘陵地带、海滩以及山前冲洪积平原、山间盆地、河流两岸阶地、河床沉积及山谷的缓坡地带，主要是产于第三系及第四系岩层中的矿床，有原生的第三系褐煤及油页岩矿，有次生的第四系残坡积和冲积的各种砂矿床。另外一些巨厚、含水丰富的第四系松散沉积物而矿体产于下部含水微弱的坚硬基岩中的金属或非金属矿床也属于这种类型。

(2)裂隙充水矿床

以裂隙含水层充水为主的矿床，简称裂隙充水矿床。

此类矿床在我国分布比较广：全国各地的侏罗系煤田；广东、湖南的石炭系煤田，云南大部分地区的二叠系乐平煤系，江西的二叠系老山煤层，福建的二叠系煤田；一些产于非可溶性基岩中的金属矿和非金属矿；等等。

这类矿床的充水程度及直接充水含水层的富水性，主要取决于岩性（粒度、胶结物成分等）、裂隙性质和发育程度。这类矿床充水强度、富水性及差异性均较岩溶矿床小，但风化裂隙带及断层两侧富水性一般较强。不同类型的裂隙，对矿床充水有着不同的意义。风化裂隙发育深度有限，对矿床充水没有什么大的影响。成岩裂隙仅在某些岩石中（例如玄武岩）发育，一般岩石中的成岩裂隙对矿床充水无意义。唯有构造裂隙，对矿床充水有较大的意义，尤其是大的断裂，其中常可赋存水量较大的脉状承压水。当砂岩与页岩互层，砂岩层的厚度较大，且裂隙发育时，其有水压很高、水量较丰富的层间裂隙承压水，因此成为本类矿床的主要威胁，在矿坑掘进过程中，如果思想麻痹，有时也会造成突水事故而淹没矿井。

（3）岩溶充水矿床

以岩溶含水层充水为主的矿床，简称岩溶充水矿床。本类型按岩溶形态可进一步划分为三个亚类：第一亚类以溶蚀裂隙为主的岩溶充水矿床；第二亚类以溶洞为主的岩溶充水矿床；第三亚类以地下河为主的岩溶充水矿床。

这类矿床是指矿体直接产于可溶性的碳酸盐类石灰岩、白云质灰岩、硅质灰岩、白云岩等岩层中（有的矿体本身就是可溶的，如石膏、岩盐），或矿体顶板或矿体底板为可溶性的碳酸盐类岩层，而岩溶又较发育，其矿坑充水水源主要为岩溶水。属于此类矿的矿种很多，包括各种有色金属、黑色金属、可燃有机岩矿床、非金属及某些稀有分散元素等矿床。岩溶矿床分布也很广，以我国南方为最多，特别是广西、云南、贵州，其次是四川、湖南、湖北、江西、广东。华北地区及我国东部沿海一带岩溶矿床亦较多。我国东北的南部、西北的局部地区亦有此类矿床。从矿床埋藏深度上看，这类矿床从最浅出露地表至最深几千米。

国内外大量的生产实践证明，岩溶矿床的水文地质条件一般比较复杂，矿坑涌水量一般都比较大，有的矿井常遭受岩溶水的突然溃入而淹没，给矿山带来很大损失。据了解，国外一些大水矿床均与岩溶水有密切关系，其实测的矿坑涌水量达 $(3 \sim 4) \times 10^5 \mathrm{m}^3/\mathrm{d}$，静水压力达 $40 \sim 50$ 个大气压。在国内，大家都很熟悉的河南焦作煤田 9 对矿井总涌水量达 $6.9 \times 10^5 \mathrm{m}^3/\mathrm{d}$；其中李封矿井最大涌水量为 $1.3 \times 10^5 \mathrm{m}^3/\mathrm{d}$；河北峰峰煤田 13 对矿井总涌水量 $1.68 \times 10^5 \mathrm{m}^3/\mathrm{d}$；山东莱芜叶庄铁矿矿井涌水量达 $1.1 \times 10^5 \mathrm{m}^3/\mathrm{d}$；江苏贾汪煤矿雨季最大涌水量为 $1.3 \times 10^5 \mathrm{m}^3/\mathrm{d}$；湖南煤炭坝煤矿矿井总涌水量为 $1.8 \times 10^5 \mathrm{m}^3/\mathrm{d}$；广东凡口铅锌矿涌水量为 $7.0 \times 10^4 \mathrm{m}^3/\mathrm{d}$。

8.3.2　充水水源与充水通道

孔隙充水矿床由于主要充水岩层埋藏浅，多接近地表或暴露于地表，因此受大气降水的影响很大，矿井涌水量明显呈季节性变化。地下水的补给范围不广，主要补给来源为大气降水，往往还有地表水的补给。其充水程度主要决定于直接充水岩层的富水性，而富水性主要受岩性，即受到松散含水层的厚度、粒度、磨圆度、分选性、黏土成分的含量等控制。其次，决定于含水岩层与地表水之间的水力联系程度。

裂隙充水矿床主要受裂隙发育程度的限制，裂隙发育具有随深度增加而减弱的规律，同时这一类矿床大多数分布在山区，其水文网发育，天然排水条件良好，不利于地表水和地下水的汇集，矿床地下水的动、静储量都比较小，地下水多以分散水流的形式向矿井充水，矿坑涌水量一般较小,而且到一定深度后,水量不随开采深度的增加而增加。根据我国现有生产矿井和勘探矿区的资料,钻孔单位涌水量一般不超过 1 L/(s·m),坑道涌水量一般在 300 m³/h 以下,当坑道遇有断裂带沟通其他含水层或地表水时,矿坑涌水量就会增大,有时可增至 300～500 m³/h,但一般很少超过 1 000 m³/h。由此可见,这类矿床的水文地质条件一般来说是比较简单的。特别是分布在我国西北、华北的干旱、半干旱地区的矿床,大部分位于当地侵蚀基准面以上,在这些地区的水文地质工作主要是解决供水问题,而不是排水问题。如内蒙古石拐子煤田主要充水岩层为侏罗系砂页岩,含水性极弱,矿坑总涌水量仅 0.37 m³/h。

岩溶充水矿床的充水水源和通道首先决定于岩溶发育强度、岩溶发育深度、岩溶含水层厚度,充水岩溶地层所处"蓄水构造"大小、"蓄水构造"封闭程度、区域补给面积大小,以及矿床处在补给区或是径流区还是排泄区的位置。其次决定于岩溶含水层的出露条件以及接受大气降水和地表水的补给程度。岩溶充水矿床有如下水文地质特点。

1)矿井涌水量一般都比较大,岩溶水一般以集中突水点的形式涌入井巷。溶洞水的突然冲溃是岩溶矿床的主要威胁。由于岩溶含水层的富水性一般都比较强,所以矿井涌水量一般也比较大,如前面提到的一些矿区,矿井涌水量大都达到每小时几千立方米,有的甚至达到每小时上万立方米。岩溶含水层不仅富水性强,而且由于岩溶发育的不均匀性,其富水性也很不均匀。根据很多矿区的井下观测,岩溶水皆沿溶洞、溶蚀裂隙、断裂带等处以集中突水点的形式进入井巷。常常在致密的几乎无水的石灰岩邻近地段突然遇见巨大的含水溶洞,因而造成毁灭性的冲溃,淹没矿井。这样的例子在我国南北方都很多。如山东某矿 1958 年 4 月 2 日在 −160 m 水平底板突然涌水,涌水量由 360 m³/h 猛增至 1 200 m³/h,水位上涨至 −12 m 水平,全部开采水平被淹停产。

2)矿坑涌水量受大气降水的影响显著,动态变化大。由于岩溶含水层本身的透水性强,水力联系好,传递快,所以大气降水对矿坑涌水量的大小影响显著。

3)疏干排水降落漏斗和补给边界可以扩展很远。岩溶含水层的强透水性和良好的水力联系,不仅有利于大气降水的垂直渗透和补给,而且也有利于水平方向上的渗透和补给。当岩溶含水层分布很广,而没有其他隔水层和构造阻隔时,疏干排水降落漏斗可以扩展很远,其补给边界不断向外围延伸,以致改变区域地下水天然的补给径流和排泄条件,引起一些远离矿床的地表水的倒灌,以及由于长期疏干排水而产生地面塌陷、流沙、泥土冲溃矿坑等不良工程地质问题,并使矿区水文地质条件复杂化。

我国岩溶矿床分布很广,所处的自然地理、地质条件差异很大,因此矿床充水条件也不完全相同。从对大量岩溶矿区的资料分析得出:岩溶含水层的出露条件和埋藏情况不同,矿床充水程度的差别很大,因而可以根据主要充水的岩溶含水层(体)的出露条件,将岩溶矿床进一步划分为裸露型、覆盖型和埋藏型等三类。其水文地质特征简述如下。

裸露型岩溶矿床:矿床所处的岩溶含水体裸露于地表,在地形上一般分布在低中山地区的分水岭或斜坡地带,矿床往往埋藏在当地最低侵蚀基准面以上甚至地下水面以上。其主要充水岩层的岩溶形态以地面溶沟、石芽、溶槽、洼地、漏斗、落水洞为主。地下以暗河和大溶洞为主。岩溶水以垂直运动为主,垂直循环带特别发育,厚度可达 100 m 以上,通过地表岩溶直接接受大气降水的补给,渗透系数大于 0.9。在汇水范围内无地表径流。地下水量以溶洞库存的静储量为主,动储量具有暂时性、来势猛、消失快、变化大的特点,季节性变化系数可高达数百。地下水位一般随地形的变化而变化。这类矿床一般属于岩溶矿床中水文地质条件简单到中等类型。

覆盖型岩溶矿床:矿床所处的岩溶含水体(层)被较厚的第四系疏松盖层覆盖。此类矿床多位于低山丘陵山间盆地或山前倾斜平原。岩溶含水层的岩溶形态以地下岩溶为主,岩溶水多为承压水,有统一的含水层和地下水面。地下水以水平运动为主。含水层之间水力联系密切。抽、排水能形成扩展较远的降落漏斗。大气降水通过覆盖层或矿区外围含水层出露地段间接补给,因此地下水动态的季节性变化不如裸露型明显。地形有利于地下水的汇集,补给面积大,补给水量充沛,动、静储量均较大,往往矿坑涌水量亦较大,威胁生产。一般来说,覆盖型矿床水文地质条件比较复杂,从中等到复杂类型,有的甚至是极复杂类型,例如广东的凡口铅锌矿、河北的邯郸铁矿。

埋藏型岩溶矿床:矿床所处的岩溶含水体被非碳酸盐的坚硬岩层覆盖。埋藏型岩溶矿床在我国主要分布在广大的山前洪积平原及大型的山间盆地中,如华北的石炭二叠系掩盖式煤田、山东莱芜铁矿等即属此类。此类矿床不直接接受大气降水和地表水的渗入补给,以区域侧向补给为主要水源,矿坑涌水量相对较稳定,季节性变化系数小;岩溶水为承压水,具有较大的静水压力,其水头可高达数百米,承压水位常高于矿区地表;当上部覆盖松散孔隙潜水含水层,又无大的导水断裂沟通时,基本上不与下部的岩溶含水层发生水力联系,对一定深度以下的巷道和工作面不会产生影响,即对深部无充水意义,但在开采浅部矿体时要防止顶板陷落带的导水裂隙造成突水事故。假若松散沉积物稳定性差,建井时的工程地质条件复杂,常造成涌水及流沙冲溃。

此外,埋藏型岩溶矿床由于岩溶含水层上覆厚而稳定的隔水层与第四系松散沉积物中的孔隙水没有直接的水力联系,因而在矿区抽、排水时,一般不会产生塌陷。仅在某些矿区,由于构造缺失,构成所谓"天窗"地段。在天窗范围内,岩溶含水层和第四系孔隙含水层直接或通过基岩风化带发生水力联系,从而在抽、排水时产生地表塌陷,则"天窗"地段就成为埋藏型岩溶矿区大气降水以至地表水垂向渗入补给矿坑水的途径。出此可见,"天窗"地表的塌陷及大气降水和地表水的垂向补给是埋藏型岩溶矿床一个特殊的水文地质问题。研究和掌握天窗的位置、范围及其垂直补给乃是该类型矿区水文地质调查工作中的重要内容。埋藏型岩溶矿区的矿体均埋藏在当地侵蚀基准面以下,一般水文地质工程地质条件比较复杂。

8.3.3 矿井水害类型及整治措施

8.3.3.1 疏干塌陷防治

疏干排水时有地表沉降、塌陷的矿山应进行塌陷和沉降观测,分析塌陷和沉降的发展趋势,预测塌陷和沉降范围及灾害程度。裸露型岩溶、地面塌陷发育的矿区,应做好气象观测,降雨、洪水预报;封堵可能影响生产安全的井下揭露的主要岩溶进水通道;对已采区可构建挡水墙隔离;雨季应加密地下水的动态观测,并进行矿井涌水峰值的预报。危及居民安全的,应采取加固措施或搬迁。

采取有效的物探方法查明塌陷区的岩溶裂隙、过水通道的分布情况及发展规律。推荐采用地面五极纵轴电(激电)测深和高密度电法(浅部),探测网度推荐采用 $50\ \mathrm{m} \times 20\ \mathrm{m}$,异常密集区加密。塌陷区有河道时,应沿河道延伸方向布置探测剖面,剖面总数不少于 3 个。应布置适量的钻孔验证物探成果,每个剖面至少布置 1 个。

矿山应建立矿区塌陷发生、发展趋势台账,包括塌陷个数、塌陷面积、裂缝位置、规模、时间、降雨量、矿坑排水量。露天转井下矿山应加强地面泥石流的监测和预防,采用地表地质测绘、钻探、山地工程、物探、试验和测试等方法对可能存在地面泥石流的矿山进行长期动态监测和预测预报,并应制定应急和治理措施。疏干岩溶塌陷、滑坡、泥石流等地质灾害的评价、设计应由有相关资质的单位完成。

8.3.3.2 矿区截流帷幕

矿区岩溶发育、矿坑疏排水引起地面岩溶塌陷,并对人民的生命财产造成较大损失,且矿区具有以下水文地质条件时,应采用矿区帷幕截流防治水方案:在采矿冒落带 20 m 以外有相对狭窄且集中的地下水进水通道;有可靠的隔水边界(两端);有可靠的隔水底板;包围式帷幕有可靠隔水底板就可。

矿区截流帷幕幕址的确定程序和要求:采用矿区帷幕注浆方案前,宜在拟建帷幕线区域进行帷幕线勘察,利用物探、钻探、水文地质试验等方法查清岩溶裂隙、过水通道的分布位置和规模,确定矿区截流帷幕线位置,并对矿区帷幕截流方案进行可行性研究;开展矿区帷幕注浆试验,确定帷幕参数、注浆材料、制浆和注浆工艺、注浆过程控制、效果检测方法并预计帷幕效果;推荐采用数值模拟技术,从技术、经济、资源开发、堵水效果、环境等各方面对帷幕幕址和方案进行综合比较,确定最终的幕址和深度。

帷幕线岩溶探测方法及野外工作装置要求:帷幕施工前,应采用合适的物探方法查明帷幕线岩溶等过水通道,帷幕注浆结束后,应采用同样的物探方法对注浆效果进行检测;帷幕线岩溶探测(或效果检测)方法,宜采用地面五极纵轴、三极、四极电(激电)测深。推荐采用五极纵轴电(激电)测深;推荐探测点距:4~10 m。

8.3.3.3 井下防治水

(1)留设防隔水矿(岩)柱

相邻矿区的分界处,应留足防隔水矿(岩)柱。以断层分界的矿井(坑),应在断层两侧留足防隔水矿(岩)柱,矿柱尺寸由设计确定。不采取疏干措施的受水害威胁的矿山,下列情况应留设防隔水矿(岩)柱,并应事先制定防突水的安全措施:

1)在地表水体(江、河、湖、海、沼泽等)、含水冲积层下和水淹区临近地带;

2)与强含水层存在水力联系的断层、裂隙带或与强导水断层接触的矿体;

3)有大量积水的旧井巷和采空区;

4)导水、充水的岩溶溶洞、暗河、流沙层;

5)受保护的观测孔、注浆孔和电缆孔等。

各类防隔水矿(岩)柱的尺寸,应根据矿区(坑)的地质构造、水文地质条件、矿体赋存条件、围岩物理力学性质、开采方法及岩层移动规律等因素,参照公式(8-28)确定,在设计规定的保留期内不应开采或破坏,要求 L 厚度大于 20 m。

$$L = 0.5 MK\sqrt{\frac{3P}{K_P}} \qquad (8-28)$$

式中:L——留设的隔水矿(岩)柱宽度,m;

M——矿体厚度或采高(取大值),m;

K——安全系数(一般取 2~5);

P——岩层承受的静水压力,MPa;

K_p——矿(岩)体的抗拉强度,MPa。

各类防隔水矿(岩)柱应符合设计要求,不得随意变动,水患消除前,严禁在各类防隔水矿(岩)柱中进行采掘活动。开采水淹区下的防隔水矿(岩)柱时,应彻底疏放上部积水,严禁顶水作业。带水压开采的矿山,应分中段或分采区实行隔离开采,分区之间应留设防隔水矿(岩)柱并在关键部位建立防水闸门。

(2)防水闸门、防水闸门硐室与防水闸墙

水文地质条件复杂的矿山,应在井底车场周围、中央泵站的巷道两端或有突水危险的地段设置防水闸门硐室、建筑防水闸门。有突水危险的采掘区域,宜在其附近设置防水闸门。不具备建筑防水闸门条件时,可不建防水闸门,但应制定严格的其他防治水措施。露天转井下开采的矿山,宜根据水文地质条件及露天坑渗漏情况在井下露天坑底附近中段的适当位置建筑防水闸门。防水闸门硐室和防水闸门技术要求如下:

1)防水闸门硐室应选在围岩稳定、岩层完整致密的单轨直线巷道内。门体采用定型设计,对非定型设计的产品需由有相应资质的单位设计。

2)防水闸门硐室由有相应资质的单位设计和施工。防水闸门竣工后,业主按照设计要求验收合格后才能投入使用。

3)防水闸门硐室结构设计宜按照《采矿工程设计手册》选用。

4)防水闸门硐室前、后两端应分别砌筑不小于 5 m 长的混凝土护碹,碹后用混凝土填实,不得空帮、空顶。防水闸门硐室和护碹应用高标号水泥进行注浆加固,注浆压力须大于闸墙设计承压力。

5)酸性地下水应采用防酸水泥,还应在来水方向的一侧做 20~30 mm 厚的防水砂浆抹面层。

6)防水闸门断面尺寸应能通过外形最大设备;

7)防水闸门来水一侧 15~25 m 处,应加设 1 道挡物箅子门。防水闸门与箅子门之间应畅通无阻。来水时先关箅子门,后关防水闸门。如采用双向防水闸门,应在两侧各设 1 道箅子门。

8)通过防水闸门的轨道、电机车架空线等应灵活易拆;通过防水闸门墙体的各种管路和闸门外侧的闸阀的耐压能力应与防水闸门设计压力一致;通过防水闸门墙体的电缆、管道,应用堵头和阀门封堵严密,不得漏水。

9)设有防水闸门控制系统的电源控制硐室应高于巷道 0.5 m 以上。

10)防水闸门应安设观测水压的装置并有放水管和放水闸阀。

11)新掘进巷道内建筑的防水闸门,应进行注水耐压试验。防水闸门内试验段巷道的长度不宜大于 15 m,试验的压力不得低于设计水压,稳压时间应在 24 h 以上,试压时应有专门安全措施。不合格处应进行注浆加固后再行验收。

12)防水闸门开启前,应对井下排水、供电系统进行 1 次全面检查。排水能力应与防水闸门硐室放水管的放水量相适应。水沟应畅通无阻。

13)防水闸门开启时,预埋在硐室混凝土内的排水管和通过硐室两端巷道的排水沟有效过水断面应满足通过硐室的最大涌水量。

防水闸门应灵活可靠,应积极推广远程控制系统,并保证每年进行 2 次关闭试验,1 次应在雨季前。关闭闸门所用的工具和零配件应专人保管,专门地点存放,不得挪用、丢失。防水闸墙应由有相应资质的单位设计和施工。防水闸墙竣工后,业主按照设计要求进行验收,验收合格后才能投入使用。防水闸墙的设计与施工应遵循下列原则:

1)设计前应全面弄清闸墙预计承压力、闸墙所在断面支护形式、原掘进方法、混凝土标号、闸墙围岩性质、硬度及各种物理力学参数。

2)闸墙的形式:水压大,可选择楔形;水压特大,可构筑多级楔形。

3)水闸墙应布置在致密坚硬且无裂隙的岩石中。

4)水闸墙周边应掏槽嵌入岩石中并预埋注浆管,闸墙体完工后,再进行注浆,充填缝隙,使之与围岩构成一体。注浆压力应大于闸墙设计承压力。

5)永久水闸墙应留设泄水管路阀门,酸性水质巷道的阀门管路应进行防腐处理,长期封水的水闸墙管路阀门宜使用不锈钢材料。

6)永久水闸墙厚度应按照公式(8-29)确定,再选用公式按剪应力对闸墙厚度进行验算。

$$B = \frac{KPS_2}{(2.57b + 2h_2)\tau} \tag{8-29}$$

式中:B——防水墙体厚度,m;

K——混凝土结构抗剪设计安全系数;

P——静水压力,MPa;

S_2——背水面巷道净面积,m²;

b——背水面巷道净宽度,m;

h_2——背水面巷道直墙高度,m;

τ——混凝土的抗剪强度(如果围岩抗剪强度低,则用围岩值)。

报废的盲井和斜井下口的密闭水闸墙应留泄水孔,每月定期观测水压,雨季加密。

(3)疏干开采、带压开采和控制疏放

矿体顶、底板有富含水层,且疏干不造成严重地质环境问题时,可进行疏干开采。直接揭露含水体的放水疏干工程,施工前应先建好水仓、水泵房等排水设施。地下水位降到安全水位前不应采矿。

被松散富含水层所覆盖的浅埋缓倾斜矿体,需要疏干开采时,应进行专门水文地质勘探或补充勘探,查明水文地质条件,并根据勘探成果确定疏干地段、制定疏干方案。

矿体上部有流沙层或较大半充填溶洞,疏干开采前应着重解决如下问题:

1)查明流沙层的埋藏分布条件,研究其相变及成因类型,查明溶洞的分布;

2)查明流沙层的富水性、水理性质,预计涌水量和预测可疏干性,建立动态观测网,观测疏干速度和疏干半径;

3)在疏干开采试验中,应观测研究爆破影响带高度、水砂分离方法、钻孔超前探放水安全距离等；

4)预测溃水、溃砂引起的地面塌陷及处理方法。

矿体顶板受开采破坏后，若崩落影响范围内存在强含水层(体)，回采前应对含水层采取超前疏干措施。进行专门水文地质勘探和试验，并编制疏干方案，选定疏干方式和方法，综合评价疏干开采条件和技术经济合理性。

矿井疏干开采过程中，应进行定性、定量分析，对顶板水害分区评价和预测。有条件的矿山可应用数值模拟技术，进行各中段疏干孔位置、数量、深度，疏干水量，以及地下水流场变化的模拟和预测。

承压含水层与开采矿体之间的隔水层能承受的水头值大于实际水头值时，开采后隔水层不易被破坏，矿体底板突水的可能性小，可进行"带水压开采"，但应制定安全措施。

当承压含水层与开采矿体之间的隔水层能承受的水头值小于实际水头值时，开采前应遵守下列规定：

1)采取疏水降压的方法，把承压含水层的水头值降到隔水层允许的安全水位以下，并制定安全措施；

2)矿坑(井)排水应与矿区供水、生态环境相结合，推广应用矿坑(井)排水、供水、生态环保三位一体优化组合的管理模式和方法；

3)承压含水层的集中补给边界已基本查清，可预先进行矿区堵截水措施，截断水源，然后疏水降压开采；

4)当承压含水层的补给水源充沛，不具备疏水降压和矿区截流帷幕注浆条件时，可酌情采用局部注浆加固顶、底板隔水层和井下近矿体帷幕的方法，但应编制专门的设计，在有充分防范措施的条件下进行试采。

控制疏放应按疏放勘探、试验疏放和生产疏放 3 个程序进行；宜采用地表疏放、井下疏放和联合疏放 3 种方式。控制疏放应遵守下列规定：

1)被疏干含水层的渗透性好，含水丰富；潜水含水层的渗透系数大于 3 m/d、承压含水层的渗透系数大于 0.5 m/d 的大水矿山，宜采用地表疏干；

2)矿体直接顶(底)板为含水层，宜采用巷道(采准巷道)疏放；

3)矿体上部为砂岩裂隙含水层，宜采用钻孔疏放；

4)水文地质条件复杂的矿床，单一疏放方式不能满足生产需要时，宜采用联合疏放；

5)疏放应与矿山建井、开采阶段相适应；

6)疏干排水能力应超过充水含水层的天然补给量；

7)疏干工程应靠近防护地段，并尽可能从含水层底板地形低洼处开始；

8)疏干钻孔数应多方案试算，孔间干扰应达到最大值，水位降低能满足安全采掘要求；

9)疏干工作不能停顿，应根据生产需要有步骤地进行；

10)水平含水层宜采用环状疏干系统，倾斜含水层宜采用线状疏干系统。

地表疏排孔布置：

1) 根据水文地质条件进行合理的设计；

2) 以生产中段和生产采区为中心，宜呈环形孔排和直线形孔排布置；

3) 均质含水层宜等距布孔，非均质含水层不宜等距布孔；

4）疏干孔(井)应打在富水性强的地方;

5）打大直径孔(井)前,应先施工小口径试验孔;

6）位置应在采矿崩落边界之外。

井下疏干工程可根据矿山的实际选用以下 6 种方式:

1）疏干石门;

2）疏干竖井;

3）疏干井巷:疏干石门、疏干盲井、疏干小井以及拦截大突水点、岩溶管道或其他地下水流疏泄巷道等;

4）水平疏干巷道;

5）井下疏干孔:井下疏干平孔、斜孔和垂孔,用于分散疏干或局部疏干;

6）直通式井下疏干孔。

顶板水疏放降压钻孔布置应遵循以下原则:

1）应布置在裂隙发育和标高较低的地段;

2）孔间距与顶板基本周期来压步距相同;

3）钻孔深度应打穿爆破影响带;

4）钻孔的方位宜斜向揭露含水层;

5）钻孔孔径不宜过大;

6）钻孔数量视水量而定。

顶板疏放降压钻孔的施工应遵循以下原则:使用反压装置;埋设孔口管、安装放水装置,控制疏放水量;具备条件的,宜地面施工井下疏放降压钻孔。

采用放水闸门或专门放水硐室进行疏水降压开采试验的主要要求:应委托相关资质单位进行专门的施工设计;预计最大涌水量;应建立能保证排出最大涌水量的排水系统;应选择适当位置建筑防水闸门;做好钻孔超前探水和放水降压工作;做好井下和地表水位、水压、涌水量的观测工作。

8.3.3.4　矿井(坑)注浆堵水

(1)井筒预注浆

1）预计井筒穿过含水层或破碎带且预测涌水量大于施工允许水量时,宜选用地面预注浆或井筒外围地面帷幕注浆堵水方案。

2）制定注浆方案前,应根据含水层情况施工 1~3 个井筒勘探孔,获取含水层的埋深、厚度、岩性、简易水文观测、抽(压)水试验、水质分析等资料并预测井筒涌水量。勘探孔施工过程中,破碎孔段未取得水文参数之前,严禁使用水泥等固壁材料。

3）注浆终止深度应超过最下部含水层埋深 10~20 m 或超过井筒底部 10 m。

4）井壁裂隙较发育,淋水较大,水量小于 20 m^3/h、大于 6 m^3/h,应进行壁后注浆。

5）井筒工作面涌水量超过 20 m^3/h,应进行工作面注浆。止浆垫(岩帽)厚度应计算确定。

6）工作面注浆钻孔一般沿井筒周边布置,钻孔数量、孔径、倾角和方位根据地下水压、井筒岩石及裂隙发育情况确定。应设计中心检查孔或其他检查孔检查注浆效果。

(2)巷道工作面注浆堵水

1）不采取疏干开采的矿区,巷道过导水破碎带时,应进行预注浆堵水,尤其是深部过导水破碎带时,应采用高压注浆。

2）巷道工作面预注浆前须施工止浆墙或预留止浆岩帽,其厚度应通过计算确定。

3）钻孔数量、孔径、倾角应根据含水层性质、导水构造产状以及检查孔结果确定。

4）钻孔偏斜率不大于1‰,注浆孔应清水钻进,孔口管埋深不小于2～5 m,注浆终压不小于静水压力的2.5倍。

5）注浆结束标准:注浆分序进行,注浆压力均匀持续上升达到设计终压,同时单位吸浆量小于10 L/min,稳压20～30 min。

6）掘进前一定要超前探水:探水孔的位置、方向、数目、孔径、每次钻进的深度和超前距离,应根据水头高低、岩石结构与硬度等条件在设计中明确规定(一般钻孔数不少于3个,钻孔向外围偏斜5°～10°。对于长距离作业面,偏斜角加大,以控制巷道截面的探水范围),保证侧帮有效防护厚度。

7）巷道施工过程中遇意外涌水,涌水量小于20 m³/h且围岩稳定时可强行通过,待永久支护完成后进行壁后注浆封堵,大于20 m³/h需停止掘进,进行工作面预注浆。

注浆封堵突水点要求:圈定突水点位置,分析突水点附近的地质构造,查明降压漏斗形态,分析突水前后水文观测孔和井、泉的动态变化,必要时进行连通(示踪)试验;探明突水补给水源充沛程度或补给含水层的富水性,突水通道性质、数量、大小等;注浆前,应做连通和压(注)水试验;注浆前后应做好矿井(坑)排水对比分析;编制注浆堵水方案。

井下巷道穿过与河流、湖泊、溶洞、含水层等存在水力联系的导水断层、裂隙(带)、岩溶溶洞构造,超前探水发现前方有水时,应超前预注浆封堵加固,必要时预先构筑防水闸门或采取其他防治水措施。穿过含水层段的井巷,应按防水的要求进行壁后注浆处理。

回采工作面内有导水断层、裂隙或岩溶溶洞时,应按设计规定留设防隔水矿(岩)柱或采用注浆方法封堵导水通道。对注浆的工作面可先进行物探,查明水文地质条件,注浆后,再用物探与钻探验证注浆效果。

工作面回采后,对废弃关闭的局部疏水降压钻孔,如可能对后续开采产生不利影响,应进行注浆封闭,并在有关图纸上标注。

废弃矿井闭坑淹没前,如影响附近矿山,应绘制矿山现状的竣工图,根据需要采用物探、化探和钻探等方法,探测矿坑边界防隔矿(岩)柱破坏状况及可能的透水地段,采用注浆堵水工程隔断废弃矿井与相邻生产矿井(坑)的水力联系,避免发生水害事故。

（3）井下近矿体帷幕

采用井下近矿体帷幕应满足下列条件:矿体的直接顶、底板为含水层,巷道掘进或工作面回采时,含水层水直接涌入矿坑并给矿坑安全生产带来影响和灾害;矿体相对集中;采用充填法采矿。

近矿体帷幕常采用的工程及要求:

1）穿脉水平探水注浆钻孔的网度应达到如下目的:

2）确定各个水平分段矿体、矿岩的地质边界;

3）基本查清顶、底板含水层的岩溶、裂隙、构造发育情况、产状、规模、赋导水性等;

4）查明矿体及顶、底板含水层工程地质特征,特别是接触带的稳固性;

5)利用井下各涌水钻孔和出水点,进行井下水文地质试验(如群孔放水试验),基本查明含水层岩溶裂隙发育分布规律、导水裂隙的水力联系程度和可能存在的富水区,初步圈定注浆过程中浆液运移分布范围;

6)穿脉水平孔注浆,基本封堵顶、底板含水层岩溶导水裂隙及主径流通道。

(4)横向加密注浆工程

1)在矿体围岩构筑由纵横交错注浆钻孔控制的立体结构体系;

2)在近矿体穿脉水平探水钻孔注浆的基础上,根据矿体分布规律、顶底板水文地质特征、注浆的效果及安全性,在近矿体围岩中布置其他方向的加密注浆孔(一般采用横向钻孔),最终形成没有明显薄弱环节的注浆盖层;

近矿体帷幕参数要求:帷幕厚度、孔距应根据采矿方法、流体力学、岩体和注浆体强度经计算确定;孔深以确保帷幕的垂直厚度为准;钻孔偏斜角不大于 1‰;帷幕渗透系数不大于 0.06 m/d。

探水注浆联络巷道的布置:在无巷道经过的地段,应在相对安全的岩层内布置与穿脉方向垂直的探水注浆联络巷道,巷道距离含水层不小于 10 m;巷道和硐室掘进前应进行钻孔超前探水注浆,并预留一定厚度的"岩帽"作为止浆垫。"岩帽"厚度根据岩石的性质、强度、水压大小参考式(8-30)确定。

$$B = \frac{P_0 D}{4\tau} \tag{8-30}$$

式中:B —— 岩帽厚度,m;

P_0 —— 最大注浆压力,MPa;

D —— 止浆"岩帽"外接圆直径,m;

τ —— 矿岩允许抗剪强度,MPa。

其中:联络巷道施工到矿体外围含水层边界附近时,应进行超前探水注浆;联络巷道施工时,应在断面进行浅孔探水并注浆;施工探水巷道应采用控制爆破技术。

钻注硐室设计在联络巷道内,钻注硐室间距为 10~12 m,硐室尺寸根据施工设备确定。

穿脉水平探水注浆钻孔布置:在采准巷道硐室中,应布置与穿脉方向一致的水平钻孔进行探水注浆;根据帷幕厚度、钻孔倾角确定探水钻孔控制深度,一定区域(100~900 m²)内所有钻孔(孔口安装高压阀门)终孔后,应进行群孔压水试验;注浆过程中,应先注水力联系较孤立的钻孔,再对水力联系较好的多孔(选择 2~3 个)进行群孔注浆;检查孔布置:检查孔数量为注浆钻孔数量的 10%~15%。

平行矿体走向的加密注浆钻孔,常利用井下开拓系统、联络巷道和钻注硐室。近矿体帷幕注浆工艺参数按《矿山帷幕注浆技术规范》(DZ/T 0285—2015)中的规定执行,但浆液类型宜采用单液水泥浆和双液水泥浆。

8.3.3.5 井下泥石流防治

连续大雨时,崩落法开采的矿山应加密地表塌陷坑、井下黄泥点的调查、统计及分析,并及时处理。

加强塌陷区的综合治理,减少塌陷区的汇水量:塌陷范围外修建排水沟,拦截部分汇水;坑安置排水泵,强降雨期间将汇入地表塌坑内的水抽出;严禁在塌陷区及周边非法采矿、选矿、碎石加工、耕植;严禁向塌坑排灌尾砂及工业用水。

提前对含水层进行疏水降压,施工过程中加强顶板控制,发现淋水加大、条件恶化应停止作业。存在井下泥石流危害的矿山,应坚持超前探水措施。

8.3.3.6 酸性水的防治方法

酸性水的矿井,应查明酸性水的来源、水量及形成酸性水的主要因素,并定期取样进行水质分析,向有关单位提供资料及处理意见。

当酸性水主要来自浅部矿层时,宜先采深部,再采浅部。当酸性水主要来自老采区时,应留设隔水矿(岩)柱。当酸性水主要来自大气降水和地表水的渗入时,应留足浅部隔水(岩)柱。不同水源混合形成酸性水时,应按酸性水设计排水系统。拦截酸性水,避免迂回循环,防止灌入深部水平。可用生石灰等中和酸性水。

8.3.3.7 充填水防治

大体积胶结充填水防治应采取如下措施:

1)提高充填体浓度;

2) 一个采场悬挂1~2根波纹脱水管(脱水管),将充填水引至巷道,脱水管一般采用直径为110 mm的塑料波纹管,波纹管上钻引水孔,孔径一般为10 mm,孔距80~100 mm,外包土工布和麻布,钢丝扎紧,再用卡套将脱水管与钢绞线卡稳。

非胶结充填水防治:非胶结充填常用于1步骤胶结充填,2步骤非胶结充填。一般采取挡墙顶以上3 m至挡墙底面(一般总高不超过8 m)胶结充填,2步骤采取悬挂波纹脱水管的措施,防止采场大面积积水及挡墙垮塌。

充填挡墙的要求:挡墙的设计与施工满足大体积充填的要求;每次充填高度为1.3~1.5 m;第二次充填应在第一次充填体凝固后进行。

充填水防治措施:膏体充填体不离析、不分层、泌出水量少,有条件的矿山宜采用膏体充填;提高充填料浆浓度,降低充填体析出水量;清洁充填管路的洗管水不宜充填采场,宜用三通排入巷道水沟;采场充填前须按设计要求构筑充填挡墙和架设好采场脱水、泄水设施;按设计要求进行采场充填,保证充填脱水时间后养护期,避免大量的充填水聚集。

【资料】《矿坑涌水量预测计算规程》(DZ/T 0342—2020)说明

《矿坑涌水量预测计算规程》(DZ/T 0342—2020)由中华人民共和国自然资源部提出,包括自然资源部矿产资源储量评审中心、山东省第一地质矿产勘查院、中交铁道设计研究总院有限公司、中国自然资源经济研究院、四川省煤田地质工程勘察设计研究院等多家单位共同起草,于2020年4月30日正式颁布实施。该规程规定了固体矿产矿坑涌水量预测计算的基本原则和基本要求、条件和程序,井工矿、露天矿矿坑涌水量预测计算、预测计算结果的应用等。主要适用于矿产地质勘查及矿山生产阶段矿坑涌水量预测计算。

引用的规范性文件包括:

GB 8170 数值修约规则与极限数值的表示和判定

GB 12719 矿区水文地质工程地质勘探规范

GB 50027 供水水文地质勘察规范

GB/T 13908 固体矿产地质勘查规范总则

MT/T 778 数值法预测矿井涌水量技术规范

第9章 矿山地下水污染与环境评价

"生态环境问题,归根到底是资源过度开发、粗放利用、奢侈消费造成的。资源开发利用既要支撑当代人过上幸福生活,也要为子孙后代留下生存根基。"

——习近平同志在十八届中央政治局第四十一次集体学习时的讲话

9.1 概 述

矿山水污染是指含有各种污染物和有毒物质的采矿工业废水及生活污水,排入水体后改变其正常组成,超过了水的自净能力,从而使水体恶化,破坏水体原有用途的现象。由于污染引起的地下水水质恶化是非常严重的问题,地下水一旦被污染,治理起来非常困难。地下水污染具有显著的长期性特征。埋置很久的废物可能需要几十年才能发现其污染了地下水。面积并不大的地下水污染场地,经过长期的污染物迁移,则可能造成很大的污染面积。因此,在勘察和开发地下水工作中,有关水质污染问题应当引起高度重视。

9.2 地下水污染

9.2.1 污染源与污染路径

地下水的污染来源十分广泛,主要有工业废水、生活污水、工业废渣、废气、矿渣、农药、化肥、城市垃圾和动物排泄物等(见图9-1),其中工业废水在地下水污染中占重要地位。工业废水中的主要污染物有酚、氰、砷、汞、铬、镉、洗涤剂、油类、硝基化合物、苯、醛、氯苯、农药、磷等有害物质。城市生活污水和牲畜污水主要含有碳水化合物、蛋白质、油脂等有机物质。这些物质分解后产生亚硝酸和硝酸,并产生甲烷、硫化氢、氨等气体。另外还常含有细菌、病菌病原虫及各种寄生虫等。这些污染物往往通过下列途径污染地下水。

1)未净化的工业废水和城市污水任意排放使地表水受污染,渗入地下引起地下水污染。

2)工业废渣、矿渣及城市垃圾等各类固体废物处理不当,其有害物质经雨水淋溶渗入地下引起地下水污染。

3)被污染的大气中含有某些有害气体和尘埃,如一氧化碳、二氧化碳、二氧化硫以及粉末状杀虫剂、汞、铅、镉等有害元素微粒,随大气降水进入地下,引起地下水污染。

4)工业废水和城市污水处理不当,污染物经排污渠道、污水渗坑、渗井等渗入地下,导致地下水污染。

5)未经净化处理或处理不合格的工业废水和生活污水,在净化能力低的地质条件下进行污水灌溉,引起地下水大面积污染。

6)不适当地使用大量农药、化肥、有害物质经雨水淋滤或随农田灌溉水(或排水)渗入土层和地下,引起地下水污染。

上述污染原因和途径,属于人类活动造成的污染,应采取改造排水和保护水源的措施来防治;属于客观地质因素为主的渗透污染,应从合理规划、布局和改造自然入手来防治。

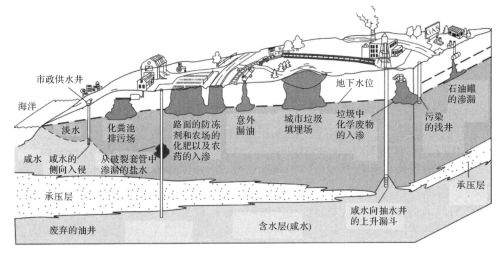

图 9-1　地下水的污染机制(据 C. W. Fetter 修改)

矿山水污染有其特殊性。矿山水污染物的种类主要有:

1)酸性废水污染排放。酸性废水是矿山一种普遍的污染现象,特别是开采硫化矿床和煤层更是如此。其危害程度取决于 pH 值和排放量。矿山酸性水有两种污染危害,即限制或减少水中多种生物的生长和溶解重金属加剧水的毒性。

2)重金属污染。对矿山来说,最重要的重金属元素有 Zn、Cu、Pb、Cd 和 Hg,生物愈高级,对重金属污染愈敏感。某些金属甚至在浓度极低时也是致命的。

3)营养富集作用。矿业排放物中有些是富有营养的,例如磷酸盐、硝酸盐、二氧化硅等,这些物质进入水体后,引起藻类及其他生物迅速繁殖,水体中溶解氧的含量下降,使水质恶化,造成鱼类及其他生物大量死亡。

4)脱氧作用。除水中富营养物质引起藻类的生化脱氧作用外,矿山排放的一些硫化物和低价金属盐,还能通过化学氧化过程,消耗水中的溶解氧。

矿山生产中的许多生产工艺过程都需要用水,其中以采矿、选矿用水最多,采、选生产过程中会对水造成严重污染,形成矿山废水。矿山废水的主要污染途径有以下几个。

1)露天矿山废水:采矿生产工艺形成的废水;降雨侵蚀废石堆后,溶解有毒离子后自废石堆排出的酸性水等。

2)矿井废水:主要是生产过程中被污染的地下水。

3）选矿废水：洗矿、破碎、选矿生产中形成的废水，废水水量大，通常含有矿石、金属微粒或各种选矿药剂，污染严重，还有矿山废水池和尾矿坝中蓄积的废水。

4）其他矿山废水：包括洗涤车辆废水、医院废水和生活废水等，含有固体悬浮物、油脂、有机物、细菌病毒等污染物质。

9.2.2　污染物的迁移机理

污染物在地下水中迁移的机制有三方面：一是对流作用，即污染物在水流的带动下，向下游的运动；二是分子扩散，即在浓度梯度作用下，污染物由高浓度向低浓度位置的扩散；三是机械弥散作用，含水层中多孔介质骨架的存在，使得污染物的微观迁移速度无论是大小还是方向都与平均水流速度不同，从而引起污染物范围的扩展。

（1）对流迁移

含水层中的污染物会随着流体的运动而发生流动，这个过程即为对流迁移，简称对流，引起对流迁移的作用称为对流作用。对流引起的污染物迁移通量是污染物浓度和地下水运动速度的函数，表示为

$$F_a = unC \tag{9-1}$$

式中：F_a 为对流通量，即对流作用下单位时间垂直通过单位面积的污染物质量，$g/(m^2 \cdot d)$；n 为孔隙度；C 为浓度，g/m^3；u 为地下水运动的实际速度，m/d。

对流作用是污染物在含水层中迁移的重要动力，只要有地下水流动，就有对流作用存在。在渗透性能好、水流速度快的含水层中，对流通常是污染物迁移的主要动力。

（2）浓度梯度引起的迁移

地下水中的溶质会从浓度较高的位置向浓度较低的位置运动，这一过程称为分子扩散，简称扩散。只要地下水中存在物质的浓度梯度，分子扩散就会发生，即使地下水是静止的，也是如此。流体扩散通量与浓度梯度成正比，可以用 Fick 第一定律表示：

$$P_d = -D_d A \frac{C_1 - C_2}{\Delta l} \tag{9-2}$$

$$F_d = -D_d A \frac{C_1 - C_2}{\Delta l} \tag{9-3}$$

式中：P_d——扩散量，即单位时间内通过扩散断面 A 的物质质量，g/d；

D_d——扩散系数，m^2/d；

$C_2 - C_1$——扩散距离 Δl 上的浓度差；

F_d——由于扩散作用在单位时间内垂直通过单位面积的物质质量，称为扩散通量，$g/(m^2 \cdot d)$；

负号表示溶质的迁移是从浓度较高的位置向浓度较低的位置进行的。

流体中离子的分子扩散系数很小，一般在 $10^{-10} \sim 10^{-9}$ m^2/s 的数量级上。各种离子的扩散系数几乎不随浓度的变化而变化，但与温度有关，5 ℃时的扩散系数只有 25 ℃时的50%。在含水层多孔介质中的溶质的分子扩散没有在水中的快，因为溶质是在多孔介质的孔隙中扩散的，由于受到固体骨架的阻隔，物质需要更长的扩散距离。

多孔介质中溶质的分子扩散系数与纯溶液中的分子扩散系数之间的关系可表示为

$$D^* = \tau D_d \qquad (9-4)$$

式中：D^* 为在多孔介质中的分子扩散系数，称为有效扩散系数；τ 为与介质弯曲度 T 有关的参数，称为弯曲因子，无量纲，$0 < \tau < 1$。弯曲因子可以通过污染物在多孔介质中的扩散试验确定，其值通常为 $0.56 \sim 0.80$，典型值为 0.7。

污染物在浓度梯度的作用下从高浓度的位置向低浓度的位置扩散，即使是在静止的流体中，扩散作用也在进行。

扩散作用不是含水层中污染物迁移的主要动力，只有在渗透性能非常低的情况下，扩散作用才占主导地位，因此即使隔水性能很好的隔水层，水无法渗透通过时，仍有污染物向其中扩散，并可能形成穿透，尽管作用缓慢。

（3）机械弥散

机械弥散是由于多孔介质空隙和固体骨架的存在而造成流体的微观速度在空隙中的分布无论是大小还是方向都不均一的现象。达西流速是在渗流假设条件下流体运动的宏观表示，是代表性单元体的平均值。但实际上，由于受到空隙形状和大小的影响，流体在微观尺度上的运动是相当复杂的，在流速大小上，既可能高于代表性单元体的平均速度，也可能低于平均速度；在速度方向上，既可能与代表性单元体的平均速度方向一致，也可能不一致，在一个代表性单元体上就可能有多种变化。流速的微观变化必然造成随流体运动的污染物的迁移变化，从而造成污染物在多孔介质中迁移的机械弥散现象。

机械弥散作用使污染物沿平均水流方向上的扩展，称为纵向机械弥散；机械弥散作用使污染物沿垂直于平均水流方向上的扩展，称为横向机械弥散。纵向机械弥散作用使污染物的迁移速度比平均水流速度有快有慢，从而形成沿流动方向的污染范围扩展；横向机械弥散作用则形成污染范围的横向扩展。机械弥散作用产生的污染物的迁移通量可以采用 Fick 定律表示：

$$F_m = D'J_c = -D'\frac{dC}{dl} \qquad (9-5)$$

式中：D' 为机械弥散系数，m^2/d；F_m 为通过机械弥散作用在单位时间内垂直通过单位面积的污染物质量，称为机械弥散通量，$g/(m^2 \cdot d)$。该式表明，机械弥散通量与浓度梯度成正比，比例系数为机械弥散系数。

污染物在介质中的机械弥散能力不仅与介质的性质有关，而且与流体的流动速度有关（静止流体没有机械弥散，因此机械弥散通量 F_m 为零）。机械弥散系数 D' 定义为多孔介质弥散度 α 与水流平均速度 u 的乘积：

$$D'_L = \alpha_L |u| \qquad (9-6)$$

$$D'_T = \alpha_T |u| \qquad (9-7)$$

式中：D'_L 和 D'_T——分别为纵向和横向机械弥散系数，m^2/d；

$\quad\quad\quad \alpha_L$ 和 α_T——分别为多孔介质的纵向和横向弥散度，m；

$\quad\quad\quad |u|$——实际流速的绝对值，m/d。

式（9-6）和式（9-7）表明，纵向和横向机械弥散系数均与水流速度成正比。

弥散度 α 是度量介质机械弥散能力的重要参数。通常，分选好的介质弥散度小，而分选差的介质弥散度大；均质介质的弥散度小，而非均质介质的弥散度大。纵向弥散度与横向弥

散度的比值 α_L/α_T 控制着多孔介质中羽状污染区的形态,比值越小,羽状污染区的宽度越大,反之越小。

9.2.3　污染物的迁移方程

考虑由某种溶质和溶剂组成的二元体系。以充满液体的渗流区内任一点为中心,取一无限小的六面体单元,各边长为 Δx、Δy 和 Δz,选择 x 轴与 p 点处的平均流速方向一致,我们来研究该单元中溶质的质量守恒。

先研究由水动力弥散所引起的物质运移。Δt 时间内沿 x 轴方向水动力弥散流入的溶质质量为 $I_x n \Delta y \Delta z \Delta t$,其中,$n$ 为空隙度,而 Δt 时间内从单元体流出的溶质的质量为 $(I_x + \frac{\partial I_x}{\partial x} \Delta x) n \Delta y \Delta z \Delta t$,因此,沿 x 轴方向流入与流出单元体的溶质质量差即单元体内溶质质量的变化为 $-\frac{\partial I_x}{\partial x} n \Delta x \Delta y \Delta z \Delta t$。

同理,沿 y 轴方向和 z 轴方向单元体内溶质质量的变化分别为 $-\frac{\partial I_y}{\partial y} n \Delta x \Delta y \Delta z \Delta t$、$-\frac{\partial I_z}{\partial z} n \Delta x \Delta y \Delta z \Delta t$。

如前文所述,溶质还要随水流一起运移,现在来研究这种运动所引起的单元体内溶质质量的变化。Δt 时间内沿 x 轴方向随水流一起流入的溶质的质量为 $c v_x \Delta y \Delta z \Delta t$,流出单元体的溶质的质量为 $(c v_x + \frac{\partial(v_x c)}{\partial x} \Delta x) \Delta y \Delta z \Delta t$。因此,沿 x 轴方向流入与流出的溶质质量差,即水流运动所引起的单元体内溶质质量的变化为 $-\frac{\partial(v_x c)}{\partial x} \Delta x \Delta y \Delta z \Delta t$。

同理,沿 y 轴和 z 轴方向水流运动所引起的单元体内溶质质量的变化分别为 $-\frac{\partial(v_y c)}{\partial y} \Delta x \Delta y \Delta z \Delta t$、$-\frac{\partial(v_z c)}{\partial z} \Delta x \Delta y \Delta z \Delta t$。

在 Δt 时间内,弥散和水流运动所引起的单元体内总的溶质质量变化为

$$-\left[n\left(\frac{\partial I_x}{\partial x} + \frac{\partial I_y}{\partial y} + \frac{\partial I_z}{\partial z}\right) + \frac{\partial(v_x c)}{\partial x} + \frac{\partial(v_y c)}{\partial y} + \frac{\partial(v_z c)}{\partial z} \right] \Delta x \Delta y \Delta z \Delta t 。$$

若 Δt 时间内单元体内溶质的浓度发生了 $\frac{\partial c}{\partial t} \Delta t$ 的变化,单元体内的液体体积为 $n \Delta x \Delta y \Delta z$,则由它所引起的该单元体中溶质质量的变化为 $n \frac{\partial c}{\partial t} \Delta x \Delta y \Delta z \Delta t$。

如果没有由于化学反应及其他原因(如抽水、吸附等)所引起的溶质质量变化,则根据质量守恒定律,两者应该相等,即

$$n \frac{\partial c}{\partial t} \Delta x \Delta y \Delta z \Delta t = -\left[n\left(\frac{\partial I_x}{\partial x} + \frac{\partial I_y}{\partial y} + \frac{\partial I_z}{\partial z}\right) + \frac{\partial(v_x c)}{\partial x} + \frac{\partial(v_y c)}{\partial y} + \frac{\partial(v_z c)}{\partial z} \right] \Delta x \Delta y \Delta z \Delta t$$

$$(9-7)$$

当坐标轴与水流平均流速方向一致时,有

$$I_x = -D_{xx}\frac{\partial c}{\partial x}; I_y = -D_{yy}\frac{\partial c}{\partial y}; I_z = -D_{zz}\frac{\partial c}{\partial z}$$

代入上式并化简得

$$\frac{\partial c}{\partial t} = \frac{\partial}{\partial x}\left(D_{xx}\frac{\partial c}{\partial x}\right) + \frac{\partial}{\partial y}\left(D_{yy}\frac{\partial c}{\partial y}\right) + \frac{\partial}{\partial z}\left(D_{zz}\frac{\partial c}{\partial z}\right) - \frac{\partial(v_x c)}{\partial x} - \frac{\partial(v_y c)}{\partial y} - \frac{\partial(v_z c)}{\partial z} \quad (9-8)$$

上式称为对流-弥散方程(水动力弥散方程)。它右端后三项表示水流运动(习惯把它喻为对流)所造成的溶质运移,前三项表示水动力弥散所造成的溶质运移。

如果还有化学反应或其他原因所引起的溶质质量变化,单位时间单位体积含水层内由此而引起的溶质质量的变化为 f,则应把它加到式(9-8)的右端,有

$$\frac{\partial c}{\partial t} = \frac{\partial}{\partial x}\left(D_{xx}\frac{\partial c}{\partial x}\right) + \frac{\partial}{\partial y}\left(D_{yy}\frac{\partial c}{\partial y}\right) + \frac{\partial}{\partial z}\left(D_{zz}\frac{\partial c}{\partial z}\right) - \frac{\partial(v_x c)}{\partial x} - \frac{\partial(v_y c)}{\partial y} - \frac{\partial(v_z c)}{\partial z} + f$$

$$(9-9)$$

以上介绍的是在饱和带中的对流-弥散方程,若溶质运移发生在非饱和带,对应的方程为

$$\frac{\partial(\theta c)}{\partial t} = \frac{\partial}{\partial x}\left(D_{xx}\frac{\partial(\theta c)}{\partial x}\right) + \frac{\partial}{\partial y}\left(D_{yy}\frac{\partial(\theta c)}{\partial y}\right) + \frac{\partial}{\partial z}\left(D_{zz}\frac{\partial(\theta c)}{\partial z}\right) - \frac{\partial(v_x \theta c)}{\partial x} -$$
$$\frac{\partial(v_y \theta c)}{\partial y} - \frac{\partial(v_z \theta c)}{\partial z} + f \quad (9-10)$$

式中:θ 为土的含水率。

要求得地下水污染物的溶质浓度的时空分布,除了上述对流—弥散方程外,还应包括如下信息:

1)研究区的范围、形状以及需要预测的时长信息;

2)计算参数:弥散度 α_L 和 α_T、分子扩散系数等和源汇项的数值;

3)边界条件和初始条件;

4)若地下水化学组分间有相互作用,则需要提供相应信息。

9.2.4 矿山地下水污染防治

9.2.4.1 矿山地下水污染防治的注意事项

由于自然原因(如含水层类型等)和人为因素(如有污染源)有可能造成水质污染的水源地,应定期取水样化验,长期进行监测工作。

由于矿山废水所造成的危害巨大,所以必须采取各种措施和方法,严格控制废水的产生和排放,减少废水对周围环境的污染。矿山废水的防治,应按"预防、利用、治理"的步骤进行,即首先应考虑工艺改革和技术革新,使废水少产生或不产生;其次是开展综合利用,化害为利,变废为宝;最后应采用物理法、化学法、物理化学法、生物法等基本方法进行治理。

1)革新工艺,抓源治本。改革工艺以减少或杜绝污染源的产生,是最根本、最有效的途径,如选矿生产采用无毒药剂代替有毒药剂。采用循环供水系统,减少废水排放量,既能减少环境污染,又能节省水资源。

2)化害为利,变废为宝。废水的污染物质,大都是生产过程中进入水中的有用元素、成品、半成品及其他能源物质,因此应尽量回收废水中的有用物质,变废为宝,化害为利。

3)采用物理法、化学法、物理化学法、生物法进行矿山废水治理,达标后再进行排放。

9.2.4.2 矿山废水的治理方法

（1）分离废水中的悬浮物

采用重力分离法和过滤法分离废水中的悬浮物质,使水质得到净化。重力分离法是使废水中的悬浮物在重力作用下与水分离的方法,在矿山应用很广泛,如选矿厂的尾砂坝。过滤法是使废水通过带孔的过滤介质,使悬浮物被阻留在过滤介质上的方法,过滤介质有隔栅、筛网、石英砂、尼龙布等材料。

（2）含酸废水的治理

治理矿山酸性水的方法主要是中和法,分为酸碱水中和、投药中和两种。酸碱水中和是指同时存在着酸、碱两种废水时,将它们中和,以废治废。投药中和是指在酸性废水中投加碱性药剂,如石灰、电石渣等,使酸性水得到中和,它可以治理不同性质、不同浓度的酸性废水,在实际生产中应用很广泛。

（3）含氰废水的治理

采用氰化法提取金属时会产生含氰废水,含氰废水通常采用综合回收、尾矿池净化和碱性氯化法净化等加以处理。从含氰废水中回收氰化钠,是积极的含氰废水治理方法;尾矿池净化含氰废水也能获得良好的效果。采用碱性氯化法,即投放漂白粉或液氯,对含氰废水净化效果也很好。

（4）放射性废水的治理

放射性废水目前尚无根治的办法,大都采用储存和稀释。不同浓度的废水,其处理方法也不相同,高水平废液,一般采用储存在地下,使之与外界环境隔绝。矿山水污染治理是一项系统工程,不同矿山的水体污染也大相径庭,需要有针对性地进行综合治理,为了人类社会的生存与可持续发展,这项工程更是任重道远。

9.3 矿山地下水环境影响评价

9.3.1 简介

我国矿山企业规模庞大,截至 2015 年,全国共有各类非油气持证（采矿证）矿山企业 83 648 家,其中能源类矿山企业 11 138 家,黑色金属矿山企业 4 713 家,有色金属矿山企业 3 257 家,稀有稀土金属企业 145 家。同时,我国是一个能源生产大国,2021 年,煤炭产量达到 41.3 亿吨,比上年增长 5.7%;铁矿石产量 9.8 亿吨,比上年增长 9.4%;10 种有色金属产量 6 177.1 万吨,比上年增长 4.7%;铜精矿产量 185.5 万吨,比上年增长 10.9%;铅精矿产量 155.4 万吨,比上年增长 16.9%;锌精矿产量 315.9 万吨,比上年增长 14.1%;磷矿石产量 10 289.9 万吨（折含 P_2O_5 30%）,比上年增长 13.8%;水泥 23.8 亿吨,下降 0.4%。（《中国矿产资源报告》,2021）主要矿产资源产品的产量均达到一个较高水平。

随着我国矿产资源开发的迅猛发展,矿山建设与开采对矿区及其周边地下水的影响越发明显。不同矿产资源、不同矿区规模、不同开采方式，以及不同的矿区地质环境，对地下水的影响是不同的。矿山建设与开采对地下水的影响，主要体现在地下水水质和水量两个方面。因此，客观、全面、准确地评价矿产资源开发对地下水环境的影响对于保护地下水资源至关重要。

然而，在过去相当长的一段时间里，对地下水环境影响评价重视程度不够。在早期的环境影响评价中，甚至没有包括地下水环境评价的内容。直至 2002 年，原国家环境保护总局科技标准司才下达了《环境影响评价技术导则　地下水环境》的编制任务，主要编制单位包括中国地质大学(北京)、吉林省地质环境监测总站等。到 2004 年，原国土资源部正式公布《建设项目地下水环境影响评价规范》(DZ 0225—2004)，地质矿产行业开始以此作为地下水环境影响评价的依据(龚星,2013)。2011 年 6 月，环境保护部发布《环境影响评价技术导则 地下水环境》(HJ 610—2011)，地下水环境评价才正式成为建设项目地下水环境影响评价工作的规范和指导。至 2016 年，对发布的导则进行了再次修订和完善，使地下水环境影响评价更加规范化。《环境影响评价技术导则 地下水环境》(HJ 610—2016)规定，地下水环境影响评价应对建设项目在建设期、运营期和服务期满后对地下水水质可能造成的直接影响进行分析、预测和评估，为建设项目地下水环境保护提供科学依据。从此，所有新建或扩建的矿山建设项目都要进行科学的地下水环境评价。

矿区主要的地下水环境问题包括矿区供水水源减少或枯竭，矿床疏干导致水循环环境恶化，引发矿区岩土体破坏(地面塌陷、滑坡、地震等)，采矿引发地下水水质恶化等问题，矿区地下水环境影响评价应围绕这些问题来开展工作。

9.3.1　矿山地下水环境评价的主要内容

9.3.1.1　地下水环境影响评价概述

地下水资源水质良好，是水资源的重要组成部分，开采便利且分布广泛，既可以保障城市和农村的生活用水，也可以为工农业用水提供优质水源，是保障生态平衡以及社会经济健康持续发展的基础。

近年来，我国矿业开采活动的持续和发展，对矿区地下水资源造成严重的污染和破坏。包括采场、选矿厂、尾矿库、废石堆场或排土场等密集干扰场所在内的矿山开采区，对生态环境造成严重破坏，尤其是不少矿山开采技术落后和粗放的开采方式，造成较大的资源浪费和环境污染。开采过程中浸矿液的渗漏和不完全回收，采矿产生的废弃物堆积造成有害物质沉积进入含水层，选矿厂排放废水、尾矿的淋滤液等都是引起矿区地下水环境质量改变的重要因素。这些影响主要体现在以下各方面：

1)在矿山开采或选矿过程中，长期大量抽取地下水，导致地下水水位大幅度下降，造成一定程度上的含水层结构破坏，破坏矿山地区的地下水均衡系统，引起矿区周边溪水、河道断流，水井断水等，对矿区周边地区的农田、作物以及居民日常生活用水产生较大影响。

2) 矿山的开采活动产生大量的废弃物，如矿坑水、废石、尾矿等，这些废弃物的不合理排放和堆存，造成大量废弃物堆积在矿山工作面周围，污染物质的直接入渗或随着矿区降雨渗滤、浸泡后形成渗滤液再入渗，进入矿区含水层，造成该地区地下水资源的严重污染。如果污水未进行处理而长期对外排放，将对地下水环境造成极为不利的影响。采矿区、尾矿堆和工业场地的地下水环境污染,最终也将影响周边地区的正常生产生活和生态环境。

3)尾矿的物理结构较为松散,并含有大量有毒废物,降雨对尾矿固体废物的淋滤作用较为显著,使有害或有毒组分通过包气带下渗到潜水含水层中,并表现出周期性变化。尾矿场中污染物的扩散过程,不仅与地表径流密切相关,而且与当地的地下水动态联系紧密。地下水的某些天然成分能使部分污染物以溶液的形式运移,地下水的分布和运动则控制着污染物在地下的迁移、扩散。地下水污染不同于地表水,地下水污染和环境影响具有隐蔽、滞后及难以逆转的特性,并且水文地质条件复杂多变,一旦污染物进入地下含水层,则极难治理。实施地下水污染的分类防控和管理是控制地下水污染的最有效措施。

地下水环境质量评价与地下水环境影响评价既有联系又有区别:地下水环境质量评价是指地下水环境质量现状评价;地下水环境影响评价则根据建设项目的不同,分类进行地下水资源、水质、地下水动力场及其作用、水污染现状评价以及影响预测评价。其中,水质的现状评价部分在评价因子与评价标准上一致,在评价方法上存在相似之处。但评价目的、对象、评价内容、评价方法、评价程序存在较大差异,性质上是完全不同的两项工作,见表9-1。

表 9-1　地下水环境影响评价与地下水环境质量评价的区别

区别	地下水环境影响评价	地下水环境质量评价
评价目的	防患于未然,有效保护地下水环境,为建设项目合理布局或区域开发提供决策依据	查明地下水环境质量状况,判断地下水水质的优劣,为地下水环境规划、综合治理提供科学依据
工作性质	地下水环境影响预测	地下水环境现状评价
评价对象	拟建建设项目、区域开发计划对地下水的影响	地下水自然环境
工作特点	工程性、经济性	区域性
评价方法	收集资料、野外实验或室内试验、检测、预测及评价	收集资料、地下水环境质量现状调查与检测、评价

9.3.1.2　地下水环境影响评价原则与等级划分

实现对矿山地下水环境影响评价过程中,按遵循一般性原则,严格按照地下水环境评价的工作程序去完成评价任务。

根据 2016 年环境保护部发布的国家环境保护标准《环境影响评价技术导则　地下水环境》(HJ 610—2016),地下水环境影响评价应对建设项目在建设期、运营期和服务期满后对地下水水质可能造成的直接影响进行分析、预测和评估,提出预防、保护或者减轻不良影响的对策和措施,制订地下水环境影响跟踪监测计划,为建设项目地下水环境保护提供科学依据。根据建设项目对地下水环境影响的程度,结合《建设项目环境影响评价分类管理名录》(2021 年版),将建设项目分为四类,详见国家环境保护标准《环境影响评价技术导则 地下水环境》(HJ 610—2016)附录 A。Ⅰ类、Ⅱ类、Ⅲ类建设项目的地下水环境影响评价应执行本标准,Ⅳ类建设项目不开展地下水环境影响评价。

地下水环境影响评价应按标准划分的评价工作等级开展相应评价工作,基本任务包括:识别地下水环境影响,确定地下水环境影响评价工作等级;开展地下水环境现状调查,完成地下水环境现状监测与评价;预测和评价建设项目对地下水水质可能造成的直接影响,提出有针对性的地下水污染防控措施与对策,制定地下水环境影响跟踪监测计划和应急预案。

地下水环境影响评价工作可划分为准备阶段、现状调查与评价阶段、影响预测与评价阶段和结论阶段。

评价工作等级划分应根据建设行业分类和地下水环境敏感程度分级(见表9-2)进行划定,可以划分为一、二、三级,见表9-3。

表9-2 地下水环境敏感程度分级表

敏感程度	区域
敏感	集中式饮用水水源(包括已建成的在用、备用、应急水资源,在建和规划的饮用水水源地)准保护区;除集中式饮用水水源地以外的国家或地方政府设定的与地下水环境相关的其他保护区,如热水、矿泉水、温泉等特殊地下水资源保护区
较敏感	集中式饮用水水源(包括已建成的在用、备用、应急水资源,在建和规划的饮用水水源地)准保护区以外的补给径流区;未划定准保护区的集中式饮用水水源,其保护区以外的补给径流区;分散式饮用水源地;特殊地下水资源(如矿泉水、温泉等)保护区以外的分布区等其他未列入上述敏感分级的环境敏感区
不敏感	上述地区之外的其他地区

注:"环境敏感区"是指《建设项目环境影响评价分类名录》中所界定的设计地下水敏感区。

表9-3 评级工作等级分级表

环境敏感程度	Ⅰ类项目	Ⅱ类项目	Ⅲ类项目
敏感	一	一	二
较敏感	一	二	三
不敏感	二	三	三

对于废弃的盐岩矿井洞穴或人工专制盐岩洞穴、废弃矿井巷道加水幕系统、人工硬岩洞库加水幕系统、地质条件较好的含水层储油、枯的油气层储油等形式的地下储油库、危险废物填埋场应进行一级评价,不需按照表9-3进行评价工作等级划分。

当同一建设项目涉及两个或两个以上场地时,各个场地应分别进行评价工作等级判定,并按照相应等级开展评价工作。

线性工程根据所涉及的地下水环境敏感程度和主要站场位置(如输油站、泵站、加油站、机务段、服务站等)分段进行评价等级判定,并按照相应等级开展评价工作。

9.3.1.3 地下水环境影响评价技术要求

地下水环境影响评价应当充分利用现有资料和数据,当现有资料和数据不能满足评价等级下的内容要求时,应积极开展相应评价等级要求的补充调查,必要时进行实地勘察试验。

（1）一级评价要求

1）详细掌握评价区域的环境水文地质条件，主要包括含（隔）水层结构特征及分布特征、地下水补径排条件、地下水流场、地下水动态变化特征、各含水层之间以及地表水与地下水之间的水力联系等，详细掌握评价区域地下水开采利用现状与规划。

2）开展地下水环境现状监测，详细调查、掌握评价区域地下水环境质量现状和地下水动态监测信息，进行地下水环境现状评价。

3）查清场地环境水文地质条件，有针对性地开展现场勘察试验，确定包气带特征及其防污性能。

4）采用数值法进行地下水环境影响预测，对于不宜概化为等效多孔介质的地区，可根据自身特点选择合适的预测方法。

5）预测评价应结合相应环保措施，针对可能发生的污染情景，预测污染物运移趋势，评价建设项目对地下水环境保护目标的影响。

6）根据预测评价结果、场地包气带特征及其防污性能，提出切实可行的地下水环境保护措施与地下水环境影响跟踪监测计划，并制定应急预案。

（2）二级评价要求

1）基本掌握评价区域的环境水文地质条件，主要包括含（隔）水层结构及分布特征、地下水补径排条件、地下水流场等。了解评价区域地下水开发利用现状与规划。

2）开展地下水环境现状监测，基本掌握评价区域地下水环境质量现状，进行地下水环境现状评价。

3）根据场地环境水文地质条件的掌握情况，有针对性地补充必要的现场勘察试验。

4）根据建设项目特征、水文地质条件及资料掌握情况，选择采用数值法或解析法进行影响预测，预测污染物运移趋势及其对地下水环境保护目标的影响。

5）提出切实可行的环境保护措施与地下水环境影响跟踪监测计划。

（3）三级评价要求

1）了解评价区域、场地环境水文地质条件。

2）基本掌握评价区域的地下水补径排条件和地下水环境质量现状。

3）采用解析法或类比分析法进行地下水影响分析与评价。

4）提出切实可行的环境保护措施与地下水环境影响跟踪监测计划。

（4）其他技术要求

1）一级评价要求场地环境水文地质资料的调查精度应不低于 1:10 000 比例尺，评价区域的环境水文地质资料的调查精度应不低于 1:50 000 比例尺。

2）二级评价环境水文地质资料的调查精度要求能够清晰反映建设项目与环境敏感区、地下水环境保护目标的位置关系，并根据建设项目特点和水文地质条件复杂程度确定调查精度，建议一般以不低于 1:50 000 比例尺为宜。

9.3.2　矿山地下水环境影响评价的工作流程

地下水环境影响评价可划分为准备阶段、现状调查与评价阶段、影响预测与评价阶段和结论阶段,不同阶段采用不同的工作方法,详细工作流程如图 9-2 所示。

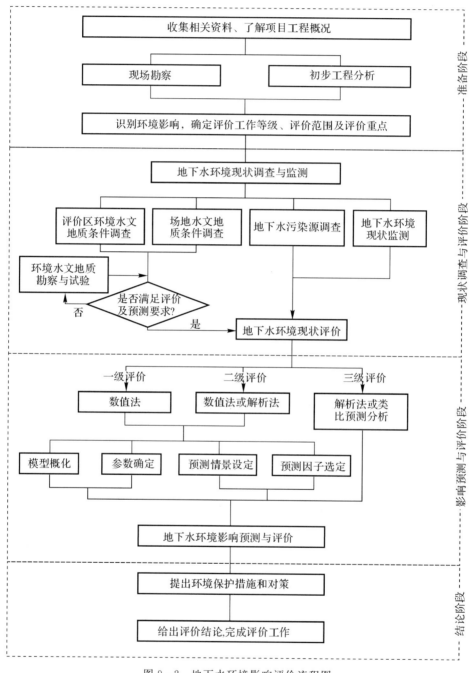

图 9-2　地下水环境影响评价流程图

准备阶段的主要任务包括收集相关资料、了解项目工程概况。相关资料包括国家和地方地下水环境保护的法律、法规、政策、标准及相关规划等资料。了解矿山工程建设项目的基本情况,初步分析工程项目对地下水环境可能产生的直接影响。通过现场探勘,识别地下水环境敏感程度,确定评价工作等级、评价范围及评价重点。

现状调查与评价阶段的主要任务包括评价区环境水文地质条件调查、场地水文地质条件调查、地下水污染源调查、地下水环境现状监测。这一阶段是评价工作的重点,是开展影响预测的基础。主要工作方法包括地质调查、勘探、取样、现场监测、室内试验、室内资料整理等。若环境水文地质调查与场地水文地质条件调查的成果满足评价及预测要求,可直接进行地下水环境现状评价,否则应进行环境水文地质勘察与试验。环境水文地质勘察与试验工作的主要目的是进一步查明地下水含水层特征和获取预测评价中所需要的水文地质参数。地下水环境现状评价主要包括地下水水质现状评价和包气带环境现状分析。地下水水质现状评价的基本依据为 GB/T 14848 和有关法规及当地的环保要求,应采用标准指数法进行评价,标准指数>1,表明水质超标,指数越大,超标越严重。包气带环境现状分析主要是针对一、二级改扩建项目,应着重分析包气带的污染情况;三级项目不作强制要求。

影响预测与评价阶段的主要任务为进行地下水环境影响的预测,重点在矿山工程建设对地下水环境的直接影响。地下水环境影响预测需根据评价等级确定预测方法。三级评价一般可采用解析法或类比法进行预测分析;二级评价则要求使用解析法或数值法;一级评价要求必须使用数值法进行预测分析。预测的范围、时段、内容和方法均应根据评价工作等级、工程特征与环境特征,结合当地环境功能与环保要求确定。地下水环境预测的范围一般与调查评价范围一致,预测含水层以潜水含水层和污染物直接进入的含水层为主。当建设场地包气带垂向渗透系数较小(小于 1×10^{-6} cm/s)或厚度超过 100 m 时,预测范围应包括包气带。预测时段应选取可能产生地下水污染的关键时段,能够反映污染特征因子迁移规律的重要时间节点,至少包括 100 d、1 000 d 和服务年限。

结论阶段:综合准备阶段、现状调查和影响预测阶段的成果,提出地下水环境保护措施与防控措施,制订跟踪监测计划,对评价工作进行总结。

【资料】《环境影响评价技术导则　地下水环境》(HJ 610—2016)说明

该标准属于中华人民共和国国家环境保护标准,于 2016 年 1 月 7 日发布并开始实施,用以替代 HJ 610—2011 标准。

该标准规定了地下水环境评价的一般性原则、内容、工作程序、方法和要求,规范和指导地下水环境影响评价工作,保护环境,防治地下水污染。该标准主要涉及的工作内容包括地下水环境影响识别、地下水环境评价技术要求、地下水现状调查与评价、地下水环境影响预测、地下水环境影响评价、地下水环境保护措施与对策,以及地下水环境影响评价结论。

该标准适用于对地下水环境可能产生影响的建设项目的环境影响评价。规划环境影响评价中的地下水环境影响评价可参照执行。

引用的规范性文件包括:

GB 3838　　　地表水环境质量标准

GB 5749　　　生活饮用水卫生标准

GB/T 14848　　地下水质量标准

GB 16889　　　生活垃圾填埋场污染控制标准

GB 18597　　　危险废物贮存污染控制标准

GB 18598　　　危险废物填埋场污染控制标准

GB 18599　　　一般工业固体废物贮存、处置场污染控制标准

GB 50027　　　供水水文地质勘察规范

GB 50141　　　给水排水构筑物工程施工及验收规范

GB 50268　　　给水排水管道工程施工及验收规范

GB/T 50934　　石油化工工程防渗技术规范

HJ 2.1　　　　环境影响评价技术导则　总纲

HJ/T 2.3　　　环境影响评价技术导则　地面水环境

HJ 25.1　　　　场地环境调查技术导则

HJ 25.2　　　　场地环境监测技术导则

HJ/T 164　　　地下水环境监测技术规范

HJ/T 338　　　饮用水水源保护区划分技术规范

DZ/T 0290　　　地下水水质标准

第三篇　矿山工程地质

第 10 章 矿山工程地质问题

10.1 概　　述

矿山工程是利用地质体建筑成的露天开采和井工开采工程。矿山工程的主体是由土体和岩体直接组成的建筑物,如露天矿工程由露天矿边坡及坑底采场组成,它们都是由土体或岩体直接开挖成的;地下采掘工程(或称为井巷工程)也是一样,竖井、巷道、采场都是直接由土体和岩体构成。土体和岩体(即地质体)是矿山的结构物,矿山工程是典型的地质工程,这是矿山工程与其他工程的重要差别。在矿山工程建筑中,首先必须搞清楚作为矿山工程建筑的结构物——地质体和环境条件,否则,地质体及环境会对矿山工程建设者进行强烈的报复,这种事例在国内外屡见不鲜。由于对矿井工程地质条件缺乏正确认识,投产后巷道维修、返工甚至报废的例子不胜枚举。如最近一个时期出现的软岩、膨胀岩巷道问题,就是对软岩和膨胀岩工程地质力学特性缺乏认识所致。由于对矿山建设的工程地质条件缺乏研究,每年需投入大量资金对矿山工程进行维护和翻修。上述情况表明工程地质工作是矿山建设的基础,工程地质学是矿山工程科学的基础学科,必须给予充分的重视。

矿山工程地质研究的主要任务是对矿山建设中将要遇到的工程地质问题和工程地质条件进行分析。这项工作非常重要。矿山建设中常遇到的工程地质问题如下:

1)露天矿边坡稳定性问题;

2)井巷及采场围岩稳定性问题;

3)由于采矿引起的环境工程地质问题。

工程地质条件是可以查清的,工程地质问题是可以做出分析的。关键在于矿山工程地质工作者不仅要掌握一般的地质原理,而且还要掌握与矿体埋藏条件有关的地质规律,特别是小构造,即断层、节理、蚀变带等规律。这样才能主动地去查明具体矿山工程地质条件,预报矿山建设及施工过程中可能出现的工程地质问题。

10.2 露天矿边坡稳定性问题

随着采矿机械的发展,世界上采矿事业总的趋势是大力发展露天开采。目前我国铁矿开采中露天开采占 90％以上,有色金属占 46％,煤炭开采中露天开采的比重也越来越大。

随着露天开采技术的不断发展,露天开采的规模和深度日益增大,许多露天采场正在向深凹发展,很多矿山的垂直深度已达到或超过 300 m,部分露天采场的最终设计深度在 500 m 以上。露天采场周边由台阶组成的斜坡称为露天矿的边坡或帮坡,如图 10 - 1 所示。按其相对于矿体所处的位置不同,可以分为上盘边坡(顶帮)、下盘边坡(底帮)和端帮边坡。图中 α、β 为最终边坡角,γ 为某一台阶的台阶边坡角,坡顶面至某一开采水平之间的垂直高度为边坡高度。

岩石是构成边坡岩体的物质基础,金属矿床大多与岩浆岩和变质岩有密切关系。岩石自身强度较高,但结构面发育使岩体破碎,导致整体强度降低。结构面与边坡面的空间组合关系直接影响着边坡的破坏形式和稳定性。例如:当边坡中有一组结构面与边坡倾向相近且其倾角小于边坡角时,可能发生平面破坏;边坡中两组结构面与边坡斜交,且相互交成楔形体,可能发生楔体破坏;当边坡岩体被结构面切割成散体结构时,可能发生圆弧形滑动破坏。

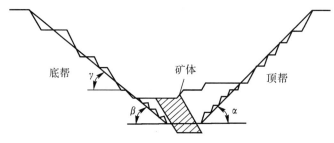

图 10 - 1　露天矿边坡构成示意图

10.2.1　边坡稳定性的影响因素

露天矿边坡是露天采矿工程活动所形成的一种特殊结构物。它与地壳岩体连成一体,处在地应力场内,时刻承受各种自然条件的作用。同时,它又是矿山工程活动的对象,受矿山工程活动的影响。因此,影响露天矿边坡稳定性的因素繁多,可分为两类:

1)主导因素:岩土体类型及其工程力学性质、地下水条件、地质构造与岩土体结构、风化作用等;

2)触发因素:大气降水的作用、采矿工程活动(开挖卸荷效应与爆破震动效应)等。

各种因素从三个方面影响着采矿边坡的稳定性:一是影响边坡岩土体的强度,不同的岩性和岩体结构具有不同的强度,地下水和风化作用都将降低岩土强度;二是影响边坡的形状,主要体现在采矿过程中的开挖,使边坡坡度变大,稳定性变差;三是影响边坡的内应力状态,开挖边坡、爆破震动以及地下水压力都改变着边坡的内应力状态。

对采矿边坡稳定性起决定性作用的是其主导因素,触发因素只有通过主导因素才能对边坡稳定性的变化起作用,促使边坡变形破坏的产生和发展。

10.2.2　边坡破坏模式

岩石边坡的破坏模式主要取决于边坡的岩性以及存在于岩体中的各种构造与坡面的空

间组合形式,其可能的破坏模式有崩塌破坏模式、平面或折面滑动、楔体滑动和圆弧滑动。

(1)崩塌破坏模式

岩坡崩塌破坏是边坡上部的岩块在重力作用下,突然高速脱离母岩而翻滚坠落的急剧变形破坏的现象,是岩体在陡坡面上脱落而下的一种边坡破坏形式,经常发生于陡坡顶部裂隙发育的地方。崩塌破坏的机理:风化作用减弱了节理面间的黏结力;岩石受到冰胀、风化和气温变化的影响,岩体的抗拉强度减弱,使得岩块松动,形成了岩石崩落的条件;雨水渗入张裂隙中,造成了裂隙水的压力作用于向坡外的岩块上,从而导致岩块崩落。其中,裂隙水的水压力和冰胀作用是崩塌破坏的常见原因。崩塌的岩块通常沿着层面、节理或局部断层带或断层面发生倾倒或其下部基础失去支撑而崩落。图 10-2 为崩塌破坏模式。崩塌可能是小规模块石的坠落,也可能是大规模的山崩或岩崩,这种现象的发生是由于边坡岩体在重力的作用和附加外力作用下,岩体所受应力超过其抗拉或抗剪强度造成的。崩塌以拉断破坏为主,强烈震动或暴雨往往是诱发崩塌的主要原因。对于金属露天矿,局部的崩塌破坏是不可避免的,此时需注意人员和设备的安全。

图 10-2　崩塌破坏模式

(2)平面或折面滑动

平移滑动破坏是指一部分岩体沿着地质软弱面,如层面、断层、裂隙或节理面的滑动。其特点是块体运动沿着平面滑移。其破坏机理是在自重应力作用下岩体内剪应力超过层间结构面的抗剪强度导致不稳定而产生的沿层滑动。这种滑动往往发生在地质软弱面倾向与坡面相近的地方。坡脚开挖或者某种原因(如风化、水的浸润等)降低了软弱面的内摩擦角,地质软弱面以上的部分岩体沿此平面而下滑,造成边坡破坏,如图 10-3 所示。当边坡中存在与坡面倾向一致的结构面时,就可能发生平面或折面滑动破坏。当没有上下贯通且在坡面出露的结构面时,可能形成的是由多组结构面组合而成的折面滑动破坏,即指由两组或更多的相同倾向的结构面组成的滑面滑动。由于边坡岩体被纵横交错的地质结构面切割,由这些断裂面形成的滑面,往往不是平面或圆弧等规则形状,而是呈现出某一种曲折形状。

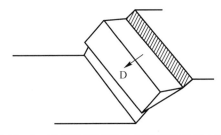

图 10-3　平面滑动破坏模式(D 表示滑动方向)

(3)楔体滑动

在岩质边坡的失稳模式中,楔形破坏是最常见的一种破坏模式。楔形破坏又称"V"形破坏,是由两组或两组以上优势结构面与临空面和坡顶面构成不稳定的楔形体,并沿两优势面的组合交线下滑。当坚硬岩层受到两组倾斜面相对的斜节理切割,节理面以下的岩层又较碎时,一旦下部遭到破坏,上部 V 字形节理便失去平衡,于是发生滑动,边坡上出现"V"形槽,如图 10-4 所示。发生楔体滑动的条件是:两组结构面与边坡坡面斜交,两组结构面的交线在边坡面上出露,在过交线的铅垂面内,交线的倾角大于滑面的内摩擦角而小于该铅垂面内的边坡角。

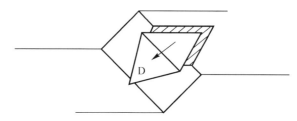

图 10-4　楔体滑动破坏模式

（4）圆弧滑动

圆弧破坏的机理为岩体内剪应力超过滑面抗剪强度,致使不稳定体沿圆弧形剪切滑移面下滑。在均质的岩体中,岩坡破坏的滑面通常呈弧形,岩体沿此弧形滑面滑移。在非均质的岩坡中,滑面是由短折线组成的弧形,近似于对数螺旋曲线或其他形状的弧面,如均质土坡、露天矿的排土场边坡或结构面与边坡面相反倾角的岩质边坡。通常认为滑体沿坡肩方向很长,并取一单位长度的边坡进行研究。所以从断面上看,滑面呈圆弧形,如图 10-5 所示。

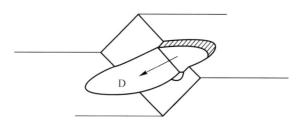

图 10-5　圆弧滑动破坏模式

10.3　井巷及采场围岩稳定性问题

井工采矿是一个复杂而特殊的典型地下地质工程系统,它主要由三大类地下工程组成:竖井、巷道与采场。对这三大类工程的认识经历过两个阶段。

第一阶段,将构成这三大类工程的地质体一律视为无自稳能力的介质。要使地质体稳定,必须加以支护,把地质体及其围岩都视为作用于支护上的压力,这一阶段的基本观点是山岩压力-支护系统。

第二阶段,随着工程地质和岩体力学的发展,逐渐认识到围岩是有一定自稳能力的。围岩本身就是竖井、巷道及采场工程的结构及建筑材料。作用于这种工程结构上的压力是地应力。如果围岩不能自稳,可采取适当措施对围岩进行改造,以达到在地应力作用下自稳的条件。

10.3.1　井巷破坏机制

(1)块体塌落模型

由一条或两条结构面与贯通型节理在洞顶或边墙组合成四面体或五面体,在自重作用下塌落,塌落后的洞顶呈人字形或锥穴形,结构面交角 α 愈大,愈易塌落,α 愈小,愈不易塌落,这种力学模型最适宜的力学分析方法为块裂介质岩体力学分析方法。

(2)随机冒落模型

当巷道穿过断层破碎带、蚀变、风化的岩脉或处于低地应力条件下的碎裂岩体时,易产生塌落拱式倒悬楔体型冒落,冒落高度可高达 20～30 m。这类破碎岩体常常是流水的通道。破碎岩体遇水作用后强度大大降低,使冒落尺寸大大增大,自稳时间变短,甚至巷道挖开后就冒落,这种破坏类型的围岩稳定性可采用普氏或太沙基的塌落拱理论分析。

(3)顶板塌落模型

由平卧板裂结构岩体组成的顶板,在低地应力环境中,在自重作用下,以梁板弯折的方式产生塌落;在高地应力环境中,顶板岩体在轴向力作用下以溃屈方式产生塌落。一般塌落高度不大,常见的为 3～5 m。层间错动愈发育的岩体,愈易发生这种类型的破坏。这种顶板塌落模型围岩稳定性可以采用和具有自重参与作用的梁板理论估算。

4)边墙溃屈破坏模型

陡倾薄层板裂结构岩体组成的巷道中易出现这种破坏形式,这是一种在高地应力条件或自重作用下产生的溃屈破坏。高地应力作用使边墙首先产生弯曲变形,然后在自重作用下产生溃屈破坏。其稳定条件可以用自由段长度 l_p 和边墙板裂体临空长度 l 的比值来评价。

$$l_p = (8\pi^2 EI/q\sin\alpha)^{1/3} \qquad (10-1)$$

式中:E 为单层板的弹性模量;I 为单层板的截面矩,$I=bh^3/12$(b 为单层板的厚度,h 为单层板的高度);q 为单层板的质量;α 为岩层倾角。

如果洞壁出露临空的板柱长度为 l,则洞壁板裂体的稳定性系数 η 为

$$\eta = l_p/l \qquad (10-2)$$

当 $\eta < 1$ 时不稳定,$\eta > 1$ 时为稳定的。

5)流动变形

流动变形常表现为收敛变形。收敛变形过大时也会导致破坏。收敛变形有弹性回弹和流动变形两种类型。弹性回弹不会导致破坏,流动变形可导致洞壁围岩破坏。流动变形是高地应力地区软弱围岩中极常出现的一种收敛变形现象。收敛变形是结果,流动变形是产生收敛变形的原因,特别是收敛变形量高达几十厘米时的重要原因之一就是流动变形;另一原因为洞壁岩体出现板裂化,在地应力和自重作用下产生了弯曲变形,不过这种变形不是流动变形,可由变形监测资料鉴别出来。判断巷道围岩能否出现流动变形的最简单的办法是利用洞壁岩体产生流变起始应力与洞壁切向力比较来定。不出现流动变形的条件是

$$\sigma_{fi} > 3(\sigma_1 - \sigma_3) \qquad (10-3)$$

式中：σ_1 为计算剖面内的最大地应力值；σ_3 为最小地应力值；σ_{fi} 为流变起始应力。这个公式对圆形巷道是有效的，对工程地质评价来说，其他洞形亦可参照。

10.3.2 矿山压力

地下岩体在开挖以前，原岩应力处于平衡状态。开掘巷道或进行回采工作时，破坏了原始的应力平衡状态，引起岩体内部的应力重新分布，直至形成新的平衡状态。这种由于矿山开采活动的影响，在巷道周围岩体中形成和作用在巷道支护物上的力称为矿山压力，在相关学科中也称为二次应力或工程扰动力。矿山压力会引起各种力学现象，如冲击地压（岩爆）、顶板下沉和垮落、底板鼓起、片帮、支架变形和损坏、充填物下沉压缩、岩层和地表移动、水与瓦斯突出等。这些由于矿山压力作用使巷道周围岩体和支护物产生的种种力学现象，统称为矿山压力显现（简称"矿压显现"）。

10.3.3 岩爆

岩爆（见图 10-6）是地下工程中危害最大的安全事故之一。岩爆现象在国内外不乏其例。例如，著名的辛普伦隧洞、南非的维特瓦特斯兰德金矿、日本的清水隧洞都发生过这种现象。加拿大一矿井中，发生的岩爆曾把 930 m 长的井筒堵死了 460 m 之多，由岩爆产生的地震波曾传播到 900 多千米以外的地震台站。我国某地下工程，埋深仅 100 余米，围岩为寒武系陡山沱组硅质岩层，发生岩爆后，岩块突然抛射，开始有拳头大小的石块迸出，速度很快；0.5 h 后，渐变为蚕豆大小的碎石四散飞射；1 h 后，逐渐停止。在成昆线震旦系灯影灰岩及硅质白云岩等坚硬岩层中开凿隧道时，屡有所见。另外，四川绵竹天池煤矿在采掘中多次发生岩爆，最大的一次将 20 余吨煤抛出 20 余米之遥。

图 10-6　岩爆破坏

岩爆灾害现象发生于金属矿山（铜矿、镍矿、南非和印度金矿等，红透山铜矿、冬瓜山铜矿）、交通隧道（秦岭终南山、关村坝等）、水利水电工程（锦屏水电站、二滩电站、天生桥引水隧洞、渔子溪引水隧洞等）。国外最早的煤矿中岩爆（煤爆，冲击地压）是 1738 年，发生于英国南史塔福煤田。我国煤矿中岩爆存在比较普遍，1957—1997 年，全国共发生 2 000 多起事故。

深部开采与开挖，也易诱发岩爆地质灾害。1995 年 9 月南非 Carletonville 金矿发生岩爆(震级为 3.6),距震源约 400 m 的巷道遭受严重破坏;美国 Lucky Friday 金属矿的二次岩爆也造成了巷道严重破坏(埋深超过 700 m,震级为 3.6~4.2)。岩爆发生的频度和烈度随着开采深度的增加而增大。局部高应力环境更加容易诱发岩爆灾害,因此应成为重点研究内容。

矿井中的岩爆大致可分为三类,即

1) 发生在局部范围内的岩爆,导致局部区域的损害和破坏;

2) 岩爆在大范围内产生影响,但并未造成局部区域损害;

3) 岩爆发生在离采场和掘进工作面一定距离之外,但也会在局部范围内产生严重损害。

第一种类型显然与采掘活动有十分密切的关系,第二种类型是由于大范围矿震引起的,第三种类型与断层活动有关。

南非金矿过去几十年的开采实践表明,深部开采过程中岩爆的产生是有一定规律的,总结起来,主要有 3 个规律:

1) 岩爆的产生与岩层的剪切破坏有关,尤其是岩层沿预先存在的不连续面产生滑移占主导地位;

2) 岩爆多发生在采掘活动频繁的区域,统计表明,深部开采大部分岩爆都发生在工作面附近 100~200 m;

3) 深部开采岩爆的发生具有一定的随机性,因此岩爆的预测预报只能建立在统计观点基础上,而准确预报岩爆发生的时间与地点几乎是不可能的。但有一点是可以肯定的,即当一些不利因素如开采空间大、支承压力高、断层发育等同时出现时,岩爆发生的概率会大大增加。

10.3.3.1　岩爆的概念

岩爆是高应力条件下地下硐室开挖过程中,承受强大地压的脆性煤、矿体或岩体,因开挖卸荷引起周边围岩产生径向应力 σ_r 降低、切向应力 σ_θ 增高的应力分异作用,储存于硬脆性围岩中的弹性应变能突然释放且产生爆裂松脱、剥离、弹射甚至抛掷的一种动力地质灾害,在煤矿、金属矿和各种人工隧道中均有发生。由于岩爆对地下工程造成了不同程度的危害,如影响地下采掘和开挖工程的施工进度,破坏支护、损坏施工设备并危及工作人员的生命安全,因此,岩爆已经成为人类地下采掘和开挖过程中普遍关注的一种地质灾害。

10.3.3.2　岩爆的类型

张倬元、王士天教授等(1994)按岩爆发生部位及所释放的能量大小,将岩爆分为三大类型。

(1)围岩表部岩石破裂引起的岩爆

在深埋隧道或其他类型地下硐室中发生的中小型岩爆多属于这种。岩爆发生时常发出如机枪射击的噼噼啪啪的响声,故被称为岩石射击。一般发生在新开挖的工作面附近,掘进爆破后 2~3 h,围岩表部岩石发生爆破声,同时有中间厚、边部薄的不规则片状岩块自硐壁围岩中弹出或剥落。这类岩爆多发生于表面平整、有硬质结核或软弱面的地方,且多平行于岩壁发生,事先无明显的预兆。

（2）矿柱围岩破坏引起的岩爆

在埋深较大的矿坑中，由于围岩应力大，矿柱或围岩常常发生破坏而引起岩爆。这类岩爆发生时通常伴有剧烈的气浪和巨响，甚至还伴随周围岩体的强烈振动，破坏力极大，对地下采掘工作常造成严重的危害，被称为矿山打击或冲击地压。在煤矿中，这类岩爆多发生于距巷道壁有一定距离的区域内。

（3）断层错动引起的岩爆

当开挖的硐室或巷道与潜在的活动断层以较小的角度相交时，由于开挖使作用于断层面上的正应力减小，降低了断面的摩擦阻力，常引起断层突然活动而形成岩爆。这类岩爆一般发生在活动构造区的深矿井中，破坏性大，影响范围广。

10.3.3.3 岩爆的成因

从能量的观点来看，岩爆的形成过程是岩体能量从弹性储存到快速释放直至最终形成不等大小的扁平状岩体碎块并脱离母岩的过程。因此，岩爆是否发生及其表现形式就主要取决于岩体是否能储存足够大的能量，以及是否具有释放的能量和能量释放方式等。国内外专家的研究结果表明，岩爆是由围岩岩性及岩体结构、围岩应力状态、地质构造环境、地下水、开挖施工方法、断面形状等多种因素综合作用的结果。

（1）围岩岩性及岩体结构对岩爆的影响

岩爆一般发生在新鲜完整、质地坚硬、结构密度好、没有或很少有裂隙存在、具有良好的脆性和弹性的岩体中。岩石的抗压强度越大，其质地越坚硬，可能蓄积的弹性应变能越大，从而发生岩爆的可能性越大。

（2）地应力对岩爆的影响

地应力是地下工程赋存环境中最主要的指标之一，岩体中的初始地应力受地形条件、地质条件、构造环境等因素的影响。影响岩爆产生的地应力包括岩体中的初始地应力和因岩体开挖造成的围岩应力重分布。初始地应力包括因构造运动产生的水平地应力和因岩体上覆岩层存在的岩体自重应力——垂直地应力，还有因边坡岩体卸荷回弹产生的应力、深切峡谷地区产生的集中应力等。

岩爆的发生与地应力量级密切相关。在相同地质背景条件下，具有较高地应力的岩石，其弹性模量也较高，岩石具有较大的弹性应变能，最易发生岩爆，开挖过程中易形成较厚的矿山工程地质学围岩松动区。在岩体中开挖巷道，改变了岩体赋存的空间环境，扰动了巷道周围岩石初始应力，破坏了巷道周围的平衡状态，引起巷道周围岩体应力重新分布和应力集中，当围岩应力超过岩爆的临界应力时遂产生岩爆。

（3）地质构造对岩爆的影响

在断层破碎带和节理十分发育的部位和地段，由于在其形成过程中已经产生能量释放，即使后期再次经历构造作用，这些部位由于岩体比较破碎，已经不具备储存大能量的条件。因此，在断层破碎带和节理十分发育的部位不会出现岩爆。然而，在断层带附近的完整岩体中，由于断层形成过程中的应力分异和后期可能的构造活动造成的应力集中效应，其储存的弹性应变能较大，在地下工程掘进到该位置时有可能发生岩爆。

地下工程中岩爆的发生也与地质构造条件关系较为密切，这些岩爆总体上可以划分为以下三种类型。

第一种类型的岩爆主要发生在最大主应力近于水平的高地应力区和地壳中构造应力较为集中的部位(如褶皱翼部等)。在水平构造应力长期作用下,岩体内储存了足以导致岩爆的弹性应变能。

第二种类型的岩爆由于断层错动所引起,当开挖靠近断层,特别是从断层底下通过时,地下工程开挖使作用于断层面上的正应力减小,从而使沿断层面的摩擦阻力降低,引起断层局部突然重新活动,进而形成岩爆。这类岩爆一般多发生在构造活动区埋深较大的地下工程中,破坏性很大。

第三类岩爆主要发生在距断裂构造(带)一定距离范围的局部构造应力增高区硐段。它是由于断裂构造活动导致局部岩体发生松弛现象,从而造成局部应力降低带,其应力则向断裂构造(带)两侧一定范围的围岩中转移,从而造成引发该类岩爆活动的局部构造应力增高区。

(4)地下水对岩爆的影响

隧洞岩爆多发生在干燥无水的岩体中。地下水的存在说明岩体中裂隙较发育或者有较大规模的断层,同时地下水对岩体有软化作用,不利于岩体中储备足够的导致岩爆发生的弹性能。但如果在隧洞爆破过程中出现承压水,可以认为在承压水赋存部位之外的一定范围内岩体较完整,对于具备储备弹性应变能能力的岩体(如花岗岩、变质闪长岩、片麻花岗岩等)有可能会发生岩爆。

(5)开挖施工方法与断面形状对岩爆的影响

高地应力区地下工程硐室施工过程中,如果开挖方法、工程措施等选择不当,则会使围岩的物理力学性能和应力条件大大恶化,从而诱发或加剧岩爆的发生。断面形状影响围岩岩体开挖后形成的应力重分布圈,对岩壁的应力集中有明显的影响。根据理论分析,隧道断面尺寸越大,初次应力重分布圈越大,岩石松动范围随之增大,爆坑越深。在实际工程中开挖断面形状不规则,造成局部应力集中,岩爆多发生在圆形隧洞的拱顶和上半拱位置,马蹄形隧洞岩爆多发生在拱脚上下的位置,可见开挖断面造成的局部应力集中对岩爆的发生有明显影响。

10.4　采矿引起的环境工程地质问题

10.4.1　地表塌陷问题

在我国华北、华东、中南、西南地区的一些生产矿井中,有时可见到矿层和围岩的塌陷现象。这是由于埋藏在矿层下部的可溶性岩(矿)体,在地下水的物理、化学作用下形成了大量的岩溶空间,其上覆岩层、矿层受重力作用而塌陷;还有一些老的、未经妥善处理的采空区,因大规模的围岩破坏而导致的塌陷现象。

地表塌陷是影响矿产正常开采的环境工程地质因素之一。在其他比较发育的矿区,矿层常受到严重的破坏,导致一定范围内的可采矿层失去开采价值,造成了缩短矿井服务年限或报废井巷工程的不良后果。同时,它的存在还破坏了矿层的连续性,给井巷工程的施工以及采矿方法与采掘机械的选择增加了困难。相较而言,开采被塌陷破坏矿层的工程量大大增加,并且当塌陷穿过含水层时,地下水会侵入采掘工作面,因此塌陷的存在严重威胁着矿井安全。

实际资料表明,在山西省的古生代煤系地层中,塌陷极为普遍,其中以太原西山和霍西两煤田最为严重。此外,山东的新汶、枣庄、陶庄,江苏的徐州,河南的鹤壁,陕西铜川等矿区,都存在塌陷现象。在长江以南的一些矽卡岩型金属矿也普遍出现塌陷。例如:湖南水口山矿一个月内仅通过一个塌坑就倒灌地表水达 1.5×10^6 m³;广西泗顶矿,一次暴雨后,长达 127 m 的河床地段严重塌陷,使矿井涌水量剧增到 14.14 m³/s,以致淹矿长达四个月。塌陷区地面变形主要有塌陷、沉降、开裂三种形式。它们一般是相继产生、伴随出现。

(1)矿区地表塌陷

塌陷的形态系指一个塌坑的外表形状。为了认识和掌握塌陷体的形态特征、根据其切面方向的不同,将其分为平面形状和剖面形状两种形式。

1)塌陷的平面形状。人们习惯上把塌陷体与地表面或岩层面切割面的形态称为塌陷体的平面形状。据实测,其平面形状以椭圆形为主,间或有长条形的;有时,存在若干个塌陷体组合,也可呈现不规则形状。为方便研究,在其平面上画出长轴和短轴,如图 10-7 所示。在一个不太大的地区内(矿区或井田),陷落体的平面形状基本上是一致的,这是因为岩溶的形成多受构造的控制,故塌陷体的长轴方向常与该矿区的主要构造线方向一致。

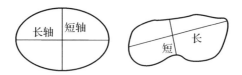

图 10-7　陷落柱平面形状示意图

2)塌陷的剖面形状。剖面形状因所穿透的各类岩层的岩石性质而异。在较坚硬和裂隙发育的岩层中,陷落体的剖面形状多呈上小下大的柱状,其柱面(柱体面与围岩的接触面)与水平面的夹角为 60°～80°,如图 10-8 所示;在含水较多的松散岩层中或未经胶结的冲积层中,通常呈现坑状、井状与漏斗状等形态,其柱面与水平面的夹角一般较小,约为 40°～50°,如图 10-9 所示。

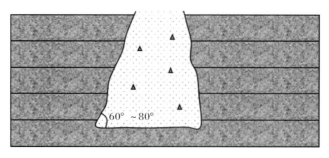

图 10-8　坚硬岩层中陷落柱剖面示意图

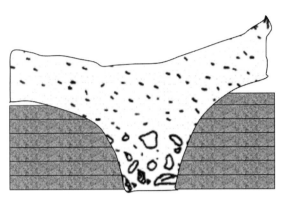

图 10 - 9　松软岩层中陷落柱剖面示意图

3)塌陷体的高度。从岩溶的底面至塌陷顶的距离称为塌陷体高度。有的陷落体至地表面达数百米之多,有的仅塌陷数米至数十米。塌陷高度与岩溶的体积、地下水的排泄条件、岩体的物理力学性质及裂隙发育程度有关。岩溶的体积大、地下水的排泄条件良好、裂隙发育的地层,其塌陷高度就大;反之则小。

(2)矿区地面沉降

矿区的地面沉降影响范围广,分布面积大。据广东两个矿区统计,沉降面积达 2.5×10^5 m² 以上。沉降形态多数似锅状、蝶状等。下降幅度为数厘米至 70 cm,个别达 1 m。沉降范围内,开裂、塌陷分布广泛,数量又多。由矿床疏干所引起的沉降区,基本上位于地下水降落漏斗范围内。当地下水位降低和排水量增大时,沉降范围和深度也随之增大。同时,沉降中心亦随着地下水降落漏斗中心的转移而转移。地面沉降除产生垂直位移外,也伴有水平位移现象。

(3)地面开裂

地面开裂是塌陷和沉降的伴生产物,涉及的范围广、数量多,形状为弧形、直线形、封闭形或同心圆形,一般多分布在沉降范围内或塌陷周围。开裂长度一般达 5~150 m,裂缝宽3~30 cm,个别达 60 cm。裂口面倾角陡,一般在 70°~80°之间,倾向一般多指向沉降或塌陷中心。同时,开裂二侧常有位移现象,近沉降或塌陷中心一侧的位移较大。

还应指出,上述三种现象之间具有密切的内在联系。一般情况是:塌陷、裂缝发生在沉降区内;裂缝是围绕着沉降中心或塌陷呈弧形展布,塌陷又往往是沉降的中心。

(4)塌陷的形成机制

1)矿区疏干引起的地面塌陷。矿区疏干引起地面塌陷,岩溶洞穴或溶蚀裂缝的存在以及上覆土体结构的不稳定性是物质基础,而水动力条件对土体的侵蚀搬运作用则是其产生塌陷的诱导条件。二者共同组成塌陷产生的必要条件。在疏干过程中,地下水位不断降低、水动力条件逐渐改变,从而使地下水对上覆土体的浮托力减小、水力坡度增加、水流速度加快、水的侵蚀作用加强。初始,溶洞充填物在水流的侵蚀、搬运作用下被带走,扩展了水流通道,继而上覆土体在潜蚀、侵蚀作用下垮落、流失而形成拱形崩落和隐伏土洞;由于土洞不断向上扩展,当上覆土体的自重压力超过洞体的极限抗压、抗剪强度时,地面由沉降、开裂,进而发展成为塌陷。

2）采空区矿柱形成的地面塌陷。空场法开采所造成的采空区,主要靠矿柱支撑上覆岩体的重量。如果矿柱设计合理,则矿柱系统稳定,因而整个井巷是稳定的;假如设计尺寸偏小,或在长期承载过程中由于某些必然的或偶然的因素(如风化、地震以及累进破坏等)影响,促使某一矿柱中的应力超过其允许强度,则该矿柱将首先遭到破坏。此时,由该矿柱所承受的荷载转移到相邻矿柱之上,从而使它们亦遭破坏,其结果必将导致整个矿柱系统的破坏。

10.4.2　矿井涌水问题

在矿山建设和生产过程中,各种类型的水源进入采掘工作面的过程称为矿井涌水。矿井涌水的形式有渗入、滴入、淋入、流入、涌入和溃入等等。因涌入和溃入的水量大、来势猛,所以又称为矿坑突水。矿井涌水的程度不仅是对矿山建设进行技术经济评价、合理开发的重要指标,更是矿山生产设计部门制定开采方案、确定矿井排水能力和制定疏干措施的主要依据。

矿床开采时,地下水大量涌入矿坑,不仅影响采掘工作、增加采矿成本,更为严重的是,还可能发生淹井,造成生命财产损失。如匈牙利尼拉德铝土矿,每采一吨铝土就要排水120 m^3。山东淄博煤矿,1939 年 9 月造成一次恶性突水事故,只一个多小时,水泵房就被淹没,导致 530 个矿工伤亡,铸成我国采矿史上最悲惨的一页。我国不少地区的许多矿床,如华北的石炭二叠系煤田及某些铁矿床,南方的二叠系煤田及长江中下游的铜、铁矿床等,都不同程度地受到地下水的威胁。另外,有的矿山在采掘过程中,每吨矿石的排水费已大大超过其本身价格;有的矿山因突水威胁不得不放弃选采深埋的优质煤,造成开拓上的极端不合理,而且使这些矿山达到不应有的开采年限,出现过早闭矿的现象。

决定矿坑充水条件优劣的根本原因在于矿区充水水源的规模和充水途经的导水性能。矿区仅有充水水源存在,尚不能决定矿坑充水,还必须具备把水源引入矿坑的通道(充水途径),才能导致矿坑涌水。

(1)矿坑主要充水水源

1）地表水。开采位于海、河、湖泊、水库、池塘等地表水体影响范围内的矿产时,在适宜情况下,这些水便会流入坑道成为矿井充水水源。常年性的大水体,可成为定水头补给源,使矿坑涌水量呈现大而稳定的特点,不易疏干,淹井后较难恢复;季节性水体只能间断补给,矿坑涌水量的大小随季节不同而变化,明显受大气降水控制。一般情况下,矿坑距离地表水体越近,其涌水量越大。例如,湖南某矿区,距河水下 50 m 深的坑道涌水量为 132～360 m^3/h,其中 76％～81％为河水补给;而在深部 125～250 m 处,矿坑涌水量则减为 11～17 m^3/h,影响甚微。

2）大气降水。大气降水是很多矿井涌水的经常补给水源。因此,在多数矿区也是矿坑水的主要补给水源,有时还是唯一的充水水源。对于露天采矿场,大气降水是其直接的充水水源。如浙江某矿区,露天开采时,平均涌水量为万余立方米/日,其中 90％来自大气降水补给。对于大多数矿井,大气降水首先渗入补给充水岩层,然后再涌向矿坑,是间接的充水水源。以大气降水为主要充水水源的矿床有位于地势低洼地带的浅埋藏矿床、处于分水岭和地下水位季节变化带以上的矿床。

3) 地下水。地下水往往是矿井涌水最直接、最常见的主要水源。成为矿坑突水的含水层通常称为充水岩层。矿坑突水量的大小及其变化主要取决于充水岩层的规模、富水性以及补给、径流条件。当矿坑揭露或通过含水层时,地下水就会立即涌入矿坑。尤其开挖石门、平窿、井筒等矿坑,往往揭穿含水层数量较多,给矿坑充水创造了极为有利的条件。

地下水流入矿井通常包括静储量与动储量两部分。前者指充水岩层空隙中所储存的水体积,其大小决定于充水岩层的储水和给水能力;后者为充水岩层获得的补给水量,它是以一定的补给和排泄为前提,以地下径流的形式,在充水岩层中不断地进行着水交替,其大小主要取决于补给条件。矿井开采初期或水源补给不充沛的条件下,往往以静储量为主。随着生产进行、长期排水和采掘范围的不断扩大,静储量逐渐被消耗,动储量的比例就相对增加。

(2) 矿坑水的涌水通道

1) 构造断裂带与接触带。断裂带与接触带是地下水进入矿坑的重要途径之一。它在矿坑充水中具有重要的意义。任何矿井所揭露的地层,都分布有不同数量、不同性质、不同规模和不同时期所形成的构造断裂。在采矿过程中,当采掘工作面与其相遇或接近时,与它有关的水源则往往会通过它们导入井下,造成突水。实践证明,生产中遇见最多、危险性最大的是各种中、小型断裂。例如:峰峰煤矿自 1952 年至 1961 年共发生六次突水,都与构造断裂有关。构造断裂对矿井涌水的影响,一方面表现在它本身的富水性,另外,又往往是各种水源进入采掘工作面的天然途径。

2) 采空区上方冒落带。由采空区顶板岩体的破坏而导致的冒落带,不仅能构成矿山环境工程地质现象,而且是地表水向矿坑充水的良好通道。采空区上方岩体破坏是一种复杂的变形破坏现象。这主要由于岩体失去原有平衡,产生了应力重分布。一旦上覆岩体压力大于井巷顶板岩层强度,即可产生顶板冒落。这种破坏特征随着采矿方法、顶板管理方法、矿层赋存条件、顶板岩体结构和力学性质不同,而呈现出不同的规模和形态。

3) 底板突破。埋藏在矿层隔水底板之下的承压含水层,往往具有很大的压力水头,在井巷采掘中,当水压值超过坑道隔水底板的强度时,即可出现底鼓、底板开裂等变形现象,1~2 天后,承压水可突破底板造成突水事故。例如,我国冀、鲁、豫石炭二叠纪煤田,底部煤层(山东的十行煤、河北的大青与下架煤、河南的大煤与底煤)与下伏岩溶裂隙水之间仅有 20~50 m 左右的本溪群砂岩、砂质页岩、页岩、铝土页岩及煤层。而岩溶裂隙水作用于底板的压力,除个别地段小于 10 kg/cm² 外,一般都在 15~25 kg/cm² 左右,一些开采水平较低的矿井,其水压值在 35 kg/cm² 以上。

10.4.3　矿山的主要污染源及其危害

矿山开发与环境关系密切,该过程中产生的固体废弃物、废气、废液与热害等会污染环境,造成财产损失,危害人类健康。据统计,美国每年空气污染损害费估计在 200 亿～350 亿美元之间,如能将空气污染减少 60%,则每年所得的健康利益相当于节省 400 亿美元。

(1)固体废弃物的污染与危害

矿山固体废弃物(简称"废渣")包括掘进及剥离废石(包括在选矿技术条件较差的情况下丢弃的"贫矿")、选矿尾沙、冶炼厂炉渣和粉尘(由凿岩、爆破、铲运、耙矿、放矿、运输、破碎等工艺产生的矿石及围岩粉尘)等。任何一个生产工艺都不可能将原料(矿石)全部转化成产品,产品以外的剩余物料即作为废弃物排入环境。目前,全世界每年排出的固体废弃物约 100 亿吨,其中矿业废料约占 80%。这些废渣污染环境的途径是多种多样的,可分为以下几个方面:

1)占用土地、损伤地表。按目前世界排渣量推算,以平均堆放 2 m 厚计,每年将有 6 000 km² 的地面变成废渣场。苏联仅露天矿废石场占地面积,每年以 2～2.5 hm² 的速度上升,预计八十年代末其总面积将超过 3 000 hm²。目前世界上最大废石堆高度已达 357 ft (1 ft=0.304 8 m)。因此,不少学者指出,几十年后,某些地区将出现大块的人造沙漠,并将严重危及生态系统和物质环境的平衡关系。

2)破坏土壤、危害生物、造成地方病源。例如:第二次世界大战期间,日本宫山县神岗铅锌矿区,堆积了大量含镉很高的矿渣,因降雨浸润,污染了附近的地表水、地下水和耕地;20 世纪 50 年代虽引起人们的注意并进行了治理,但在 10 年后,该地却出现了一种特有的地方病,患者骨骼疼痛,即所谓"骨痛病"。此后经光谱分析,发现患者骨骼中锌、铅、镉含量均大大超标,经试验和病理研究,查明是镉金属中毒。原因是含镉废渣经河水污染了深部土层,土层中的镉不断释放,并被水稻吸收和浓缩。人食用这种稻米后,镉元素即在人体内积累,到一定浓度便发生人体中毒。据日本 1970 年统计,类似被矿渣污染的农田已达 2 600 多公顷,因无法治理而荒废。

3)废石、尾砂、炉渣、烧渣及粉尘长期堆放,在空气、水、温度等风化应力作用下进行风化分解,促使很多有害元素和化合物进入地表及地下水中,尤其尾砂、炉渣、烧渣受风化分解作用既迅速又能提供浓度更高的污染物,危害更强烈。

4)粉尘污染可引起矿山多种职业病,诸如硅肺病、骨痛病、血液病、煤肺病、石棉癌等。粉尘粒度越小,防护越难,越容易致病。

5)废石堆、矿层与围岩自燃时,放出大量一氧化碳、二氧化硫以及其他有机物污染环境、危及人体健康。

(2)气体废弃物的污染与危害

国家对废气中所含有毒物质加以控制的有 13 种,包括二氧化硫、二氧化碳、硫化氢、氟化物、氮氧化物、氯、氯化氢、一氧化氮、硫酸(雾)、铅、汞、铍化物、烟尘及生产性粉尘。矿山化验系统及井下经常排放有毒烟气、烟尘、微粉。设有炼厂的矿山常有二氧化硫烟气及降尘飘落。有的矿山也有来自地下的天然逸出的有害气体,如硫化氢、一氧化碳及氡气。粉尘的矿物成分不同,危害亦异;粒度与形状不同,危害亦不一致:能进入肺部的粉尘皆小于 5 μm;对矽尘而言,以 1～2 μm 危害最大,且棱角尘粒远较圆粒尘粒危害大。

（3）液体废弃物的污染与危害

矿山废水包括矿坑水、选矿尾水、废石堆淋滤溶解水、生活污水等。水污染系指排入水体的污染物超过了水的自净能力，从而使水质恶化的现象；是外来物质进入水体的数量达到了破坏水体原有用途程度的现象。矿山污染物进入水体的途径主要有：矿坑水、选矿尾水、生活污水的排放；废石堆经大气降水补给经化学作用产生有毒化合物；大气污染物降水降落而污染水体；等等。水体中的污染物，概括地说可分为无机无毒物、无机有毒物、有机无毒物和有机有毒物四大类。无机无毒物主要指酸、碱及一般无机盐和氮、磷等植物营养物质；无机有毒物主要指各类重金属（汞、镉、铅、锌、铬）和氰化物、氟化物等；有机无毒物主要指在水体中比较容易分解的有机化合物，如碳水化合物、脂肪、蛋白质等；有机有毒物主要指苯酚、多环芳烃和各种人工合成的具积累性的稳定有机化合物，如多氯联苯和有机氯化学药剂等。有机物的污染特征是耗氧，有毒物的污染特征是生物毒性。

（4）矿床热害

建国以来，随着采掘工业的迅速发展，寻找、追索深部矿体的任务日益突出，开采深度也不断加深，不少矿山的开采水平已达 $-600 \sim -700$ m，勘探深度也达 $-800 \sim -700$ m，部分已愈千米。深采及其他地质因素的影响，使地温问题成为不可避免的了，这已引起国内外采矿工业的重视，因为井下高温直接影响着矿工的身体健康，对矿山生产建设威胁极大，现已成为我国深采矿山必须解决的重要问题之一。

我国矿山开采安全作业的温度标准为 26 ℃，超过此标准的即属热矿。目前有些矿山井巷的地温高达 36～40 ℃，个别已达 60 ℃以上。据研究，我国矿山高温热矿的出现大致有三种情况：

1）正常型：随开采深度不断增加，地温不断升高，不仅超过 36 ℃，甚至超过人的体温或更高。它由井巷四围岩壁温度与空气间热交换而形成。这一类型的矿山，在 $-600 \sim 800$ m 的开采水平，温度一般都在 50 ℃以下。但是，人们知道岩石是一种极不良的热导体，散热极慢，不易降温。

2）热水影响型：这类矿山的开采深度不大，但由于热水的出现，往往形成热害，热水温度大多高于 45 ℃，有的甚至高达 70 ℃以上。高温热水矿山较"正常型"矿山容易处理，一般采用超前疏干，辅之以通风和冷降，即可达到预期效果。

3）综合型：这一类型是现有岩温高，又有热水涌出影响综合而成。常需采用多种方法降温才能维持矿山井巷正常作业。

此外，还有因硫化矿床氧化而导致的增温矿山。例如，安徽铜官山铜矿、向山硫铁矿，由于井巷的开拓和通风，加速了矿石的氧化，由氧化反应放出的热源，可构成巷道局部热流，它虽在岩体平衡中作用不大，但这种附加热源，既可以增加井巷温度，更重要的是加速了矿山环境污染，更加威胁人体健康。同时，矿井高温还严重地影响着矿山机械的正常运转和保养。

第11章　岩体结构控制论与工程岩体分类

岩体是地质历史使其形成的具有一定组分和结构的地质体。矿山工程岩体，指的是与矿山工程活动有关的那一部分岩体。岩体赋存于一定的地质环境中，貌似杂乱无章，实际有规律可循，岩体始终随着地质环境的演化而不断变化。

岩体结构受到岩体中结构面的空间分布与组合形式控制。因此，针对结构面的系统研究，能够揭示岩体结构的内在本质，并由此诞生了"岩体结构"的概念。

11.1　岩体结构控制论

11.1.1　岩体结构控制论的核心思想

根据工程地质条件成因演化论的观点，工程地质条件的相互组合有其特有的规律性，是长期自然地质历史发展演化形成的。我国著名工程地质学家张倬元教授在《中国工程地质学》中对工程地质条件成因演化论进行了系统、全面的归纳、总结。在工程地质条件成因演化论的基础上，经系统理论研究，并结合大量工程实践，形成了岩体结构的理论体系。

有关岩体结构的基本概念、物质组成、岩体结构类型的划分及特征，谷德振教授在《岩体工程地质力学基础》(1979)中进行了系统阐述。同时，孙玉科、孙广忠、王思敬等学者，在岩体结构控制论的形成与发展方面，均做出了卓越贡献。

岩体结构控制论的核心思想，概括起来为：岩体结构不同，岩体的物理力学性质、工程岩体变形破坏的难易程度与方式也不同；岩体结构控制着岩体的水文地质条件、风化作用，以及岩体的稳定性。

岩体结构对岩体稳定性的控制主要体现在三个方面：

1)对工程岩体特性的本质影响；

2)控制工程岩体的变形和破坏；

3)制约着工程岩体的稳定性。

研究表明，具有一定结构的岩体，往往具有对应的力学属性，岩体结构对岩体力学行为与力学作用产生重要影响。对此，孙广忠等人提出了岩体结构力学效应的三大法则，即爬坡角法则、结构面密度的力学效应法则——尺寸效应法则和结构面产状力学效应法则。

11.1.2　结构面与结构体

11.1.2.1　结构面的类型及特征

结构面系指岩体中具有一定方位和厚度、两向延伸的地质界面。结构面在岩体内部的空间分布和组合,可将岩体切割成不同形状的结构体,使得岩体具有结构特征。就地质历史发展演化的角度而言,岩体结构特征是在特定建造作用确定岩体原生结构的基础上,经历不同期次、不同程度的改造作用,而形成的综合性复杂化产物。这里的建造作用包括沉积岩建造、火成岩建造和变质岩建造,改造作用则包括且不限于构造作用改造和以风化、卸荷、地下水作用为表现形式的浅表生作用改造。

作为岩体内具有一定延伸方向和长度的不连续面,结构面对矿山工程岩体的完整性、渗透性、强度及刚度特性等物理力学性质都有显著影响。因此,有必要全面、深入地研究结构面特征并通过适宜的方式对其进行量化描述。

从地质成因角度出发,可将结构面划分为原生结构面、构造结构面和浅表生结构面三类,其主要特征详见表 11 - 1。

表 11 - 1　结构面成因类型及其特征

成因类型		地质类型	主要特征			工程地质评价
			产状	分布	性质	
原生结构面	沉积结构面	沉积过程形成的层理、层面、软弱夹层、不整合面、假整合面、局部侵蚀冲刷面等,成岩和后生过程中形成的成岩裂隙面和风化面等	一般与岩层产状近于一致,成岩裂隙产状零乱不规则	海相及湖相岩层中此类结构面分布稳定,陆相的河流相岩层中及海陆交互相(三角洲)岩层中分布特征较为复杂,呈交错状、透镜状	层面、软弱夹层等结构面较为平整;不整合面及局部侵蚀冲刷面、古风化面由碎屑、泥质物质构成,且不平整	国内外较大的坝基滑动及滑坡很多由此类结构面所造成,如圣佛兰西斯提格拉坝的破坏、瓦依昂水库的巨型滑坡
	火成结构面	侵入体与围岩的接触面,岩脉、岩墙接触面,侵入岩的流线流面,原生冷凝节理,火山喷发间断界面	岩脉受构造结构面控制,而原生节理受岩体接触面控制	接触面延伸较远,比较稳定,而原生节理往往短小密集	接触面具熔合及破裂两种不同的特征;原生节理面一般为张裂面,较粗糙不平	与构造断裂配合,也可形成岩体的滑移,如弗莱拱坝坝肩安山岩的局部滑移、大渡河玄武岩中的太平垭大滑坡

续表

成因类型	地质类型	主要特征			工程地质评价
		产状	分布	性质	
原生结构面	变质结构面	区域变质的片理、片麻理，板劈理，片岩软弱夹层等	产状与岩层或构造线方向一致	片理、片麻理分布极密；板劈理较前者长大；片岩软弱夹层延伸较远，具固定层次	结构面往往是板状光滑的，片理在岩体深部往往闭合成隐闭结构面，片岩软弱夹层含片状矿物，如云母、绿泥石、石墨及滑石等	片岩、千枚岩等边坡常见坍方，片岩夹层可成为重要的滑移控制面
构造结构面		节理（X型节理、张节理）、断层（张性断层或正断层，压性断层或逆断层，扭性断层或平移断层）、层间错动面、羽状裂隙、破劈理	产状与构造线呈一定关系，层间错动面与岩层面一致	张性断裂较短小；扭性断裂延伸较远；压性断裂规模巨大，但有时被正断裂切割成不连续状	张性断裂不平整，常具次生充填；扭性断裂较平直，具羽状裂隙；压性断裂具多种构造岩，成带状分布，往往含断层泥、糜棱岩	对岩体稳定性影响很大，岩体破坏过程中，大都有构造结构面的配合，常造成边坡及地下工程的坍方、冒顶
浅表生结构面	浅部结构面	卸荷断裂及重力扩展变形破裂面	受古剥蚀面及区域性断裂活动控制	由古剥蚀面和侧向临空面空间位置所确定	中、缓倾张扭断裂，层间错动面，滑动面	对岩体后期变形破坏和地面地质灾害起重要控制作用，如大渡河铜街子坝区地质结构、西安地裂缝等
	表部结构面	卸荷裂隙、风化裂隙、风化夹层、泥化夹层、次生夹泥	受地形及原有结构面控制	分布上往往呈不连续状或透镜体状，延续性差，且主要在地表卸荷风化带内发育	一般为泥质物充填	在天然及人工边坡上造成危害，对坝基、坝肩及浅埋隧洞等工程亦有重要影响

从力学成因角度出发,可将结构面划分为张性结构面和剪性结构面两类。岩体破坏方式只有剪切破坏和张拉破坏两种基本类型,分别形成拉应力作用下的张性结构面和剪应力作用下的剪性结构面。张性结构面张开度大、连续性差、形态不规则、面粗糙、起伏大、破碎带相对较宽,而剪性结构面通常连续性好、面平直、可能伴有擦痕和镜面等光滑特征。

鉴于结构面几何尺度、规模和性质的差异性,不同类型和尺度的结构面对工程岩体的力学作用和稳定性影响各不相同。为满足矿山工程岩体稳定性分级分析和等精度评价的需要,根据结构面的规模、工程地质性状及工程地质意义将结构面划分为三类(见表 11 - 2):可能控制矿山工程岩体整体稳定性的断层型或充填型结构面、可能控制矿山工程岩体局部稳定性的裂隙型或非充填型结构面、可能控制矿山工程块体落石稳定性的非贯通型结构面。

表 11 - 2　岩体结构面分类表

类型	结构面特征	工程地质意义	代表性结构面
Ⅰ (断层型或充填型结构面)	连续或近似连续,有确定的延伸方向,延伸长度一般大于 100 m,有一定厚度的影响带	破坏了岩体的连续性,构成岩体力学作用边界,控制岩体变形破坏的演化方向、稳定性及计算的边界条件	断层面或断层破碎带软弱夹层、某些贯通型结构面
Ⅱ (裂隙型或非充填型结构面)	近似连续,有确定的延伸方向,延伸长度数十米,可有一定的厚度或影响带	破坏了岩体的连续性,构成岩体力学作用边界,可能对块体的剪切边界形成一定的控制作用	长大缓倾裂隙、长大裂隙密集带、层面、某些贯通型结构面
Ⅲ (非贯通型结构面)	硬性结构面,短小、随机断续分布,延伸长度可至 10 余米,具有统计优势方向	破坏岩体的完整性,使岩体力学性质具有各向异性特征,影响岩体变形破坏的方式,控制岩体的渗流等特性	各类原生和构造裂隙

进一步地,按结构面延伸长度、切割深度、破碎带宽度及力学效应,将结构面划分为五个级别(见表 11 - 3)。

表 11 - 3　岩体结构面分级表

级别	规模	
	破碎带宽度/m	破碎带延伸长度/m
Ⅰ	>10.0	区域性断裂
Ⅱ	1.0～10.0	>1 000
Ⅲ	0.1～1.0	100～1 000
Ⅳ	<0.1	<100
Ⅴ	节理裂隙	

以区域性大断层为代表的Ⅰ级结构面,一般延伸约数千米,甚至数十千米,破碎带宽度一般约数十米,甚至达到数百米以上。具有现代活动性的区域性大断层,往往直接关系到矿区的地壳稳定性,对矿区山体稳定性及岩体稳定性造成影响。

Ⅱ级结构面一般是延伸长而宽度不大的区域性地质界面,典型的代表有较大的断层、不整合面、层间错动带、层间软弱夹层带等。就结构面规模而言,Ⅱ级结构面长度一般为数千米,破碎带宽度一般为数米,足以贯穿整个矿区,常控制矿区山体稳定性或岩体稳定性。

Ⅲ级结构面一般是指宽度为数厘米的小断层、区域性节理、延伸较好的层面及层间错动等,延伸长度为数百米,主要影响或控制矿区工程岩体,如地下硐室围岩及边坡岩体的稳定性等。

Ⅳ级结构面一般是指延伸较好的节理、次生裂隙、较发育的片理、劈理面,长度一般不超过 100 m,宽度一般不超过 10 cm,可控制或影响矿区工程岩体局部稳定性。

Ⅴ级结构面一般是指延伸较差的节理裂隙,是结构体的边界面,数量多且分布随机,广泛参与破坏岩体完整性,影响岩体的物理力学性质及应力分布状态,是岩体分类及岩体结构研究的基础,也是结构面统计分析和模拟的主要对象。

上述五级结构面中,Ⅰ、Ⅱ、Ⅲ级结构面常表现为软弱结构面,Ⅳ、Ⅴ级结构面多为硬性结构面。对于矿区工程岩体而言,Ⅰ、Ⅱ级结构面通常较少,甚至没有,且规律性较强,一旦发现务必重点分析。Ⅲ级结构面通常控制着矿山边坡的整体稳定性,Ⅳ级结构面一般控制着矿山边坡的局部稳定性。Ⅴ级结构面控制着岩体力学性质,直接关乎岩体力学参数取值。

在结构面科学合理分类分级的基础上,针对不同结构面分别采用不同的方法对结构面的地质特征及物质组成进行测量、记录和描述。

针对以各种断层为代表的有一定厚度的软弱结构面,可采用结构面描述指标体系。对于包含破碎带的结构面而言,其物质组分的描述可根据其颗粒组成进行,具体可结合现场筛分的方式,将软弱结构面划分为岩块岩屑型、岩屑夹泥型和泥化夹层型。对充填型结构面的现场调查步骤一般为:

1)对现场揭露的每一条充填型结构面,沿结构面布置测线,按描述指标体系逐点记录地质特征,点距一般为 0.5~1.0 m;

2)逐点调查的同时,绘制结构面展布的素描图,并逐点拍照;

3)将在不同露头调查得到的同一结构面资料汇总,并对各指标进行统计分析,得到统计各项指标的规律,从而建立对结构面空间展布规律、构造特征和工程地质特征的总体认识;

4)将上述调查内容纳入数据管理系统,实现数据信息的有效管理。

以节理裂隙为代表的非充填型结构面分布具有随机性和大量普遍性,需要采用编制结构面极点密度等值线图(见图 11-1)的方法确定结构面优势方位,即岩体中结构面较发育的方位,进而开展节理裂隙分组分析。

11.1.2.2　结构体及其特征

结构体指的是内部不含显著结构面的岩石块体,通常被认为是岩体内部最小的岩石单

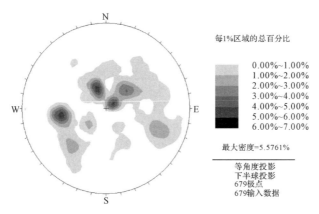

每1%区域的总百分比

0.00%~1.00%
1.00%~2.00%
2.00%~3.00%
3.00%~4.00%
4.00%~5.00%
5.00%~6.00%
6.00%~7.00%

最大密度=5.5761%

等角度投影
下半球投影
679极点
679输入数据

图 11-1　节理裂隙极点密度等值线图

元体。值得注意的是,在结构体内部,依然存在矿物解理、微裂隙、微层面、片理面、片麻理面等微结构面,但其结合比较牢固,不足以将岩石明显切割开来。因此,结构体又被称为完整岩石,俗称岩块。一般所述的"岩石"指的即是岩块,"岩体"与"岩石"的最本质区别,通常就在于内部是否存在显著结构面。

作为具有一定结构构造的矿物集合体,新鲜岩石的力学性质主要取决于其内矿物成分及相对含量。通常认为,岩石强度随石英、长石、角闪石、辉石等高硬度矿物相对含量的增加而增高,随蒙脱石、高岭石、云母、绿泥石等低硬度矿物相对含量的增加而降低。自然界中的造岩矿物,以硅酸盐、碳酸盐和氧化物类矿物最为常见。

除内部矿物成分及相对含量外,岩石的结构也对岩石物理力学性质有显著影响。在岩石的结构特征中,矿物颗粒间的联结及微结构面的发育,对岩块力学性质的影响尤为显著。

虽然岩块在岩石结构控制下依然具有非均质性和各向异性,但是相比于岩体在结构面控制下的显著各向异性和不连续性,则可忽略不计。在工程地质和岩体力学研究中,常将岩块近似地视为均质各向同性的连续介质体,并通过强度、刚度和抗风化能力等物理力学指标和特性来表征微裂隙等岩石结构特征控制下的非显著不连续性。

11.1.3　岩体结构类型

大量的工程实践表明,工程岩体的失稳破坏,往往不是以岩石材料本身的破坏为主要表现形式,而是受控于岩体结构失稳。因为不同结构类型的岩体,具有差异显著的物理性质和力学效应。所以,对岩体结构特征开展分门别类的研究也就具有重要意义。不同的结构面与结构体之间,以不同方式排列组合形成了不同的岩体结构。因此,岩体结构特征是指岩体中结构面与结构体的排列组合特征。

从岩体物质组成和地质作用角度而言,结构体的岩性和岩体遭受的构造变动及次生变化的不均一性,导致了岩体结构的复杂性。因此,为相对全面地概括和反映结构面和结构体的成因、特征及其排列组合关系,通常将岩体结构划分为五大类:整体结构、块状结构、层状结构、碎裂结构和散体结构,见表 11-4。

表 11－4　岩体结构类型

岩体结构类型	岩体地质类型	主要结构体形状	结构面发育情况	岩土工程特征	可能发生的岩土工程问题
整体结构	均质、巨块状岩浆岩、变质岩、巨厚层沉积岩、正变质岩	巨块状	以原生构造节理为主,多呈闭合型,裂隙结构面间距大于 1.5 m,一般不超过 1～2 组,无危险结构面组成的落石掉块	整体强度高,岩体稳定,可视为均质弹性各向同性体	不稳定结构体的局部滑动或坍塌,深埋洞室的岩爆
块状结构	厚层状沉积岩、正变质岩、块状岩浆岩、变质岩	块状、柱体	只具有少量贯穿性较好的节理裂隙,裂隙结构面间距为 0.7～1.5 m。一般为 2～3 组,有少量分离体	整体强度较高,结构面互相牵制,岩体基本稳定,接近弹性各向同性体	不稳定结构体的局部滑动或坍塌,深埋洞室的岩爆
层状结构	多韵律的薄层及中厚层状沉积岩、副变质岩	层状、板状、透镜状	有层理、片理、节理,常有层间错动面	接近均一的各向异性体,其变形及强度特征受层面及岩层组合控制,可视为弹塑性体,稳定性较差	不稳定结构体可能产生滑塌,特别是岩层的弯张破坏及软弱岩层的塑性变形
碎裂结构	构造影响严重的破碎岩层	碎块状	断层,断层破碎带、片理、层理及层间结构面较发育,裂隙结构面间距为 0.25～0.5 m,一般在 3 组以上,有许多分离体形成	完整性破坏较大,整体强度很低,并受断裂等软弱结构面控制,多呈弹塑性介质,稳定性很差	易引起规模较大的岩体失稳,地下水加剧岩体失稳
散体结构	构造影响剧烈的断层破碎带,强风化带,全风化带	碎屑状、颗粒状	断层破碎带交叉,构造及风化裂隙密集,结构面及组合错综复杂,并多填充黏性土,形成许多大小不一的分离岩块	完整性遭到极大破坏,稳定性极差,岩体属性接近松散体介质	易引起规模较大的岩体失稳,地下水加剧岩体失稳

11.1.3.1　岩体结构类型的基本特征

不同类型的岩体结构,其岩性、结构体和结构面的特征具有差异性,导致不同岩体结构具有不同的工程地质性质与变形破坏机理。不同结构岩体的根本区别还在于结构面的性质及发育程度。

整体结构岩体岩性均一、无软弱结构面、原生硬性结构面具有较强的结合力,呈断续分布,规模小且稀疏,例如厚层或巨厚层的碳酸盐岩、碎屑岩等沉积岩,花岗岩、闪长岩等大型火成岩侵入体,原生节理不太发育的流纹岩、安山岩、玄武岩、凝灰角砾岩等火山岩体以及某些大理岩、石英岩、片麻岩、蛇纹岩、混合岩等变质岩体,均可表现为整体结构岩体。

块状结构岩体岩性较均一、含有 $2\sim3$ 组较发育的大型结构面,结构面间距约 $0.7\sim1.5~\mathrm{m}$,例如成岩裂隙较发育的厚层砂岩或泥岩、槽状冲刷面发育的河流相砂岩体等沉积岩,原生节理较发育的火山岩体等,可表现为块状结构岩体。

层状结构岩体含有一组连续性极好、抗剪性能显著较低的结构面(如层面、层间错动带),一般岩性不均,可表现为软硬相间的互层状结构,例如中至薄层状或互层状的碳酸盐岩、碎屑岩等沉积岩,具明显喷发旋回或间断的流纹岩、玄武岩、火山集块岩、凝灰质砂页岩等火山岩,石英片岩、角闪石片岩、千枚岩等变质岩,以及含有古风化夹层的岩体等。

碎裂结构岩体中的结构面发育密集,组数多,相互切割呈碎块状,以某些动力变质岩为典型。

散体结构岩体中发育有大量的随机分布的裂隙,结构体呈碎屑状、颗粒状,特征接近土体。

岩体结构特征与地质力学作用下的改造作用息息相关。当改造轻微时,岩体结构特征主要由其建造特征所确定,经过强烈改造的岩体,其结构类型则主要由改造特征所确定。轻度-中度地质构造作用,可使块状结构岩体初步块裂化,使层状岩体的层状特性由于发育层间错动而加强。随着改造作用的持续增强,岩体可被进一步块裂化,当其中某一组断裂特别发育时(如发育叠瓦式断裂),可使岩体"板裂"化。强烈的构造改造,特别是在断裂密集带或火成岩侵入体附近,岩体可被碎裂化或散体化。此外,表生改造作用也可使岩体块裂、板裂、碎裂和散体化。

11.1.3.2　岩体结构对工程岩体稳定性的控制作用

岩体结构特征对矿山工程岩体稳定性的控制作用主要表现在三方面,即岩体的应力传播特征、岩体的变形破坏特征及工程岩体的稳定性。鉴于具有不同结构特征的岩体,往往具有与之相对应的不同力学介质属性,而结构面则是岩体中抵抗外力的薄弱环节。其中,软弱结构面是岩体变形破坏的重要控制因素和边界,硬性结构面是划分岩体结构、鉴别岩体力学介质类型的重要依据。岩体变形与连续介质变形明显不同,它由结构体变形与结构面变形两部分构成,并且结构面变形起到控制作用。因此,岩体的变形主要决定于结构面发育状况,它不仅控制岩体变形量的大小,而且控制岩体变形性质、变形过程及破坏机制,最终直接决定岩体破坏难易程度、破坏规模。

完整岩体的变形受控于组成岩体的岩石变形特征,主要变形破坏模式为压应力作用下微结构面错动导致的宏观张破裂或剪破裂,可能表现出流变特性。控制岩体变形的主要因素是岩石、岩相特征和微结构面特征。

块状结构岩体的变形破坏,主要表现为压应力作用下的压缩变形及沿贯通性结构面的滑移破坏,控制岩体变形的主要因素是高级别的贯通型结构面,以软弱结构面最为常见。

层状结构岩体的变形受岩层组合和结构面力学特性所控制,尤其是层面和层间软弱夹层,在一般工程条件下较稳定。由于层间结合力差,软弱岩层或夹层多而使岩体的整体强度低,易产生塑性变形、弯折破坏。顺层滑移取决于软弱结构面特性。例如,对于采矿形成的人工边坡,若岩层倾向与边坡倾向大体一致且岩层倾角小于边坡倾角,往往易形成层面控制下的顺层滑坡。

碎裂状结构岩体变形则由Ⅲ、Ⅳ级结构面滑移及部分岩块变形构成,破坏机制较为复杂。当它赋存于高地应力环境时,则表现为连续介质特性;若赋存于低地应力环境,则属于碎裂介质,其破坏机制中,张、剪、滑、转、倾倒、弯曲、溃屈等机制均可存在。碎裂状结构岩体有一定抗剪强度,但抗拉强度偏低,在风化和振动条件下易于松动。因此,一旦岩体失稳,往往呈连锁反应。

散体结构岩体一般岩体极度破碎,呈碎块、岩粉、岩屑和鳞片状,呈松散堆积或压密;结构面高度密集且发育成网,强度低,多为不均一的散体或塑性、弹塑性体,完整性极低,易于变形破坏,时间效应显著,在工程载荷作用下表现极不稳定。散体结构岩体边坡稳定性很差,一般受岩体整体强度和特性所控制,可与土质边坡相似对待,滑动面一般呈圆弧状。

开展岩体结构特征对矿山岩体稳定性的控制作用分析,一般要点为:

1)在工程地质模型基础上,经岩体结构特征分析,对矿山岩体稳定性可做出初步定性的分析评价。

2)依据岩体结构特征,尤其是结构面(特别是控制性高级别结构面与软弱结构面)与矿山工程岩体的空间关系,可准确判定岩体失稳的潜在边界条件。

3)结构面的交切组合关系,常常控制着矿山岩体变形破坏方式与失稳机制。

4)岩体结构同样控制矿山工程岩体地应力与地下水等环境因素。

5)在岩体结构力学效应中,通过起伏角、尺寸效应和结构面产状,可充分反映岩体结构对矿山岩体稳定性的控制作用,进一步可将矿山工程岩体的地质模型转化为力学模型,最终服务于岩体稳定分析与评价。

11.2 岩石的风化程度分类与矿山工程岩体分类

11.2.1 岩石的风化程度分类

作为地壳表层与大气圈、水圈和生物圈之间物质与能量转化的表现形式,风化作用是改变岩石的矿物组成、结构构造、物理性状和化学成分,使得岩块物理力学性质劣化的作用。因此,随着风化程度的加深,岩块的空隙率和变形逐渐增大,强度逐渐降低,渗透性逐渐增大。花岗岩类岩石,在风化作用下,一般先发生破裂,再被渗入的雨水形成的碳酸所分解;进一步地,碳酸与长石、云母、角闪石等矿物作用,析出铁、镁、钾、钠等可溶盐以及游离 SiO_2,并被地下水带走,留下黏土物质、岩屑、石英颗粒等残留物。基性岩浆岩的风化残留物多为黏土,石灰岩的风化残留物为富含杂质的黏土,砂岩和砾岩在风化作用下仅发生解体破碎。

从岩体力学角度研究岩体风化时,判别岩块的风化程度是关键。在岩石力学与工程领域,岩石风化程度一般被分为五个级别,即全风化、强风化、中等风化、微风化、未风化。岩块的风化程度可通过颜色、矿物蚀变程度、破碎程度、开挖难易程度、锤击响应特征等定性指标(见表 11-5)和风化空隙率、波速等定量指标来判别。

表 11-5　岩块风化程度定性判别指标及特征表

风化程度	定性判别指标与特征
全风化	·全部变色,光泽消失。 ·岩石的组织结构完全破坏,已崩解和分解成松散的土状或砂状,有很大的体积变化,但未搬运,仍残留有原始结构痕迹。 ·除石英颗粒外,其余矿物大部分风化蚀变为次生矿物。 ·锤击有松软感,出现凹坑;矿物手可捏碎,用锹可以挖动
强风化	·大部分变色,只有局部岩块保持原有颜色。 ·岩石的组织结构大部分已破坏,小部分岩石已分解或崩解成土,大部分岩石呈不连续的骨架或心石,风化裂隙发育,有时含大量次生夹泥。 ·除石英外,长石、云母和铁镁矿物已风化蚀变。 ·锤击哑声,岩石大部分变酥,易碎,用镐撬可以挖动,坚硬部分需爆破
中等风化 (弱风化)	·岩石表面或裂隙面大部分变色,但断口仍保持新鲜岩石色泽。 ·岩石原始组织结构清楚完整,但风化裂隙发育,裂隙壁风化剧烈。 ·沿裂隙铁镁矿物氧化锈蚀,长石变得浑浊、模糊不清,矿物蚀变厚度可达数厘米。 ·锤击哑声,开挖需用爆破
微风化	·岩石表面或裂隙面有轻微褪色。 ·岩石组织结构无变化,保持原始完整结构。 ·大部分裂隙闭合或为钙质薄膜充填,仅沿大裂隙有风化蚀变现象,厚度可达数毫米,或有锈膜浸染
未风化	·保持新鲜色泽,仅大的裂隙面偶见褪色。 ·裂隙面紧密、完整或焊接状充填,仅个别裂隙面有锈膜浸染或轻微蚀变。 ·锤击清脆,开挖需用爆破

按照《岩土工程勘察规范》(GB 50021—2001),可采用风化岩块的纵波波速 v_{cp}、波速比 k_v 和风化系数 k_f 来评价岩块的风化程度。

$$k_v = \frac{v_{cp}}{v_{rp}} \qquad (11-1)$$

$$k_f = \frac{\sigma'_{cw}}{\sigma_{cw}} \qquad (11-2)$$

式中：v_{cp}、v_{rp}——风化岩块和未风化岩块的纵波波速，m/s；

σ'_{cw}、σ_{cw}——风化岩块和未风化岩块的饱和单轴抗压强度，MPa。

在获得上述指标后，可按表 11-6 所示的标准进行岩块风化程度划分。

表 11-6　按波速指标的风化分级表

风化程度	$v_{cp}/(\text{m} \cdot \text{s}^{-1})$	k_v	k_f
全风化	500～1 000	0.2～0.4	
强风化	1 000～2 000	0.4～0.6	＜0.4
中等风化	2 000～4 000	0.6～0.8	0.4～0.8
微风化	4 000～5 000	0.8～0.9	0.8～0.9
未风化	＞5 000	0.9～1.0	0.9～1.0

11.2.2　矿山工程岩体分类

矿山工程岩体分类属于工程应用分类的范畴，是以岩体稳定性和岩体质量评价为目标导向的分类。因此，矿山工程岩体分类是在工程地质分组的基础上，根据不同岩体工程特性，针对影响矿山岩体稳定性的各种地质条件和岩体物理力学性质，通过对岩体的一些简单和容易实测的指标，将工程地质条件与岩体参数联系起来，将岩体分成稳定程度不同的若干类别，为矿山工程岩体稳定性初步评价提供支撑。

在进行矿山稳定性定量分析评价之前，进行岩体分类和岩体质量评定可以在大量减少勘探和试验工作量的情况下，以工程实践经验为基础，正确、及时地对工程岩体的稳定性进行定性的或半定量的宏观评价，为经济合理地进行矿山岩体的开挖提供依据。

作为矿山工程岩体分类的依据，岩体质量是指由岩石坚硬程度和岩体完整程度这两个因素所决定的工程岩体性质。鉴于矿山工程岩体分类不只局限于对岩体的结构、工程质量做出定量的描述，还将对岩体稳定性做出定性评价，矿山工程岩体分类和分级常在充分考虑影响岩体质量各类因素（岩石强度、岩体结构、地下水等）的基础上，对岩体基本质量进行修正后得到。

从 20 世纪 70 年代开始至今，国内外岩石力学工作者与工程地质工作者对工程岩体提出的分类方法有近百种，每种方法均从不同的角度对岩体进行分类。根据矿山工程岩体稳定性评价的特点及要求，主要介绍以下几种矿山工程岩体分类方法。

11.2.2.1　RQD 分类

Deer 的岩体质量指标分类，即 RQD 分类，在各种岩体分类中具有重要意义。RQD 值的定义是，根据金刚石钻进的岩芯采取率或测线上受显著结构面切割形成的相对完整岩石总长，求得大于 10 cm 的岩柱总长占钻孔总长或测线总长的百分数，即

$$\text{RQD} = \frac{10 \text{ cm 以上岩芯累计长度}}{\text{钻孔长度}} \times 100\% \tag{11-3}$$

根据 RQD 值,工程岩体可分为 5 类,见表 11 - 7。

表 11 - 7　基于 RQD 值的工程岩体分类标准

分类	极差	差	较差	较好	好
RQD/%	<25	25～50	50～75	75～90	>90

采用 RQD 分类评价岩体质量,在钻孔取芯时,要求使用大于 50 mm 的双套管金刚石钻进设备。然而,RQD 分类没有考虑岩体中结构面性质的影响,也没有考虑岩块性质的影响及这些因素的综合效应。因此,用单一的 RQD 分类,往往不能全面反映岩体的质量,很多学者提出了改进意见。时至今日,RQD 常常作为更加完备的岩体分类体系中一个定量评分指标来使用。

11.2.2.2　RMR 分类

RMR 分类指的是 Bieniawski 于 1973 年提出后经多次修改而不断完善的岩体地质力学分类,其不适用于强烈挤压破碎岩体、膨胀岩体和极软弱岩体。

RMR 分类以岩块强度、RQD 值、节理间距、节理条件及地下水五类参数为控制性因素。具体操作方法为:根据各类参数的实测资料,按表 11 - 8 所列的标准,分别给予评分,然后将各类参数的评分值相加得岩体质量 RMR 值。

$$RMR = R_1 + R_2 + R_3 + R_4 + R_5 \qquad (11 - 4)$$

式中:R_1——完整岩石单向抗压强度的分级评分值;

R_2——岩石质量指标的分级评分值,即 RQD 值;

R_3——结构面间距的分级评分值;

R_4——结构面状态,包括结构面的粗糙度、宽度、开口度、充填物、连续性及结构面两壁岩石条件等的分级评分值;

R_5——地下水条件分级评分值。

表 11 - 8　岩体地质力学(RMR)分类参数及评价标准

分类参数			数值范围				
R_1	完整岩石强度/MPa	点荷载强度指标	>10	4～10	2～4	1～2	对强度较低的岩石宜用单轴抗压强度
		单轴抗压强度	>250	100～250	50～100	25～50	5～25　1～5　<1
	评分值		15	12	7	4	2　1　0
R_2	岩芯质量指标 RQD/%		90～100	75～90	50～75	25～50	<25
	评分值		20	17	13	8	3

分类参数		数值范围				
R_3	结构面间距/cm	>200	60~200	20~60	6~20	<6
	评分值	20	15	10	8	5
R_4	结构面条件	结构面很粗糙,结构不连续,结构宽度为零,结构面岩石坚硬	结构面稍粗糙,宽度<1 mm,结构面岩石坚硬	结构面稍粗糙,宽度<1 mm,结构面岩石软弱	结构面光滑或含厚度<5 mm的软弱夹层,张开度为1~5 mm,结构连续	含厚度>5 mm的软弱夹层,张开度>5 mm,结构连续
	评分值	30	25	20	10	0
R_5 地下水条件	每10 m长的隧道涌水量/$(L \cdot min^{-1})$	无	<10	10~25	25~125	>125
	节理水压力/最大主压力	或0	或<0.1	或0.1~0.2	或0.2~0.5	或>0.5
	总条件	或完全干燥	或潮湿	或只有湿气(裂隙水)	或中等水压	或水的问题严重
	评分值	15	10	7	4	0

(1)对于矿山工程地下硐室岩体的 RMR 值修正

针对上述得到的 RMR 值,首先根据表 11-9 按节理方向对岩体稳定是否有利对 RMR 值进行修正,最终基于修正得到的 RMR 值做出矿山工程岩体 RMR 分类(见表 11-10)。

表 11-9 矿山工程地下硐室岩体的 RMR 值修正

岩体与节理空间关系	走向与隧道轴垂直				走向与隧道轴平行		与走向无关
	沿倾向掘进		反倾向掘进		倾角20°~45°	倾角45°~90°	倾角0~20°
	倾角45°~90°	倾角20°~45°	倾角45°~90°	倾角20°~45°			
	非常有利	有利	一般	不利	一般	非常不利	不利
修正值	0	−2	−5	−10	−5	−12	−10

表 11 - 10　矿山工程地下硐室岩体 RMR 分类

评分值	100~81	80~61	60~41	40~21	<20
分级	I	II	III	IV	V
质量描述	非常好的岩体	好岩体	一般岩体	差岩体	非常差岩体
平均稳定时间	15 m 跨度，20 年	10 m 跨度，1 年	5 m 跨度，1 周	2.5 m 跨度，10 h	1 m 跨度，30 min
岩体内聚力/kPa	>400	300~400	200~300	100~200	<100
岩体内摩擦角/(°)	>45	35~45	25~35	15~25	<15

（2）对于矿山工程地上边坡岩体的 RMR 值修正

矿山工程地上边坡岩体的 RMR 值修正分类，可采用 CSMR 工程岩体分类，是在 RMR - SMR 体系的基础上引入边坡高度系数 ξ 和结构面条件系数 λ 进行工程边坡岩体质量分类的工程应用方法。边坡高度和结构面条件对于评价边坡的稳定性起着至关重要的作用，因此，应用 CSMR 岩体质量分级体系对石灰石矿边坡进行岩体质量分级可以为边坡岩体稳定性评价提供依据。

在岩体基本质量 RMR 值确定的基础上，采用各种影响边坡稳定性的因素进行修正，包括边坡高度系数（ξ）、结构面方位系数（F_1、F_2、F_3）、结构面条件系数（λ）及边坡开挖方法系数（F_4）。利用积差评分模型，其表达式为

$$\text{CSMR} = \xi \cdot \text{RMR} - \lambda F_1 F_2 F_3 + F_4 \tag{11-5}$$

式中，坡高系数 ξ 取值为

$$\xi = 0.57 + \frac{33}{H} \tag{11-6}$$

式中：H——矿山工程边坡高度；

F_1——反映结构面倾向与边坡倾向间关系的系数；

F_2——与结构面的倾角相关的系数；

F_3——反映边坡倾角与结构面倾角关系的系数。

F_1 的值取决于不连续面与边坡面的走向夹角大小，它的值域是 [0.15, 1.00]。经验表明，F_1 的值还可以由式 $F_1 = (1 - \sin A)^2$ 求得，A 为不连续面倾向和边坡倾向之间的夹角。F_2 的值与边坡破坏形式和不连续面倾角有关。平面破坏模式中，F_2 的值域为 [0.15, 1.00]。经验表明，F_2 可以由关系式 $F_2 = \tan^2 \beta_j$ 求得，β_j 为不连续面倾角；倾倒破坏模式中，F_2 的值始终为 1.00。F_3 反映的是不连续面倾角与边坡倾角间的关系。当发生平面破坏时，F_3 指不连续面在边坡上完全出露的可能性。具体参数取值可参考表 11 - 11。

表 11 - 11　边坡结构面方向修正评价标准

破坏方式	计算值	分类				
		很合适	合适	一般	不合适	很不合适
P	$|\alpha_j - \alpha_s|$	$>30°$	$30°\sim20°$	$20°\sim10°$	$10°\sim5°$	$<5°$
T	$|\alpha_j - \alpha_s - 180°|$	$>30°$	$30°\sim20°$	$20°\sim10°$	$10°\sim5°$	$<5°$
P/T	F_1	0.15	0.40	0.70	0.85	1.00
P	$|\Delta_j|$	$<20°$	$20°\sim30°$	$30°\sim35°$	$35°\sim45°$	$>45°$
P	F_2	0.15	0.40	0.70	0.85	1.00
T	F_2	1.00	1.00	1.00	1.00	1.00
P	$\beta_j - \beta_s$	$>10°$	$10°\sim0°$	$0°$	$0°\sim-10°$	$<-10°$
T	$\beta_j + \beta_s$	$<110°$	$110°\sim120°$	$>120°$		
P/T	F_3	0	6	25	50	60

注:P 为平面滑动;T 为倾倒滑动;α_s 为边坡倾向;β_s 为边坡倾角;α_j 为结构面倾向;β_j 为结构面倾角。

结构面条件系数 λ 取值见表 11 - 12。

表 11 - 12　结构面条件系数 λ 取值表

结构面条件	λ
断层、夹泥层	1.0
层面、贯穿裂隙	$0.8\sim0.9$
节理	0.7

开挖方法系数 F_4 取值见表 11 - 13。

表 11 - 13　开挖方法系数 F_4 取值表

方法	自然边坡	预裂爆破	光面爆破	常规爆破	无控制爆破
F_4	+5	+10	+8	0	-8

最终,可依据 CSMR 值,对矿山工程地上边坡岩体进行岩体分类(见表 11 - 14)。

表 11 - 14　矿山工程地上边坡岩体 CSMR 质量分类标准

类别	V	IV	III	II	I
CSMR	$0\sim20$	$21\sim40$	$41\sim60$	$61\sim80$	$81\sim100$
岩体质量	很差	差	中等	好	很好
稳定性	很不稳定	不稳定	基本稳定	稳定	很稳定

11.2.2.3　Q 系统分类

Q 系统分类是 Barton 通过对上百个隧道实例分析提出的工程岩体分类方法,因此相比于矿山工程地上边坡岩体,更适用于矿山工程地下硐室岩体分类,主要考虑了岩体完整性、结构面的形态、充填物特征及其次生变化程度、水与其他应力存在时对岩体质量的影响等因素,表达式为

$$Q = \frac{RQD}{J_n} \cdot \frac{J_r}{J_a} \cdot \frac{J_w}{SRF} \tag{11-7}$$

式中:RQD 为岩石质量指标;J_n 为节理组数系数;J_r 为节理粗糙度系数;J_a 为节理时变影响系数;J_w 为节理水折减系数;SRF 为应力折减系数。

Q 系统分类较为全面地考虑了各地质因素,且对于软硬岩体均有普遍适用性。依据 Q 值,可将矿山工程岩体分为 9 类,详见表 11-15。

表 11-15　不同 Q 值的矿山工程岩体分类

Q 值	0.001~0.01	0.01~0.1	0.1~1	1~4	4~10	10~40	40~100	100~400	400~1 000
质量描述	异常差	极差	很差	差	一般	好	很好	极好	异常好

11.2.2.4　BQ 岩体分类

BQ 岩体分类标准是我国专家学者于 1995 年建立的基于定性和定量的岩体质量分级体系,该方法主要考虑了岩体的完整性和岩石的坚硬程度,并将其他影响岩体质量分级的因素等作为修正指标,包括地下水、地应力、软弱结构面等。该评价体系具有严密的理论基础和依据,分级精度高,可操作性强,因此得到了广泛的应用。

基于岩体质量指标 BQ 的矿山工程岩体分类方法首先选取岩石的坚硬程度和岩体的完整性程度作为评价岩体基本质量的分级指标,然后从定性和定量两个方面建立相对应的评价体系对工程岩体基本质量进行初步分级,按照岩体质量的优劣程度可以分为 5 级,见表 11-16。岩体基本质量反映了岩体固有的力学属性,而最终岩体质量的确定要在岩体基本质量的基础上考虑工程因素的影响,主要考虑对工程岩体质量和稳定性起控制作用的结构面类型及发育程度、结构面产状与坡面的关系、地下水的发育情况等因素对 BQ 值进行修正。最后,根据修正后的[BQ]值对工程岩体质量做出分级评价,以判断工程岩体质量的好坏及稳定性状况。

表 11-16　BQ 岩体分类

基本质量级别	岩体质量的定性特征	岩体基本质量指标(BQ)
I	坚硬岩,岩体完整	>550
II	坚硬岩,岩体较完整;较坚硬岩,岩体完整	550~451

续表

基本质量级别	岩体质量的定性特征	岩体基本质量指标(BQ)
Ⅲ	坚硬岩,岩体较破碎;较坚硬岩或软、硬岩互层,岩体较完整;较软岩,岩体完整	450~351
Ⅳ	坚硬岩,岩体破碎;较坚硬岩,岩体较破碎~破碎;较软岩或软硬岩互层,且以软岩为主,岩体较完整~较破碎;软岩,岩体完整~较完整	350~251
Ⅴ	较软岩,岩体破碎;软岩,岩体较破碎~破碎;全部极软岩及全部极破碎岩	<250

岩体基本质量指标公式为

$$BQ = 100 + 3R_c + 250K_v \qquad (11-8)$$

式中:R_c——岩石饱和单轴抗压强度(MPa)(见表11-17);

K_v——岩体完整性系数(见表11-18),其与单位体积内岩体结构面的条数J_v具有表11-19所示的对应关系;此外也可通过声波测试资料直接求取:

$$K_v = \left(\frac{v_m}{v_r}\right)^2 \qquad (11-9)$$

式中:v_m为岩体横波波速;v_r为岩体纵波波速。

表 11-17 岩石坚硬程度划分表

岩石饱和单轴抗压强度 R_c/MPa	>60	60~30	30~15	15~5	<5
坚硬程度	坚硬岩	较坚硬岩	较软岩	软岩	极软岩

表 11-18 岩体完整程度划分表

岩体完整性系数 K_v	>0.75	0.75~0.55	0.55~0.35	0.35~0.15	<0.15
完整程度	完整	较完整	较破碎	破碎	极破碎

表 11-19 J_v 与 K_v 对照表

J_v/(条·m^{-3})	<3	3~10	10~20	20~30	>30
K_v	>0.75	0.75~0.55	0.55~0.35	0.35~0.15	<0.15

(1)对于矿山工程地下硐室岩体的 BQ 值修正

当地下硐室围岩处于高天然应力区或围岩中有不利于岩体稳定的软弱结构面和地下水时,岩体 BQ 值应进行修正,修正值[BQ]按下式计算:

$$[BQ] = BQ - 100(K_1 + K_2 + K_3) \qquad (11-10)$$

式中:K_1 为地下水影响修正系数,详见表 11 - 20;K_2 为主要软弱面产状影响修正系数,详见表 11 - 21;K_3 为天然应力影响修正系数,详见表 11 - 22。

表 11 - 20　地下水影响修正系数 K_1 取值表

地下水状态	BQ			
	>450	450~350	350~250	<250
潮湿或点滴状出水	0	0.1	0.2~0.3	0.4~0.6
淋雨状或涌流状出水,水压≤0.1 MPa 或单位水量<10 L/min	0.1	0.2~0.3	0.4~0.6	0.7~0.9
淋雨状或涌流状出水,水压>0.1 MPa 或单位水量>10 L/min	0.2	0.4~0.6	0.7~0.9	1.0

表 11 - 21　主要软弱面产状影响修正系数 K_2 取值表

结构面产状及其与洞轴线的组合关系	结构面走向与洞轴线夹角 $\alpha<30°$,倾角 $\beta=30°\sim75°$	结构面走向与洞轴线夹角 $\alpha>60°$,倾角 $\beta>75°$	其他组合
K_2	0.4~0.6	0~0.2	0.2~0.4

表 11 - 22　天然应力影响修正系数 K_3 取值表

天然应力状态	BQ				
	>550	550~450	450~350	350~250	<250
极高应力区	1.0	1	1.0~1.5	1.0~1.5	1.0
高应力区	0.5	0.5	0.5	0.5~1.0	0.5~1.0

注:极高应力指 $\delta_{cw}/\delta_{max}<4$,高应力指 $4\leqslant\delta_{cw}/\delta_{max}<7$。$\delta_{max}$ 为垂直洞轴线方向平面内的最大天然应力。

根据修正值[BQ]的矿山工程岩体分类仍按照表 11 - 18 进行,各类岩体的物理力学参数和自稳能力可按表 11 - 23 确定。

表 11 - 23　各类岩体物理力学参数及自稳能力

级别	密度 ρ/(g·cm^{-3})	抗剪强度		变形模量 E/GPa	泊松比 μ	围岩自稳能力
		φ/(°)	c/MPa			
I	>2.65	>60	>2.1	>33	0.2	跨度≤20 m,可长期稳定,偶有掉块,无塌方
II	>2.65	60~50	2.1~1.5	33~20	0.2~0.25	跨度 10~20 m,可基本稳定,局部可掉块成小塌方;跨度<10 m,可长期稳定偶有掉块

续表

级别	密度 ρ / (g·cm^{-3})	抗剪强度 φ/(°)	c/MPa	变形模量 E/GPa	泊松比 μ	围岩自稳能力
Ⅲ	2.65~2.45	50~39	1.5~0.7	20~6	0.25~0.3	跨度10~20 m,可稳定数日至1个月,可发生小至中塌方;跨度5~10 m,可稳定数月,可发生局部块体移动及小至中塌方;跨度<5 m,可基本稳定
Ⅳ	2.45~2.25	39~27	0.7~0.2	6~1.3	0.3~0.35	跨度>5 m,一般无自稳能力,数日至数月内可发生松动、小塌方,进而发展成中至大塌方。埋深小时,以拱部松动为主;埋深大时,有明显塑性流动和挤压破坏。跨度≤5 m,可稳定数日至1个月
Ⅴ	<2.25	<27	<0.2	<1.3	>0.35	无自稳能力

注:小塌方,塌方高<3 m,或塌方体积<30 m³;中塌方,塌方高3~6 m,或塌方体积30~100 m³;大塌方,塌方高>6 m,或塌方体积>100 m³。

(2)对于矿山工程地上边坡岩体的 BQ 值修正

对于矿山工程地上边坡岩体,当 $R_c > 90K_v + 30$ 时,应将 $R_c = 90K_v + 30$ 和 K_v 代入公式计算 BQ 值;当 $K_v > 0.04R_c + 0.4$ 时,应将 $K_v > 0.04R_c + 0.4$ 和 R_c 代入公式计算 BQ 值。岩体质量修正值公式为

$$[BQ] = BQ - 100(K_4 + \lambda F_1 F_2 F_3) \tag{11-11}$$

式中:F_1——主要结构面倾向与边坡倾向间关系的系数(详见表 11-24);

F_2——结构面倾角影响系数(详见表 11-24);

F_3——主要结构面倾角与边坡倾角间关系的系数(详见表 11-24);

λ——结构面类型与延伸性修正系数(详见表 11-25);

K_4——地下水影响修正系数(详见表 11-26)。

根据修正值[BQ]的矿山工程岩体分类仍按照表 11-26 进行。

表 11-24 边坡主要结构面产状修正系数

影响程度划分	结构面倾向与边坡倾向间夹角/(°)	F_1	结构面倾角/(°)	F_2	结构面倾角与边坡倾角之差/(°)	F_3
轻微	>30	0.15	<20	0.15	>10	0.0
较小	30~20	0.4	20~30	0.40	10~0	0.2

续表

影响程度划分	结构面倾向与边坡倾向间夹角/(°)	F_1	结构面倾角/(°)	F_2	结构面倾角与边坡倾角之差/(°)	F_3
中等	20～10	0.7	30～35	0.70	0	0.8
显著	10～5	0.85	35～45	0.85	0～−10	2.0
很显著	≤5	1	≥45	1.00	<−10	2.5

表 11－25　边坡主要结构面类型与延伸性修正系数 λ

结构面类型与延伸性	λ
断层、夹泥层	1.0
层面、贯通性较好的节理与裂隙	0.9～0.8
断续节理和裂隙	0.7～0.6

表 11－26　地下水影响修正系数 K_4

边坡地下水发育程度	K_4				
	>550	550～451	450～351	350～251	≤250
潮湿或点滴状出水，$p_w<0.2H$	0.0	0.0	0.0～0.1	0.2～0.3	0.4～0.6
流线状出水，$0.2H\leqslant p_w<0.5H$	0～0.1	0.1～0.2	0.2～0.3	0.4～0.6	0.7～0.9
涌流状出水，$p_w\geqslant0.5H$	0.1～0.2	0.2～0.3	0.4～0.6	0.7～0.9	1.0

注：p_w 为边坡潜水或承压水水头，m；H 为边坡高度，m。

11.2.2.5　基于矿山工程岩体分类的参数取值

矿山工程岩体参数取值可在矿山工程岩体分类的基础上，以地质力学强度指标 GSI（见表 11－27）为纽带，通过广义 Hoek-Brown 估算岩体物理力学参数。

此外，岩体地质力学强度指标 GSI 与 RMR 之间具有如下关系：

$$GSI=RMR-5 \tag{11-12}$$

同时，RMR 与 Q 值之间存在如下关系：

$$RMR=9\ln Q+44 \tag{11-13}$$

因此，可运用多套矿山工程岩体分类体系及参量，对 GSI 取值进行交叉验证和综合判定。

根据 GSI 求得三个岩体材料常数 m_b、s、α，计算公式如下：

$$m_b = m_i \exp\left(\frac{GSI-100}{28-14D}\right) \quad (11-14)$$

$$s = \exp\left(\frac{GSI-100}{9-3D}\right) \quad (11-15)$$

$$\alpha = \frac{1}{2} + \frac{1}{6}\left(e^{-GSI/15} - e^{-20/3}\right) \quad (11-16)$$

式中:D 为爆破影响系数,采用常规爆破取 1.0,采用机械开挖取 0.7,采用控制爆破取 0.8~0.9。

表 11-27 节理岩体地质强度指标(GSI 值)取值表

结构面表面特征	很好:十分粗糙,新鲜未风化的结构面	好:粗糙,微风化,结构面有铁质渲染	中等:光滑,中等风化,有蚀变现象的结构面	差:表面有擦痕,强风化,泥膜覆盖或棱角碎块	很差:有擦痕,强风化,黏土覆盖或充填的结构面
岩体结构	结构面表面质量由强至弱 →				
①完整或整体结构。完整岩体或野外大体积范围内分布有极少的间距大的结构面	90 80			N/A	N/A
②块状结构。紧密结合未扰动岩体,三组节理相互切割形成立方块体		70 60			
③镶嵌结构。结构体相互咬合,由四组或更多的节理形成多面棱角块体,部分扰动			50		
④块状/扰动/裂缝。褶曲(挠曲)由棱角块体(结构体)组成,结构体由许多相互切割的节理切割而成,层面或片理面连续			40	30	
⑤风化岩体。块体间结合程度差,由棱角状或圆状岩块组成的严重碎裂结构岩体				20	
⑥层状/剪切带。由于密集片理或剪切面作用,只有极少的块体组成的岩体	N/A	N/A			10

注:N/A 表示无取值。

岩体抗压强度 σ_{cm}、岩体抗剪强度指标 c 和 φ、变形模量的计算公式如下:

$$\sigma_{cm} = \sigma_c \frac{[m_b + 4s - \alpha(m_b - 8s)](m_b/4 + s)^{a-1}}{2(1+\alpha)(2+\alpha)} \quad (11-17)$$

$$c = \frac{\sigma_c[(1+2\alpha)s + (1-\alpha)m_b\sigma_{3n}](s + m_b\sigma_{3n})^{a-1}}{(1+\alpha)(2+\alpha)\sqrt{1 + [6am_b(s + m_b\sigma_{3n})^{a-1}]/[(1+\alpha)(2+\alpha)]}} \quad (11-18)$$

$$\varphi = \sin^{-1}\left[\frac{6\alpha m_b (s + m_b \sigma_{3n})^{\alpha-1}}{2(1+\alpha)(2+\alpha) + 6\alpha m_b (s + m_b \sigma_{3n})^{\alpha-1}}\right] \qquad (11-19)$$

$$\frac{\sigma_{3max}}{\sigma_{cm}} = 0.72\left(\frac{1000\sigma_{cm}}{\gamma H}\right)^{-0.91} \qquad (11-20)$$

$$\sigma_{3n} = \frac{\sigma_{3max}}{\sigma_c} \qquad (11-21)$$

$$E_{rm} = E_i\left\{0.02 + \frac{1 - D/2}{1 + e^{\left[(60 + 15D - GSI)/11\right]}}\right\} \qquad (11-22)$$

式中：σ_{cm}——岩体抗压强度，MPa；

σ_c——岩块单轴抗压强度，MPa；

σ_{3n}——最大围压与岩块单轴抗压强度的比；

H——边坡高度，m；

Γ——岩块重度，kN/m^3；

E_i——完整岩石的变形模量，MPa；

E_{rm}——岩体变形模量，MPa；

σ_{3max}——最大围压，MPa。

对于控制矿山工程岩体失稳的结构面，参数取值可按表 11-28 的给定范围综合选取。

表 11-28　结构面抗剪强度标准值

结构面类型	结构面结合程度	内摩擦角 φ/(°)	黏聚力 c/MPa
硬性结构面	胶结的结构面，结合好	>35	0.25~0.15
	无填充的结构面，结合一般	35~27	0.15~0.10
	岩块岩屑型，结合差	27~18	0.10~0.05
软弱结构面	岩屑夹泥型，结合很差	18~12	0.05~0.02
	泥膜、泥化夹层型，结合极差	<12	0.02~0.002

在矿山工程岩体分类的基础上，针对不同质量岩体，可根据《工程岩体分级标准》(GB/T 50218—2014)按照表 11-29 进行岩体力学参数取值。

表 11-29　岩体物理力学参数参考值

岩体基本质量级别	重力密度/(kN·m^{-3})	抗剪断峰值强度		变形模量 E/GPa	泊松比
		内摩擦角/(°)	黏聚力/MPa		
Ⅰ	>26.5	>60	>2.1	>33	<0.2
Ⅱ	>26.5	60~50	2.1~1.5	33~20	0.2~0.25
Ⅲ	26.5~24.5	50~39	1.5~0.7	20~6	0.25~0.3
Ⅳ	24.5~22.5	39~27	0.7~0.2	6~1.3	0.3~0.35
Ⅴ	<22.5	<27	<0.2	<1.3	>0.35

第12章 矿山工程岩体稳定性评价方法

"岩体"这一专业术语的出现和广泛运用,也不过只有数十年历史。在此之前,人们常采用岩石材料的力学性质评价岩体稳定性,对岩体内部结构面对其物理力学性质和稳定性的控制性作用认识不足。然而,大量的工程实践表明,用岩块物理力学性质代表工程岩体的物理力学性质是不合适的,因为岩体与岩石的区别很大,其物理力学性质不仅与岩块有关,还与结构面密切相关,甚至在大多数情况下直接受结构面控制。

我国对矿山岩体稳定性的系统研究始于20世纪50年代,研究工作至今经历了由表及里,由浅入深,由经验到理论,由定性到定量,由单一评价到综合评价,由传统理论方法到新理论、新技术应用的发展过程(孙玉科等,1998)。

12.1 工程地质类比法

工程地质类比法是岩体稳定性评价方法中定性评价的一种,其实质是将已有岩体工程经验进行归纳总结后应用于类似岩体稳定性评价,属于一类依托于经验迁移的稳定性评价方法,在实际工程中应用广泛。具体而言,矿山工程岩体稳定性评价的工程地质类比法包括两部分内容,即工程地质分析和类比。工程地质分析是对地形地貌、地层岩性、地质构造、水文地质条件、物理地质现象等工程地质条件进行分析,根据岩体变形破坏的基本规律追溯矿山工程岩体发展演化全过程,通过对历史信息的综合利用,分析、评价、预测矿山工程岩体稳定性发展的总趋势。类比是将已有的岩体工程稳定性研究成果和经验应用到类似的新岩体工程中去,以指导矿山工程设计和开挖,其间需要充分考虑岩体所处自然环境的相似性、岩体结构特征的相似性、诱发岩体失稳主导因素的相似性。因此,从某种意义上讲,作为定性分析支撑力量的工程地质分析和类比是其他方法必不可少的先行工作,一直以来被众多学者和工程师广泛采用(冉恒谦,1997)。

12.1.1 稳定性评价模型

关于矿山岩质边坡工程地质类比法,其原理在于(舒明充,2013):

1)天然形成的斜坡外形受地层岩性、坡体结构、气候条件、水文地质条件、斜坡倾向等内外环境因素影响;在重力作用下,通常稳定的高坡要比稳定的低坡平缓。

2)当影响斜坡的地层岩性、坡体结构、气候条件、水文地质条件、斜坡倾向等内外环境因素相同时,矿山工程活动形成的人工边坡可比自然斜坡维持较陡的坡度。

3)稳定的自然斜坡的高度和坡面投影长度依循下列关系:

$$H = aL^b \qquad (12-1)$$

式中:H 为自然斜坡高度,m;L 为自然斜坡坡面投影长度,m;a 和 b 为常数。

将同一种斜坡调查所得自然斜坡高度 H 和投影长度 L 放在双对数坐标下分析,可得到一条斜率为 b 的直线。对于不同斜坡调查的结果所绘制的各直线,将呈现出会聚的趋势(见图 12-1),根据经验,该会聚点对应的斜坡高度 H 可估计为 3 050 m。

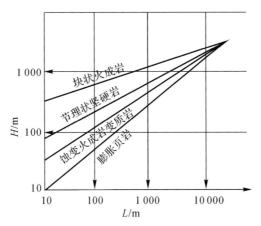

图 12-1　斜坡坡高、坡面长度经验会聚点

12.1.2　稳定性评价流程

基于上述基本原理,矿山岩质边坡工程地质类比法用于评价露天矿边坡稳定性的基本思路和步骤如下:

1)在早期资料收集分析的基础上,通过详细踏勘,在研究区及其周边选取与待评价边坡在地层岩性、坡体结构、气候条件、水文地质条件、斜坡倾向等条件相同或相近的自然斜坡;

2)将选定的自然斜坡划分成若干档次,在各段高的较陡区段量取其相应的坡面水平投影长度,筛选出该坡高对应的最小坡面投影长度;

3)不断重复上述第 2)步,可获得不同坡高与其相应的最小坡面水平投影长度的一系列数对;

4)将这些数对纳入双对数坐标系,绘出曲线后,参照和利用前述经验会聚点的位置,由最高数据点附近曲线的一点到经验会聚点连线的外插结果,可用于估计更高的自然坡的稳定坡度,进而用于定性评估矿山工程边坡稳定性。

12.1.3　矿山工程岩体稳定性工程地质类比分析实例

位于梧桐山南东麓坡脚的某采石场边坡,走向为北北东,坡脚线延伸长度约 300 m,坡面弯曲且形态不规则,坡高 65～137 m,总体坡度 45°～60°。斜坡地层岩性主要为侏罗系凝灰岩,坡面岩石裸露,边坡顶部主要为强风化凝灰岩及残坡积粉质黏土。受控于陡峭的坡面地形,矿山工程活动形成的人工边坡绿化效果不良,坡顶为高陡的自然斜坡,植被较茂盛。

由于拟评价的人工开挖边坡岩体较新鲜,在相同高度下的稳定性比自然斜坡好。因此,根据经验,其坡度可比自然斜坡高 3°～5°。由于在小范围研究区内可供进行统计分析的斜坡露头较少,基于现场踏勘和区域地质分析,选用研究区所在片区 1:10 000 地形地质图,针对侏罗系岩浆岩分布地段的坡向、构造以及地下水赋存等与采石场人工开挖岩体边坡地质环境条件相近的天然斜坡,开展坡高和坡长统计。将选取的天然斜坡高度按 25 m 为标准划分为若干档次,25~50 m 共划分为 6 档,然后在地形图上找出各档次自然斜坡的较陡区段,并量取其相应的坡面水平投影长度。最后,进行筛选,找出该档次坡高的最小坡面水平投影长度。总共统计了 25 个自然斜坡段,经筛选共获得 14 个数据对,其所处位置、高度、水平投影长度见表 12-1。

表 12-1 自然斜坡坡高、坡长统计表

组序	位置	高度/m	水平投影长度/m
1	667 高地东侧	25	13.5
	XXXXX 顶北侧		13.4
	小梧桐东南侧 340 m 处		12.3
2	乌石鼓石场上方	50	33.0
	667 高地东侧		32.2
	小梧桐东南侧 340 m 处		27.0
3	XXXXX 发射台南侧	75	50.3
	小梧桐发射塔西南		51.5
	667 高地南侧		48.0
4	XXXXX 发射台南侧	100	73.0
	小梧桐发射塔西南		75.0
5	小梧桐发射塔西南	125	98.5
	709.7 高地南侧		102.4
6	654.6 高地南侧	150	120.0

将所获数据对建立线性方程,采用最小二乘法进行线性回归,得

$$H = 3.30L^{0.794} \tag{12-2}$$

据上述关系,对该采石场岩体边坡稳定性进行分析。由于该段边坡长度大,坡面曲折且变化较大,选择南北两段进行稳定性分析。

南段边坡选择在坡顶外凸的高陡位置,坡顶标高 107 m,坡脚标高约 17 m,坡高 90 m,坡面水平投影长 52.5 m,坡率为 1:0.58,相应的总体坡度为 60°。据回归关系分析,该边坡高度在 90 m 时,其水平投影长度为 64.3 m,坡率为 1:0.71,相应的总体坡度为 54.6°,边坡岩石为坚硬块体状,按新开挖边坡坡度提高 5° 考虑,其稳定坡度约为 59.6°,因此该边坡属基本稳定边坡,局部外凸坡段稳定性差。

北段选择在 II 3-871 控制点西侧坡顶凸出位置,坡顶标高 135 m,坡脚标高约 20 m,坡高 115 m,坡面水平投影长 99 m,坡率为 1:0.86。根据回归关系分析,该边坡高度在 115 m 时,其水平投影长度为 87.6 m,坡率为 1:0.76 时,边坡即可达到稳定。因此,边坡北段总体处于稳定状态。

12.2　图解分析法

这里介绍最为常见的图解分析法,即极射赤平投影分析,简称赤平投影,是利用一个球体作为投影工具。首先把点、线、面等相关几何要素投影于圆球面上,然后以南极或北极为发射点,将球面上物体的几何要素投影于赤道平面上开展稳定性分析的一种技术手段。

12.2.1　稳定性评价方法

针对矿山岩体工程稳定性分析,建议采用下半球赤平投影,即以球体上极点为发射点,将球面上物体的几何要素投影于图 12 - 2 所示的赤道平面,赤道平面 $PDFB$ 分别代表 N、E、S、W 四个方向,矿山工程岩体任何界面(包括且不限于露天开采边坡坡面、地下开采硐室临空面、岩层层面、节理裂隙面、断层面等)均可表示为通过球心的标准圆面,地质线(例如面与面相交的线理)则为球的直径。

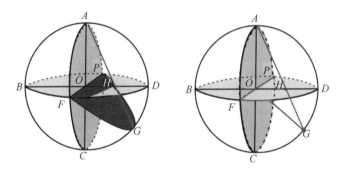

图 12 - 2　极射赤平投影原理示意图(下半球投影)

根据下半球投影规则,上极射点 P -下弧线 NDS[投影面(面 NDS)和球面交线]连线与赤平面交点组成的弧线 $ND'S$, OD' 方向表征倾向, $D'E$ 长度表征倾角。法线在赤平投影中与面倾向相反($\pm 180°$)、倾角互补(详见图 12 - 3)。

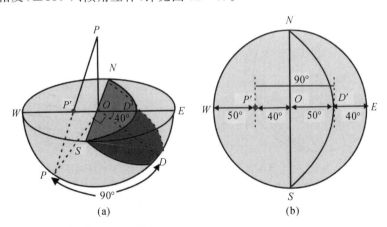

(a)　　　　　　　　　　(b)

图 12 - 3　极射赤平投影原理示意图(下半球投影)

当边坡具备利于失稳的良好侧边界条件时,开展基底主控结构面作用下边坡的稳定性分析,可分为六种情况。

1)潜在不稳定状态。如图 12-4 所示,基底主控结构面倾向与边坡倾向一致,且位于开挖边坡面 S_c 的投影大圆与自然边坡面 S_n 的投影大圆之间,表明基底主控结构面倾角比开挖边坡面的倾角小,同时又比自然边坡面的倾角大,理论上具备前缘剪出口和后缘边界条件。因此,此类边坡具备滑坡边界条件,从几何特征角度应判定为潜在不稳定状态,需进一步开展力学计算分析其稳定性,相关计算方法详见后续章节。

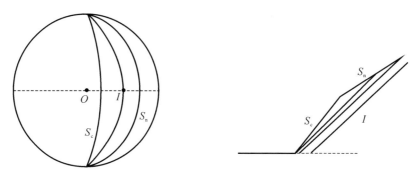

图 12-4　潜在不稳定状态边坡示意图(下半球投影)

2)潜在较不稳定状态。如图 12-5 所示,基底主控结构面倾向与边坡倾向一致,且其投影既位于自然边坡面 S_n 的投影大圆外侧,又位于开挖边坡面 S_c 的投影大圆外侧,表明基底主控结构面虽然较开挖边坡面平缓,但它在坡顶面上没有出露点,边坡后缘无直接支持滑坡失稳的良好边界条件,难以失稳形成岩质滑坡。但是,若主控结构面存在卸荷作用下的蠕滑特性,随时间推移在降雨及地下水等因素作用下向坡外剪切滑移,将在斜坡后缘产生拉应力集中,进而生成后缘张拉裂缝并持续扩展加深(唐鹏,2021),为滑坡提供后缘边界条件。因此,针对此类斜坡,可依据其几何特征条件,经极射赤平投影分析,综合研判为潜在较不稳定状态。

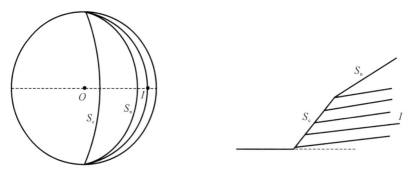

图 12-5　潜在较不稳定状态边坡示意图(下半球投影)

3)潜在基本稳定状态。如图 12-6 所示,基底主控结构面倾向与边坡倾向一致,且其投影位于开挖大边坡面 S_c 的投影大圆上,表明基底主控结构面与开挖边坡坡面具有几乎相同的产状。若工程边坡为软岩薄层状岩体,则存在坡脚斜切剪断锁固段失稳的可能,易表现为滑移弯曲失稳模式;若工程边坡为硬岩厚层状岩体,则因坡脚无剪出口而难以失稳破坏。因此,综合而言,此条件下的矿山工程岩体斜坡处于潜在基本稳定状态。

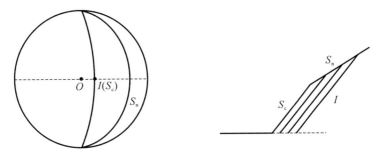

图 12-6　潜在基本稳定状态边坡示意图(下半球投影)

4)潜在较稳定状态。如图 12-7 所示,基底主控结构面的投影大圆位于开挖大边坡面 S_c 的投影大圆的对侧,表明基底主控结构面倾向与开挖边坡坡面和自然斜坡面倾向相反。若工程边坡为陡倾角软岩薄层状岩体,则斜坡上部存在弯曲折断的可能,易表现为倾倒失稳模式;若工程边坡为硬岩厚层状岩体,则因坡脚无剪出口而难以失稳破坏。因此,综合而言,此条件下的矿山工程岩体斜坡处于潜在较稳定状态。

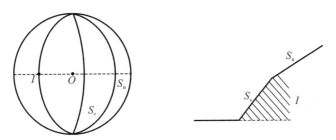

图 12-7　潜在较稳定状态边坡示意图(下半球投影)

5)潜在稳定状态。如图 12-8 所示,基底主控结构面的投影大圆位于开挖大边坡面 S_c 的投影大圆的内侧,表明基底主控结构面倾角大于开挖边坡坡面和自然斜坡面倾角,难以剪切滑移,也难以弯曲折断。综合而言,此条件下的矿山工程岩体斜坡处于潜在稳定状态。

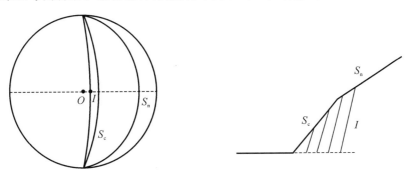

图 12-8　潜在稳定状态边坡示意图(下半球投影)

6)潜在最稳定状态。如图 12-9 所示,基底主控结构面倾向与开挖边坡坡面和自然斜坡面倾向近于正交,难以形成失稳滑移和弯曲折断。因此,此条件下的矿山工程岩体斜坡处于潜在最稳定状态,就矿山岩体稳定性而言,通常为从几何角度开展露天矿边坡设计的最优选择。

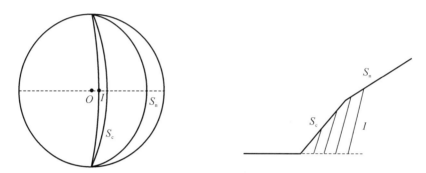

图 12-9　潜在最稳定状态边坡示意图(下半球投影)

12.2.2　工程岩体稳定性图解分析实例

所选实例为本溪钢铁(集团)南芬铁矿露天采场 2016-1101 岩质滑坡,其位于华北地台辽东台背斜营口-宽甸隆起的北缘太子河凹陷之中,矿体赋存于太古界鞍山群含铁岩段,呈单斜构造(陶志刚等,2017)。

经现场调查,2016-1101 岩质滑坡位于露天采场下盘,以二云母石英片岩和绿帘角闪片岩为主,硬度 $f=8\sim12$,边坡角为 35.18°～35.40°。滑坡体倾向 264°,沿倾向长约 60 m,沿走向宽约 50 m,面积约 3 000 m²。本次滑坡属于顺层石质楔形滑坡,滑体最大厚度为4.5 m,体积约 1.35×10^4 m³。滑坡体几何特征见表 12-2。

表 12-2　南芬铁矿露天采场 2016-1101 岩质滑坡几何特征参数

参数	参数值
滑坡体高/m	72
滑坡体厚/m	4.5
滑坡体长/m	60
滑坡体宽/m	50
岩石容重/(kN·m⁻³)	28.6

南芬铁矿露天采场 2016-1101 岩质滑坡南侧结构面(A 面)露头模糊,结构面粗糙,以绿帘角闪片岩为主,遇水强度降低,无明显擦痕,有拉裂痕迹;北侧结构面(B 面)露头清晰,结构面光滑,以二云母石英片岩为主,遇水强度降低,有明显擦痕,擦痕方向与滑动方向一致,A、B 两面夹角为 50.54°。通过本次调查发现 B 面岩体潮湿,用手可轻易搓碎,呈泥质,色发灰,具有光泽。B 面与坡面交线走向清晰,两侧岩体节理裂隙不发育,具有明显构造控

制滑坡的破坏特征,是本次滑坡发生的主滑动面;A 面与坡面交线模糊,边界两侧岩体节理发育,具有被动拉裂破坏特征。结构面和交线产状信息见表 12－3,结构面空间组合特征及滑坡概念模型如图 12－10 所示。

表 12－3 南芬铁矿露天采场 2016－1101 岩质滑坡楔形结构面基本参数

结构面	倾向/(°)	倾角/(°)	岩组	物理力学特性
F_3（边坡面）	264	56	绿泥角闪岩组 Am（岩体）	$\varphi_{face}=38°,c_{face}=414\ kPa$
F_1（A 面）	300	45	绿帘角闪岩组 Aml（节理面）	$\varphi_A=27.6°,c_A=77.4\ kPa$
F_2（B 面）	228	48	二云母石英片岩组 GPel（节理面）	$\varphi_B=27°,c_B=69\ kPa$
结构面交线	263.13	40.34		

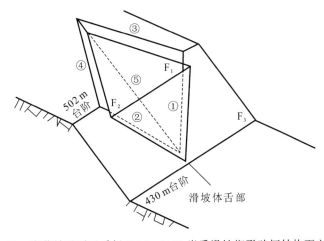

图 12－10 南芬铁矿露天采场 2016－1101 岩质滑坡楔形破坏结构面空间特征

不连续面是岩体中因节理、断层、劈理等所造成的软弱面。不连续面的存在极大影响边坡岩体整体强度和稳定性。楔形滑坡的几何特征对于边坡岩体滑动力学特性的分析起到了至关重要的作用。基于 2016－1101 岩质滑坡几何特征参数,绘制赤平极射投影图,得到了楔形滑坡体结构面、坡面及其交线的产状信息,如图 12－11（a）所示。图 12－11（a）中的弧线 HIJ 表示摩擦锥,即倾伏角等于 φ 的各倾向线条组成的圆锥,危险状态的所有交线均落在该圆锥内;弧线 EF 表示边坡坡面,弧线 AB 表示南侧结构面 F_1,弧线 CD 表示北侧结构面 F_2,弧线 AB、CD 和 EF 围成的阴影部分为楔形体,一并考虑摩擦和见光两个约束条件,发现楔形体落在见光带和摩擦锥交集,可发生楔形破坏。结构面交线二维投影特征如图 12－11（b）所示,发现 F_1 和 F_2 结构面交线倾向与边坡坡面倾向一致,交线倾角 $\psi=40.34°$,内摩擦角 $\varphi=27°$,坡面倾角 $\omega=56°$,其大小关系为 $\omega>\psi>\varphi$,满足顺层滑坡破坏几何条件,处于潜在不稳定状态,受开挖扰动、降雨等因素影响极易发生失稳破坏。

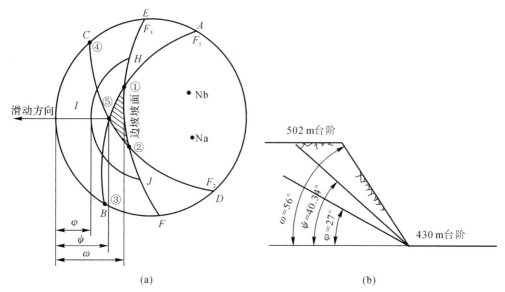

图 12-11 南芬铁矿露天采场 2016-1101 岩质滑坡赤平投影分析

(a)赤平极射投影图;(b)结构面交线二维示意图

φ—内摩擦角;ψ—交线倾角;ω—坡面倾角

12.3 刚体极限平衡分析法

对于前述定性评价研判得到的具有失稳破坏可能性的岩体,需进一步开展力学计算分析,进行稳定性量化评价,进而形成定性与定量相结合的岩体稳定性综合评价。其中,刚体极限平衡分析法,将滑动面及滑动面以上的潜在滑体视为刚体,根据滑动面以上若干条块之间的相互作用力确定力和力矩的静态平衡,从而计算边坡安全系数。因理论相对完善、物理意义相对清晰、实践经验丰富、计算简单且易于工程技术人员开展应用,刚体极限平衡分析法成为当前最广为接受的岩体稳定性评价方法,其基本思路为:假定岩体破坏是由于滑体沿潜在滑动面发生滑移破坏的结果,潜在滑动面上岩体服从相关破坏准则。

受控于坡体结构和地质条件,潜在滑动面可以是圆弧面、平面、复合折线型滑动面、对数螺旋面或其他不规则曲面。通过考虑由滑动面形成的隔离体的静力平衡,确定沿这一滑动面发生滑动时的力学状态,即极限平衡状态。有的方法考虑隔离体整体平衡,有的方法把隔离体分成若干竖向的条块,并对条间力作一些简化,然后考虑每一条块的静力平衡,这样可以系统地求出一系列滑动面发生滑移破坏时的力学状态。导致岩体失稳的最小破坏荷载就是要求的极限荷载,与之对应的滑动面就是最危险的潜在滑动面。

刚体极限平衡分析法通常以 Mohr-Coulomb 强度理论为基础,将滑块划分为若干条块,通过直接对某些多余未知量做出假定,建立作用在这些条块上力的平衡方程式,使方程的数量和未知数的数量相等,方程变为静定问题,求解岩体稳定性系数。在通过刚体极限平衡分析法求解岩体高次超静定问题时,未知量数目通常都超过方程式数目,而通过增加条块的个数,能达到使未知数减少的目的。因此,要使岩体稳定性问题得解,就必须建立新的条件方程。为达到这一目标,有两种方法可供选择:一是引入岩体本身的应力、应变关系;二是做出各种简化假定以减少指数或增加方程的个数。极限平衡法多采用后一种方法。于是根据未知数假定的不同,形成了多种不同的用于岩体稳定性分析的刚体极限平衡法。

摩根斯坦-普莱斯(Morgenstern-Price)法(简称 M－P 法)是刚体极限平衡法中最严格的方法,不仅同时考虑了条间法向力和切向力,还同时满足力平衡及力矩平衡,且适用于求解任意形状底滑面斜坡的稳定性系数。同时,在《非煤露天矿边坡工程技术规范》(GB 51016—2014)等矿山岩体现行规范中,摩根斯坦-普莱斯法也是重点推荐的矿山岩体稳定性评价方法。因此,这里着重介绍刚体极限平衡分析的摩根斯坦－普莱斯法。

12.3.1　摩根斯坦-普莱斯法

摩根斯坦-普莱斯法是根据整个滑动岩体的边界条件进行迭代求出问题的解。

假定岩体沿图 12－12 所示的潜在滑动面失稳,坡表地形线函数表示为

$$y=z(x) \tag{12-3}$$

侧向孔隙水压力的推力线表示为

$$y=h(x) \tag{12-4}$$

有效侧压力的推力线表示为

$$y=y'_{\mathrm{t}}(x) \tag{12-5}$$

将潜在滑动面以上失稳体划分为 n 个竖直条块,假定条块间法向力和切向力之间的关系为

$$Y=\lambda \cdot X \cdot f(x) \tag{12-6}$$

式中:Y 表示条块间法向力;X 表示条块间切向力;$f(x)$ 为条块间法向力与切向力的关系函数;λ 为任意常数。

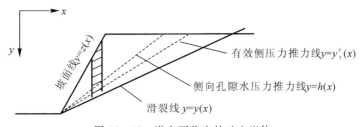

图 12－12　潜在不稳定的矿山岩体

取其中任意一条块进行图 12－13 所示受力分析,用总的法向力 E 来代替有效法向力 E',则

$$E=E'+U \tag{12-7}$$

总法向应力作用点的位置 y_{t} 可由下式求出:

$$Ey_{\mathrm{t}}=E'y_{\mathrm{t}}'+Uh \tag{12-8}$$

E 和 X 间必定存在着对应 x 的函数关系:

$$X=\lambda f(x)E \tag{12-9}$$

若将条块细分到宽度趋于无穷小的程度,$z(x)$、$h(x)$、$y(x)$ 和 $f(x)$ 均可在条块范围

内近似为一条线段,因此在任一微分条块均有

$$y = Ax + B \qquad (12-10)$$

$$\frac{dW}{dx} = px + q \qquad (12-11)$$

$$f = kx + m \qquad (12-12)$$

式中:A、B、p、q、k、m 均为任意常数,可通过几何条间及所选 $f(x)$ 函数确定。

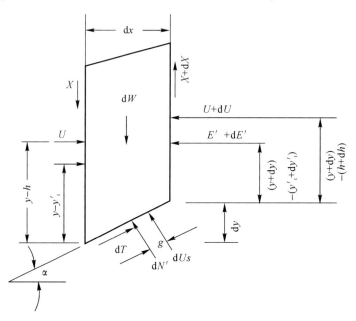

图 12-13 任一微分条块的受力分析图

将作用在条块上的力对条块底部中点取矩,建立力矩平衡的微分方程:

$$X = \frac{d}{dx}(Ey_t) - y\frac{dE}{dx} \qquad (12-13)$$

根据 Mohr-Coulomb 准则及稳定性系数 F_s 的定义,同时引用孔隙应力比 r_u,建立条块底部方向及底部法向方向力平衡微分方程 。由条块力平衡微分方程积分得到法向条间力 E_{i+1}:

$$E_{i+1} = \frac{1}{L + K\Delta x}(E_i L + \frac{N\Delta x^2}{2} + P\Delta x) \qquad (12-14)$$

$$K = \lambda k(\frac{\tan\varphi'}{F_s} + A) \qquad (12-15)$$

$$L = \lambda m(\frac{\tan\varphi'}{F_s} + A) + 1 - A\frac{\tan\varphi'}{F_s} \qquad (12-16)$$

$$N = p[\frac{\tan\varphi'}{F_s} + A - r_u(1+A^2)\frac{\tan\varphi'}{F_s}] \qquad (12-17)$$

$$P = \frac{c'}{F_s}(1+A^2) + q[\frac{\tan\varphi'}{F_s} + A - r_u(1+A^2)\frac{\tan\varphi'}{F_s}] \qquad (12-18)$$

式中：φ' 为有效内摩擦角；c' 为有效内聚力。

当失稳体外部没有其他外荷作用时，对最后一条块必须满足条件：

$$E_n = 0 \tag{12-19}$$

同时，条块侧面的力矩可由式（12-14）积分得到：

$$M_{i+1} = E_{i+1}(y - y_t)_{i+1} = \int_{x_i}^{x_{i+1}} (X - E\frac{\mathrm{d}y}{\mathrm{d}x})\mathrm{d}x \tag{12-20}$$

最后一条块侧面的力矩 M_n 也必须满足条件：

$$M_n = \int_{x_0}^{x_n} (X - E\frac{\mathrm{d}y}{\mathrm{d}x})\mathrm{d}x = 0 \tag{12-21}$$

为了找到满足所有平衡方程的 λ 及 F_s 值，需先假定一个 λ 及 F_s 值，然后逐条积分得到 E_n 及 M_n，如果不为 0，则再用一个有规律的迭代步骤不断修正 λ 及 F_s 值，直到 E_n 及 M_n 均为 0。由此最终可以得到岩体的稳定性系数（王科等，2013）。

12.3.2　工程岩体稳定性刚体极限平衡分析实例

所选实例为位于印度尼西亚苏门答腊岛占碑省境内的 Sarolangun 县的某露天矿边坡（谢潇和张国伟，2021）。研究范围地貌以波状起伏的剥蚀、侵蚀浅丘地貌为主，海拔 35～130 m，平均 68 m。

依据岩（土）体的工程地质特征及成因，按照露天采矿岩石硬度分类标准，结合室内岩石试验成果，该露天煤矿岩土体均划分为极软弱岩。该区域褶皱及断层对边坡影响较小。调查资料显示，研究场地抗震设防烈度为 8 度，在进行边坡稳定性计算时需要考虑地震工况。

采用以极限平衡分析法为主的 Geo-slope 软件，选择 Morgenstern-Price 法对折线型滑动面进行稳定性分析，对露天矿山边坡岩体进行沿软弱带顺层滑动的稳定性计算分析。基于现场调查及物理力学试验获得的岩土体物理力学参数见表 12-3。

表 12-3　印度尼西亚某露天矿边坡稳定性计算所有力学参数表

岩土层名称	天然密度/(g·cm⁻³)	黏聚力/kPa	内摩擦角/(°)
第四系	1.71	22.0	9.6
砂岩、粉砂岩	1.75	50.0	28.0
泥岩、炭质泥岩	1.75	60.0	20.0
煤	1.15	30.0	18.0
砂泥岩互层	1.75	50.0	23.0
顺层剪切材料	1.45	10.0	15.0
排弃废料	1.60	5.0	30.0

选择典型代表性剖面开展稳定性计算分析（见图 12-14），考虑天然和地震两种工况。斜坡整体边坡角设计为 20°，边坡为一煤层单台阶，斜坡后缘受 F_2 断层控制。按照顺层滑动模式计算稳定性系数，见表 12-4。

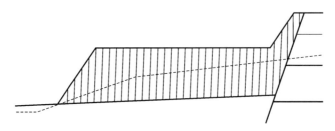

图 12 - 14　印度尼西亚某露天矿边坡稳定性计算示意图

表 12 - 4　印度尼西亚某露天矿边坡稳定性系数计算结果表

滑动类型	工况	Bishop 法	Morgenstern-Price 法
圆弧滑动	天然工况	1.940	2.017
	地震工况	1.886	1.910
顺层滑动	天然工况	1.891	1.780
	地震工况	1.554	1.446

根据计算结果,边坡在顺层滑动模式下的稳定系数均大于 1.2,岩体处于稳定状态。

12.4　楔形块体极限平衡分析法

矿山工程岩体中出现的楔形体,根据其构成条件的不同分为两种类型:一种是两组结构面控制下的楔形体,也是该工程边坡楔形体破坏的主要形式,如图 12 - 15(a)所示;另一种是由三组结构面控制下的楔形体,后缘结构面可能仅出露于坡面,有可能延伸到坡肩,如图 12 - 15(b)所示。

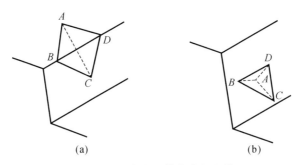

(a)　　　　　　　　　　　　　　(b)

图 12 - 15　两类楔形体失稳概念模型

12.4.1　楔形块体极限平衡分析理论方法

对于图 12 - 16 所示的楔形体,滑动模式包括单面滑动、双面滑动及脱离岩体运动,其滑动模式判断及稳定性系数计算可按下式进行:

$$N_a = \frac{m_{ab}R \cdot n_b - R \cdot n_a}{1 - m_{ab}^2} \tag{12-22}$$

$$N_b = \frac{m_{ab}R \cdot n_a - R \cdot n_b}{1 - m_{ab}^2} \tag{12-23}$$

$$m_{ab} = \sin\psi_a \sin\psi_b \cos(\alpha_a - \alpha_b) + \cos\psi_a \cos\psi_b \tag{12-24}$$

$$R = U_a n_a + U_b n_b + U_c n_c + W_w + T_t \tag{12-25}$$

$$n_a = (\sin\psi_a \sin\alpha_a, \sin\psi_a \cos\alpha_a, \cos\psi_a) \tag{12-26}$$

$$n_b = (\sin\psi_b \sin\alpha_b, \sin\psi_b \cos\alpha_b, \cos\psi_b) \tag{12-27}$$

$$n_c = (\sin\psi_c \sin\alpha_c, \sin\psi_c \cos\alpha_c, \cos\psi_c) \tag{12-28}$$

$$w = (0, 0, -1) \tag{12-29}$$

$$t = (\cos\psi_t \sin\alpha_t, \cos\psi_t \cos\alpha_t, -\sin\psi_t) \tag{12-30}$$

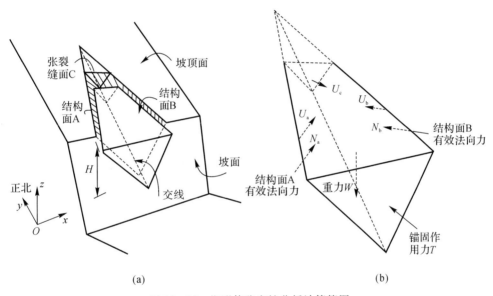

图 12-16　楔形体稳定性分析计算简图

1)当 N_a 和 N_b 均大于 0 时,楔形体沿 AB 面的交线滑动,其极限平衡状态下的稳定性系数为

$$K = \frac{N_a \tan\varphi'_a + c'_a A_a + N_b \tan\varphi'_b + c'_b A_b}{|R(n_a \times n_b)| / |n_a \times n_b|} \tag{12-31}$$

2)当 N_a 或 N_b 小于 0 时,若 N_a 和 N_b 满足 $N_a + m_{ab}N_b \geqslant 0$,楔形体沿结构面 A 滑动,其极限平衡状态下的稳定性系数为

$$K = \frac{|Rn_a| \tan\varphi'_a + c'_a A_a}{|R \times n_a|} \tag{12-32}$$

3)当 N_a 和 N_b 满足 $N_b + m_{ab}N_a \geqslant 0$,楔形体沿结构面 B 滑动,其极限平衡状态下的稳定性系数为

$$K = \frac{|Rn_b| \tan\varphi'_b + c'_b A_b}{|R \times n_b|} \tag{12-33}$$

式中:A_a——结构面 A 的面积,m^2;

c'_a——结构面 A 的有效黏聚力,kPa;

φ'_a——结构面 A 的内摩擦角,(°);

A_b——结构面 B 的面积,m^2;

c'_b——结构面 B 的有效黏聚力,kPa;

φ'_b——结构面 B 的内摩擦角,(°);

ψ_a——结构面 A 的倾角,(°);

α_a——结构面 A 的倾向,(°);

ψ_b——结构面 B 的倾角,(°);

α_b——结构面 B 的倾向,(°);

ψ_c——拉裂缝 C 的倾角,(°);

α_c——拉裂缝 C 的倾向,(°);

ψ_t——锚杆或锚索加固力的倾角,(°);

α_t——锚杆或锚索加固力的倾向,(°);

U_a——结构面 A 上的孔隙压力,kN;

U_b——结构面 B 上的孔隙压力,kN;

U_c——拉裂缝 C 上的孔隙压力,kN;

W_w——楔形体重量,kN;

T_t——锚杆或锚索加固力,kN。

若楔形体脱离母体运动,其稳定性系数为 0。

12.4.2　楔形块体极限平衡分析工程实例

所选实例为我国华北某露天转地下铁矿(汪锐,2020)围岩巷道楔形块体稳定性分析。矿区位于沙厂-墙子路褶皱断裂带西段,沙厂斜长环斑花岗岩体的南侧,矿区出露地层主要为太古界密云群沙厂组片麻岩系及第四系。在由露天转入地下生产的过程中,出现了一系列的矿岩失稳破坏问题,其中尤以节理裂隙等结构面切割形成的楔形体破坏为甚。矿区内断裂构造比较发育,小构造较多,岩体被节理裂隙切割得较为破碎,还有些岩石具有强烈的水理性,遇水膨胀、崩解和劣化,导致岩体自稳性较差。对矿区主要作业巷道进行实地调研发现,该铁矿各水平巷道有较多的楔形滑体(见图 12-17),垮冒情况也比较严重,冒落的

图 12-17　两类楔形体失稳概念模型(汪锐,2020)

楔形体大多出现在断层破碎带附近、巷道交叉口、巷道靠近露天边帮处等。楔形体表面多为平滑结构面,无咬合镶嵌裂隙存在。

通过对＋29 m 水平北端脉外巷节理产状、迹线延伸情况、已发生的楔形体滑落情况以及赤平投影的结果综合分析来看,该区段巷道深部围岩中脉外巷 32♯ 回采进路附近断层存在位置的结构面最有可能切割围岩而产生较大的楔形滑体,重点研究该位置。该位置围岩主要是辉石斜长片麻岩,围岩密度为 2 800 kg/m³,节理裂隙发育,脉外巷走向方位角为 0°,巷道开挖面主要存在 2 组节理面形成的优势结构面(产状为 210°∠60° 的 J_1、产状为 120°∠45° 的 J_2)以及一条断层(产状为 135°∠70° 的 F_1)。

选用加拿大 Toronto 大学 E. Hoek 等依据石根华块体理论开发研制的 Unwedge 应用软件,输入矿岩及结构面参数,自动生成出露在巷道的顶部 、底部、左侧、右侧的最大块体。巷道受到 J_1、J_2 和 F_1 三组结构面切割之后,在巷道顶板、左右边帮以及巷道底板可能产生 4 个编号分别为 2♯、4♯、5♯、7♯ 的楔形体,其特征及稳定性系数计算结果见表 12 - 5。

表 12 - 5　主要楔形体特征

块体编号	块体体积/m³	块体质量/t	安全系数 F_s	滑动方向
2♯	2.905	8.134	stable	
4♯	0.051	0.142	2.834	210°∠60°
5♯	0.051	0.142	3.452	120°∠45°
7♯	1.438	4.027	1.416	135°∠70°

12.5　数值计算法

12.5.1　简介

虽然岩体稳定性分析的刚体极限平衡法具有概念明晰、方法简便、参数易得的优点,但也存在固有的局限性(陈祖煜等,2005)。

1)该方法所假定的完全塑性区只是对实际情况的理想化,对大多数边坡并不存在,导致高估了边坡的承载能力;

2)岩体稳定性分析的刚体极限平衡方法仅将岩体划分为弹性区和塑性区,并不能计算出岩体的应力和变形信息。

数值方法大致可以分为两类。

1) 基于连续介质力学的应力应变分析法:这套方法能应用于固体力学及流体力学各领域,依托比较严格的理论体系,具有强大的处理复杂几何边界条件和非线性力学行为,此外还可以模拟有限的岩体结构面,如有限元法、边界元法、拉格朗日元法等。

2) 基于非连续介质力学的应力应变分析法:这套方法能有效考虑岩体受控于结构面的非连续特性,具有强大的处理非连续介质和大变形的能力,不仅能模拟应力应变性状,还能模拟破坏后的运移过程,可运用块体运动方程和物理方程提高计算准确性,如离散元法、DDA、界面元法、流形元等。

12.5.2 有限元法在岩体稳定性分析中的应用

下面仅以有限元数值计算法为例,简单介绍数值法在岩体稳定性分析中的应用。

采用有限元法分析岩体稳定性,不同于岩体稳定性分析的刚体极限平衡法,它是通过考虑岩体的弹塑性本构关系、变形对应力以及分布的影响模拟岩体失稳的过程,同时求得相应的稳定性系数。

(1)屈服准则的选取

影响岩体失稳破坏的关键因素是结构面的抗剪强度,当最大剪应力达到破坏极限时,岩体将沿着结构面失稳破坏。由于极限平衡法中滑动面的破坏准则是基于 Mohr-Coulomb 准则,为方便分析比较,在有限元分析中一般也推荐采用该准则下的屈服准则。此外,还有其他本构模型可依据需要进行选择,如 Drucker-Prager 模型、Modified Drucker-Prager 模型、Cap Model 等。

(2)流动法则的确定

在有限元计算中,选用关联流动法则还是非关联流动法则,直接取决于剪胀角的选取。当剪胀角等于摩擦角时,采用关联流动法则;当剪胀角为 0 时,采用非关联流动法则。随着剪胀角增大,在关联流动法则与非关联流动法则下得出的相对误差会同时变大。对于同一种类型的材料,采用非关联流动法则所得的破坏荷载比采用关联流动法则所得到的破坏荷载小,如果剪胀角取值为 0,将会得到较为保守的结果。对于岩体及其结构面的岩土材料,一般采用非关联流动法则。

(3)岩体临界破坏的评判标准

目前判定岩体达到临界破坏的评价标准主要有三种:

1)以数值计算不收敛作为评价标准;

2)以特征部位的位移拐点作为评价标准;

3)以形成连续的贯通面作为评价标准。

(4)边坡稳定性分析的实现

根据强度折减理论,在有限元数值模拟计算中采用不同的强度折减系数作为变量,对材料的抗剪强度参数黏聚力和内摩擦角,按下述相关公式进行折减。随着系数的增大,抗剪强度不断降低,导致土体某些单元所承受的应力值和折减后的强度值无法配套,甚至超出了屈服面,此时超过屈服应力的部分就向周围的单元逐渐扩散开去。若强度继续折减,则应力将分布到越来越多的单元上,从而实现静态平衡。当岩体达到临界破坏的评判标准时,对应的折减系数即为岩体稳定性系数。

$$c' = \frac{c}{k} \tag{12-34}$$

$$\varphi' = \arctan\frac{\varphi}{k} \tag{12-35}$$

式中:k——折减系数;

c——折减前的黏聚力;

c'——折减后的黏聚力;

φ'——折减后的内摩擦角。

鉴于数值方法众多,因篇幅所限,在此不再一一赘述,专门介绍数值方法的参考书较多,建议读者参阅其他相关书籍。

【资料】《非煤露天矿边坡工程技术规范》(GB 51016—2014)说明

开展非煤露天矿岩体稳定性评价工作应遵循《非煤露天矿工程技术规范》,该标准于2014 年 7 月 13 日正式发布,2015 年 5 月 1 日正式实施。《非煤露天矿边坡工程技术规范》(GB 51016—2014)根据住房建设部《关于印发〈2008 年工程建设标准规范制订、修订计划(第二批)〉的通知》(建标[2008]105 号)的要求,由中勘冶金勘察设计研究院有限公司会同有关单位编制完成,主要起草单位:中勘冶金勘察设计研究院有限公司、北京科技大学、中钢集团马鞍山矿山研究院有限公司、中国科学院地质与地球物理研究所、武汉大学、中国地质大学(武汉)、中国地质大学(北京)、包钢集团公司白云鄂博铁矿、中国瑞林工程技术有限责任公司、中国有色金属工业昆明勘察设计研究院、天津水泥工业设计研究院有限公司、鞍钢集团矿业公司、华北有色工程勘察院有限责任公司、桂林理工大学。主要起草人:李九鸣、王广和、唐辉明、杨书涛、高永涛、王宏志、王哲英、杨占峰、周叔举、马旭峰、王家臣、待永新、伍法权、汪斌、刘文连、吴顺川、刘新社、肖明贵、周创兵、周杰华、贺健、温贵、蒲海波。该标准规定了边坡工程勘察、边坡稳定性评价、边坡监测、边坡靠帮过程控制与维护、边坡治理工程设计、边坡治理工程施工、工程检测与验收、安全与环保等方面的基本要求。标准适用于非煤露天矿工程岩体稳定性评价工作,是制订勘查设计、工程质量检查、验收和报告编写、审查批准的依据,是从事相关工作的行动指南。

矿山水文地质与工程地质工作者在从事相关工作时,应熟悉该标准,并严格按照规范开展各项工作。

第 13 章 矿山岩土工程勘察

13.1 概 述

13.1.1 岩土工程及其研究对象

岩土工程(geotechnical engineering)是欧美国家于 20 世纪 60 年代在土木工程实践中建立起来的一种新的技术体制。它以工程地质学、岩土力学、岩体力学和基础工程为理论基础,用以求解岩体与土体工程问题,包括地基与基础、边坡和地下工程等问题,是一门地质与工程紧密结合的学科。

岩土工程是由土木工程、地质、力学和材料学等多学科相互渗透、融合而形成的边缘学科,就其学科的内涵和属性来说,岩土工程是一门服务于工程建设的综合性和应用性都很强的技术学科,属于土木工程范畴。它涉及岩体与土体的利用、整治和改造,包括岩土工程的勘察、设计、施工和监测四个方面。这一为工程建设全过程服务的技术体制,在房屋、道路、航运、能源、矿山和国防等建设工程中占有重要的地位,在保证工程质量、降低工程造价、缩短工程周期以及提高工程经济效益、环境效益和社会效益方面起到了重要作用。

岩土工程的研究对象是岩体和土体。岩体在其形成和存在的整个地质历史过程中,经受了各种复杂的地质作用,因而有着复杂的结构和地应力场环境。而不同地区不同类型的岩体,其工程性质的形成和演化以及对建筑的适应性,与它的物质组成、结构和赋存环境息息相关。岩石出露地表后,经过风化作用形成土,它们或留存原地,或经过风、水及冰川的剥蚀和搬运作用在异地沉积形成土层。在各地质时期各地区的风化环境、搬运和沉积的动力条件均存在差异,因此土体不仅工程性质复杂,而且其性质的区域性和个性很强。

13.1.2 岩土工程勘察的任务和特点

13.1.2.1 岩土工程勘察的任务

岩土工程勘察除了按照建筑物或构筑物不同勘察阶段的要求,为工程的设计、施工以及岩土体治理加固、开挖支护和降水等工程提供地质资料和必要的技术参数外,还应结合工程设计、施工条件进行技术论证和分析评价,提出解决岩土工程问题的建议,用以确保工程安全,增加投资效益,促进社会和经济的可持续发展,体现岩土工程勘察服务于工程建设全过程的理念。

岩土工程勘察的基本任务归纳如下：

1）阐述建筑场地的工程地质条件，指出场地内不良地质现象的发育情况及其对工程建设的影响，对场地稳定性做出评价。

2）查明工程场地特殊性（岩）土层的分布及特殊性指标，并对特殊性进行评判。

3）查明工程范围内岩土体的分布、性状和地下水活动条件，提供设计、施工和整治所需的地质资料和岩土技术参数。

4）分析、研究有关的岩土工程问题，并做出评价结论。

5）对场地内建筑总平面布置、各类岩土工程设计、岩土体加固处理、不良地质现象整治等具体方案做出论证和建议。

6）预测工程施工和运行过程中对地质环境和周围建筑物的影响，并提出保护措施。

7）为现有工程安全性的评定、拟建工程对现有工程的影响和事故工程的调查分析提供依据。

8）指导岩土工程在运营和使用期间的长期观测，如建筑物的沉降和变形观测等工作。

13.2.1.2　岩土工程勘察的特点

岩土工程勘察的基本特点是在研究岩土工程问题时，必须考虑它们与工程建设的关系及相互影响，预测工程建设活动与地质环境间可能产生的工程地质作用的性质和规模及将来发展的趋势。

在具体勘察过程中，必须用地质分析的方法详细研究建筑场地或周围一定范围的地形地貌、水文地质条件、地质构造、地层岩性、不良地质作用等。除用地质分析方法对地质条件进行定性评价外，还要用室内试验和现场原位测试技术以及相关理论和计算方法进行定量的评价，提供结论性意见和可靠的设计参数，供设计者和施工者直接应用。另外，还要在分析评价的基础上，提出岩土工程问题处理的措施和意见，提出如何充分利用有利的工程地质条件，切合工程实际改造不利的工程地质条件的具体方案和施工方法，使工程建设更符合经济合理、运行安全的原则。

矿山区域有别于大多数其他工程建设场地特有且常见的主要包括采空区、地下硐室、废弃物处理工程等，本章第三节将对地下采空区场地的岩土工程勘察与评价进行介绍。

13.1.3　我国岩土工程勘察的现状

新中国建立后，由于国民经济建设的需要，在地质、城建、水利、电力、冶金、机械、铁道、国防等部门，借鉴苏联的模式，相继设立了勘察、设计机构，开展了大规模的岩土工程勘察研究工作，为工程规划、设计和施工提供了大量的地质资料，使得一大批重要工程得以顺利施工和正常运行。但是，由于勘察体制的局限，以前的岩土工程勘察工作存在一些弊病和缺陷：一是侧重于定性分析，定量评价不够；二是侧重于"宏观"研究，结合工程具体较差，在建筑结构、基础方案和地基处理措施等方面，往往缺乏权威性意见和建议。反映出勘察与设计、施工在一定程度上是脱节的，影响了勘察工作的社会地位和经济效益，不能适应社会主义市场经济的需要。

针对上述缺陷，中国城建、冶金部门的一些工程勘察单位自 20 世纪 80 年代初期，引进了岩土工程体制。这一技术体制是为工程建设全过程服务的，因此很快就显示了它突出的优越性。之后,各部门相继推广。此时,由于国内地质找矿市场逐渐萎缩,不少原来从事找矿地质勘查的地质队也纷纷转产,从事岩土工程勘察。因此形成了一支庞大的岩土工程勘察队伍,遍布全国各大、中城市,主要从事工业与民用建筑和市政设施的勘察。高层建筑,尤其是超高层建筑的涌现,对天然地基稳定性计算和评价、桩基计算与评价、基坑开挖与支护、岩土加固与改良等方面,都提出了新的研究课题,要求对勘探、取样、原位测试和监测的仪器设备、操作技术和工艺流程等不断创新。由于勘察工作与设计、施工、监测结合紧密,勘察真正成为工程咨询性的工作,为保证工程安全和提高经济效益做出了很大的贡献,并积累了许多勘察经验和资料。勘察与设计、施工、监测的紧密结合,是岩土工程技术体制的最大优越性。

为了在社会主义市场经济体制下,使岩土工程勘察能贯彻执行国家有关的技术经济政策,做到技术先进、经济合理、确保工程质量和提高经济效益,由国家建设部会同有关部门,制定了中华人民共和国国家标准《岩土工程勘察规范》(GB 50021—1994),该标准是对原《工业与民用建筑工程地质勘察规范》(TJ 21—1977)的修订,它既总结了中国 40 多年来工程实践的经验和科研成果,又注意尽量与国际标准接轨。由于工程建设的需要和科学技术发展,岩土工程勘察国家标准重新进行了修订,2002 年 1 月 10 日中华人民共和国建设部和中华人民共和国国家质量监督检验检疫总局联合发布了《岩土工程勘察规范》(GB 50021—2001),自 2002 年 3 月 1 日起实施;2009 年 5 月 19 日中华人民共和国住房和城乡建设部又批准了《岩土工程勘察规范》(GB 50021—2001)局部修订的条文,自 2009 年 7 月 1 日起实施,《岩土工程勘察规范》(GB 50021—2001)(2009 年版)是目前最新的岩土工程勘察国家标准。

从目前国内大量的实践可以看出,我国的岩土工程还存在着许多急需解决的问题,尤其是岩土参数的不确定性。岩土工程的发展基础是传统力学,而随着研究的不断深入和科学技术的发展,出现了许多不能仅靠力学解决的实际问题。例如,岩土结构对于自然条件有很强的依赖性,不能人为控制或改变,只能对其进行勘探考察,可是往往又不能考察得足够详细具体,因此信息的不确定性给设计计算工作带来了很大的难度。相比之下,岩土的结构设计具有极强的可控性,计算条件明确,因此计算的数据也是可信的。而且岩土工程勘察侧重于解决岩土工程的场地评价和地基稳定性问题,对地质条件较复杂的岩土工程,尤其是重大工程(如水电站、核电站、铁路干线等)的区域地壳稳定性、边坡和地下硐室围岩稳定性的分析与评价,仅靠岩土工程师是无法解决的,必须要有岩土工程勘察和其他所涉专业的技术人员的共同参与。

13.2 矿山岩土工程勘察基本技术要求

13.2.1 矿山岩土工程勘察的分级

矿山岩土工程勘察项目前期需要评定岩土工程勘察等级,进行勘察等级划分的主要目的是确定勘察工作量的布置。工程规模较大或较重要、场地地质条件以及岩土体分布和性状较复杂的勘察项目,为了把场地情况勘察清楚,提供完整、准确的地质资料和必要技术参数服务于后续工程设计和施工,投入的勘察工作量就较大,反之则较小。

《岩土工程勘察规范》(GB 50021—2001)规定,根据工程重要性等级、场地复杂程度等级和地基复杂程度等级三项因素把岩土工程勘察等级划分为甲级、乙级和丙级(见表 13 - 1),适用于除水利工程、铁路、公路和桥梁工程以外的工程建设岩土工程勘察。

表 13 - 1 岩土工程勘察等级划分

岩土工程勘察等级	划分标准
甲级	在工程重要性、场地复杂程度和地基复杂程度等级中,有一项或多项为一级的勘察项目
乙级	除勘察等级为甲级和丙级以外的勘察项目
丙级	工程重要性、场地复杂程度和地基复杂程度等级均为三级的勘察项目

注:建筑在岩质地基上的一级工程,当场地复杂程度等级和地基复杂程度等级均为三级时,岩土工程勘察等级可定为乙级。

基于相关规范的规定,下面分别对工程重要性等级、场地复杂程度等级和地基复杂程度等级的划分进行介绍,合规地划分这三个因素的等级即能基于表 13 - 1 综合划分岩土工程勘察等级。

13.2.1.1 工程重要性等级划分

根据工程的规模和特征,以及由于岩土工程问题造成工程破坏或影响正常使用的后果,《岩土工程勘察规范》(GB 50021—2001)把工程重要性等级划分为一级、二级和三级(见表 13 - 2)。

表 13 - 2 岩土工程重要性等级划分

工程重要性等级	工程类型	破坏后果
一级	重要工程	很严重
二级	一般工程	严重
三级	次要工程	不严重

由于工程项目涉及面广,如房屋建筑和构筑物、厂房、地下硐室、线路、电厂等工业建筑以及废弃物处理工程等,很难做出各种行业都适用的具体划分标准。《建筑地基基础设计规范》(GB 50007—2011)把地基基础设计分为甲级、乙级和丙级(见表 13 - 3)。

表 13 - 3 地基基础设计等级划分

设计等级	建筑和地基类型
甲级	重要的工业与民用建筑; 30 层以上的高层建筑; 体型复杂、层数相差超过 10 层的高低层连成一体的建筑物; 大面积的多层地下建筑物(如地下车库、商场、运动场等); 对地基变形有特殊要求的建筑物; 复杂地质条件下的坡上建筑物(包括高边坡);

设计等级	建筑和地基类型
甲级	对原有工程影响较大的新建建筑物； 场地和地基条件复杂的一般建筑物； 位于复杂地质条件及软土地区的二层及二层以上地下室的基坑工程； 开挖深度大于 15 m 的基坑工程； 周边环境条件复杂、环境保护要求高的基坑工程
乙级	除甲级、丙级以外的工业与民用建筑； 除甲级、丙级以外的基坑工程
丙级	场地和地基条件简单、荷载分布均匀的七层及七层以下民用建筑及一般工业建筑物； 次要的轻型建筑物； 非软土地基且场地地质条件简单、基坑周边环境条件简单、环境保护要求不高且开挖深度小于 5.0 m 的基坑工程

13.2.1.2 场地复杂程度等级划分

根据场地对建筑抗震的有利程度、不良地质现象发育情况、地质环境破坏程度、地形地貌条件、地下水影响五个方面，《岩土工程勘察规范》(GB 50021—2001)把场地复杂程度等级划分为一级、二级和三级，具体划分见表 13-4。

表 13-4 场地复杂程度等级划分

场地复杂程度等级	判别条件		判据
	序号	场地特征	
一级 （复杂场地）	①	对建筑抗震危险的地段	满足 1 条及以上
	②	不良地质作用强烈发育	
	③	地质环境已经或可能受到强烈破坏	
	④	地形地貌复杂	
	⑤	有影响工程的多层地下水、岩溶裂隙水或其他水文地质条件复杂、需专门研究的场地	
二级 （中等复杂场地）	①	对建筑抗震不利的地段	满足 1 条及以上
	②	不良地质作用一般发育	
	③	地质环境已经或可能受到一般破坏	
	④	地形地貌较复杂	
	⑤	基础位于地下水位以下的场地	

场地复杂程度 等级	判别条件		判据
	序号	场地特征	
三级 (简单场地)	①	抗震设防烈度等于或小于 6 度,或对建筑抗震有利的地段	全部满足
	②	不良地质作用不发育	
	③	地质环境基本未受破坏	
	④	地形地貌简单	
	⑤	地下水对工程无影响	

注:(1)从一级开始,向二级、三级推定,以最先满足判据为准;
　　(2)基于现行《建筑抗震设计规范》GB50011 的规定划分对建筑抗震有利、不利和危险地段。

13.2.1.3　地基复杂程度等级划分

根据地基的岩土种类和有无特殊性岩土等条件,《岩土工程勘察规范》(GB 50021—2001)把地基复杂程度等级划分为一级、二级和三级,具体划分见表 13 - 5。

表 13 - 5　地基复杂程度等级划分

地基复杂程度 等级	判别条件		判据
	序号	地基特征	
一级 (复杂地基)	①	岩土种类多,很不均匀,性质变化大,需特殊处理	满足 1 条 及以上
	②	严重湿陷、膨胀、盐渍、污染的特殊性岩土,以及其他情况复杂, 需作专门处理的岩土	
二级 (中等复杂 地基)	①	岩土种类多,不均匀,性质变化大	满足 1 条 及以上
	②	一级地基中规定以外的特殊性岩土	
三级 (简单地基)	①	岩土种类单一,均匀,性质变化不大	全部满足
	②	无特殊性岩土	

注:从一级开始,向二级、三级推定,以最先满足判据为准。

13.2.2　各类工程勘察的基本要求

《岩土工程勘察规范》(GB 50021—2001)用强制性条文规定,各项建设工程在设计和施工之前,必须按基本建设程序进行岩土工程勘察。该规范对房屋建筑和构筑物、地下硐室、岸边工程、管道和架空线路工程、废弃物处理工程、核电厂、边坡工程、基坑工程、桩基础、地基处理与既有建筑物的增载和保护 11 类工程的勘察工作内容和应达到的要求进行了详细规定。根据工程建设各阶段的要求,勘察工作一般宜分阶段进行,正确反映工程地质条件,查明不良地质作用和地质灾害,精心勘察、精心分析,提出资料完整、评价正确的勘察报告。《岩土工程勘察规范》(GB 50021—2001)规定勘察工作划分为三个阶段:

1)可行性研究勘察。该阶段勘察应符合选择场址方案的要求,对拟建场地的稳定性和适宜性做出评价,服务于技术、经济论证和方案比较。

2)初步勘察。该阶段勘察应符合初步设计的要求,在可行性研究勘察的基础上,对场地内建筑地段的稳定性做出岩土工程评价,服务于建筑总平面布置,对主要建筑物的岩土工程方案和不良地质现象的防治工程方案等进行论证。

3)详细勘察。该阶段勘察应按单体建筑物或建筑群提出详细的岩土工程资料和设计、施工所需的岩土参数,服务于岩土工程设计、岩土体处理与加固、不良地质现象防治工程的计算与评价。

施工勘察不作为一个固定阶段,场地条件复杂或有特殊要求的工程,宜进行施工勘察。场地较小且无特殊要求的工程可合并勘察阶段。当建筑物平面布置已经确定,且场地或其附近已有岩土工程资料时,可根据实际情况直接进行详细勘察,按详细勘察工作要求布置勘察工作量。

13.3 矿山岩土工程勘察的勘探工作

13.3.1 勘探方法

岩土工程勘察方法或技术手段主要包括以下几种:工程地质测绘、勘探与取样、原位测试与室内试验、现场检验与监测。

(1)工程地质测绘

工程地质测绘是岩土工程勘察的基础工作,一般在勘察的初期阶段进行。这一方法的本质是运用地质、工程地质理论,对地面的地质现象进行观察和描述,分析其性质和规律,并借以推断地下地质情况,为勘探、测试工作等其他勘察方法提供依据。在地形地貌和地质条件较复杂的场地,必须进行工程地质测绘;但对地形平坦、地质条件简单且较狭小的场地,则可采用调查代替工程地质测绘。

工程地质测绘是认识场地工程地质条件最经济、最有效的方法,高质量的测绘工作能相当准确地推断地下地质情况,起到有效地指导其他勘察方法的作用。

(2)勘探与取样

勘探工作包括物探、钻探和坑探等各种方法。采用各种勘探方法调查地下地质情况,可利用勘探取样进行室内试验,也可在勘探过程中进行原位测试和监测。应根据勘察目的及岩土的特性选用上述各种勘探方法。

物探是一种间接的勘探手段,它的优点是较钻探和坑探轻便、经济而迅速,能够及时解决工程地质测绘中难于推断而又亟待了解的地下地质情况,所以常常与测绘工作配合使用。它又可作为钻探和坑探的先行或辅助手段。但是,物探成果的评定和解释往往具多解性,方法的使用又受地形条件等的限制,其成果需用勘探工程来验证。

钻探和坑探也称勘探工程,均是直接勘探手段,能可靠地了解地下地质情况,在岩土工程勘察中是必不可少的勘探手段。其中钻探工作使用最为广泛,可根据地层类别和勘察要求选用不同的钻探方法。当钻探方法难以查明地下地质情况时,可采用坑探方法。坑探工程的类型较多,应根据勘察要求选用。

勘探工程一般都需要动用机械和动力设备,耗费人力、物力较多,有些勘探工程施工周期又较长,而且受到许多条件的限制。因此使用这种方法时应具有经济观点,布置勘探工程需要以工程地质测绘和物探成果为依据,切忌盲目和随意。

(3)原位测试与室内试验

原位测试与室内试验的主要目的,是为岩土工程问题分析评价提供所需的定量技术参数,包括岩土体的物理性质指标、强度参数、固结变形特性参数、渗透性参数和应力、应变时间关系的参数等。原位测试一般都借助于勘探工程进行,是详细勘察阶段主要的一种勘察方法。原位测试与室内试验相比,各有优缺点。

原位测试的优点是:试样不脱离原来的环境,基本上在原位应力条件下进行试验;所测定的岩土体尺寸大,能反映宏观结构对岩土性质的影响,代表性好;试验周期较短,效率高;尤其对难以采样的岩土层仍能通过试验评定其工程性质。缺点是:试验时的应力路径难以控制;边界条件也较复杂;有些试验耗费人力、物力较多,不可能大量进行。

室内试验的优点是:试验条件比较容易控制(边界条件明确,应力应变条件可以控制等);可以大量取样进行试验。缺点是:试样尺寸小,不能反映宏观结构和非均质性对岩土性质的影响,代表性差;试样不可能真正保持原状,而且有些岩土也很难取得原状试样。

(4)现场检验与监测

现场检验与监测是构成岩土工程系统的一个重要环节,大量工作在施工和运营期间进行;但是这项工作一般需在高级勘察阶段开始实施,所以也被列为一种勘察方法。它的主要目的在于保证工程质量和安全,能反馈检测与监测信息调整工程设计和施工,提高工程效益。

现场检验包括施工阶段对先前岩土工程勘察成果的验证核查以及岩土工程施工监理和质量控制。现场监测则主要包含施工作用和各类荷载对岩土反应性状的监测、施工和运营中的结构物监测和对环境影响的监测等方面。

检验与监测所获取的资料,可以反求出某些工程技术参数,并以此为依据及时修正设计,使之在技术和经济方面优化。此项工作主要是在施工期间进行,但对有特殊要求的工程以及一些对工程有重要影响的不良地质现象,应在建筑物竣工运营期间继续进行监测。

随着科学技术的发展,在岩土工程勘察领域不断引进高新技术,如工程地质综合分析、工程地质测绘制图和不良地质现象监测中遥感(RS)、地理信息系统(GIS)和全球卫星定位系统(GPS)技术的引进,勘探工作中地质雷达和地球物理层析成像技术(CT)的应用等。

13.3.2 勘探工作的布置

布置勘探工作总的要求,应是以尽可能少的工作量取得尽可能多的地质资料。因此,做勘探设计时,必须熟悉勘探区已取得的地质资料,并明确勘探的目的和任务。将每个勘探工程都布置在关键地点,发挥其综合效益。

在工程地质勘察的各个阶段,勘探坑孔需要进行合理布置,坑孔布置方案的设计必须建立在对工程地质测绘资料和区域地质资料充分分析研究的基础上。

13.3.2.1　布置勘探工作的原则和形式

(1)布置勘探工作的原则

1)勘探工作应在工程地质测绘基础上进行。通过工程地质测绘,对地下地质情况有一定的判断后,才能明确勘探工作需要进一步解决的地质问题,以取得好的勘探效果。否则,由于不明确勘探目的,将有一定的盲目性。

2)无论是勘探的总体布置还是单个勘探点的设计,都要考虑综合利用。既要突出重点,又要照顾全面,点面结合,使各勘探点在总体布置的有机联系下发挥更大的效用。

3)勘探布置应与勘察阶段相适应。不同的勘察阶段,勘探的总体布置、勘探点的密度和深度、勘探手段的选择及要求等,均有所不同。一般来说:从初期到后期的勘察阶段,勘探总体布置由线状到网状,范围由大到小,勘探点、线距离由稀到密;勘探布置的依据,由以工程地质条件为主过渡到以建筑物的轮廓为主。

4)勘探布置应随建筑物的类型和规模的不同而异。不同类型的建筑物,其总体轮廓、荷载作用的特点以及可能产生的岩土工程问题不同,勘探布置亦应有所区别。道路、隧道、管线等线型工程,多采用勘探线的形式,且沿线隔一定距离布置一垂直于它的勘探剖面。房屋建筑与构筑物应按基础轮廓布置勘探工程,常呈方形、长方形、工字形或丁字形;具体布置勘探工程时又因不同的基础型式而异。桥基则采用由勘探线渐变为以单个桥墩进行布置的梅花形型式。

5)勘探布置应考虑地质、地貌、水文地质等条件。一般勘探线应沿着地质条件等变化最大的方向布置。勘探点的密度应视工程地质条件的复杂程度而定,而不是平均分布。为了对场地工程地质条件起到控制作用,还应布置一定数量的基准坑孔(即控制性坑孔),其深度较一般坑孔要大些。

6)在勘探线、网中的各勘探点,应视具体条件选择不同的勘探手段,以便互相配合,取长补短。

总之,勘探工作一定要在工程地质测绘基础上布置。勘探布置主要取决于勘察阶段、建筑物类型和岩土工程勘察等级三个重要因素。还应充分发挥勘探工作的综合效益。为搞好勘探工作,岩土工程师应深入现场,并与设计、施工人员密切配合。在勘探过程中,应根据所了解的条件和问题的变化,及时修改原来的布置方案,以期圆满地完成勘探任务。

(2)勘探坑孔布置原则

按工程地质条件布置坑孔的基本原则,基于场地特征布置勘探坑孔,用适量的工程量把场地地质条件探查清楚。

1)地貌单元及其衔接地段。勘探线应垂直地貌单元界限,每个地貌单元应有控制坑孔,两个地貌单元之间过渡地带应有钻孔。

2)断层。在上盘布坑孔,在地表垂直断层走向布置坑探,坑孔应穿过断层面。

3)滑坡。沿滑坡纵横轴线布孔、井,查明滑动带数量、部位、滑体厚度。坑孔深应穿过滑带到稳定基岩。

4)河谷。垂直河流布置勘探线,钻孔应穿过覆盖层并深入基岩5 m以上,防止误把漂石当作基岩。

5)陡倾地质界面。使用斜孔或斜井,相邻两孔深度所揭露的地层相互衔接为原则,防止漏层。

（3）勘探总体布置形式

1）勘探线。按特定方向沿线布置勘探点（等间距或不等间距）构成勘探线，了解沿线工程地质条件，绘制工程地质剖面图。适用于初勘阶段、线型工程勘察、天然建材初查。

2）勘探网。勘探网选布在相互交叉的勘探线及其交叉点上，形成网状（方格状、三角状、弧状等），用于了解面上的工程地质条件，绘制不同方向的剖面图、场地地质结构立体投影图。适用于基础工程场地详勘、天然建材详查阶段。

3）结合建筑物基础轮廓。一般工程建筑物设计要求，勘探工作按建筑物基础类型、型式、轮廓布置，并提供剖面及定量指标。桩基每个单独基础有一个钻孔，片筏、箱型基础的角点、中心点应有钻孔，拱坝按拱形最大外荷载线布置钻孔。

13.3.2.2　勘探坑孔间距的确定

各类建筑勘探坑孔的间距，是根据勘察阶段和岩土工程勘察等级来确定的。不同的勘察阶段，其勘察的要求和岩土工程评价的内容不同，因而勘探坑孔的间距也各异。

初期勘察阶段的主要任务是选址和进行可行性研究，对拟选场址的稳定性和适宜性做出岩土工程评价，进行技术经济论证和方案比较，满足确定场地方案的要求。由于有若干个建筑场址的比较方案，勘察范围大，勘探坑孔间距比较大。

进入中、后期勘察阶段，要对场地内建筑地段的稳定性做出岩土工程评价，确定建筑总平面布置，进而对地基基础设计、地基处理和不良地质现象的防治进行计算与评价，以满足施工设计的要求。此时勘察范围缩小而勘探坑孔增多了，因而坑孔间距是比较小的。

坑孔间距的确定原则：

1）勘察阶段：初期间距大，中后期逐渐加密。

2）工程地质条件的复杂程度：简单地段少布，间距放宽，复杂地段、要害部位间距缩小。

具体取值范围参照有关规范。

13.3.2.3　勘探坑孔深度的确定

确定勘探坑孔深度的含义包括两个方面：一是确定坑孔深度的依据；二是施工时终止坑孔的标志。概括来说，勘探坑孔深度应根据建筑物类型、勘察阶段、岩土工程勘察等级以及所评价的岩土工程问题等综合考虑。除上述原则外，尚应考虑以下各点：

1）建筑物有效附加应力影响范围。

2）与工程建筑物稳定性有关的工程地质问题的研究的需要，如坝基可能的滑移面深度、渗漏带底板深度。

3）工程设计的特殊要求，如确定坝基灌浆处理的深度、桩基深度、持力层深度等。

4）工程地质测绘及物探对某种勘探目的层的推断，在勘探设计中应逐孔确定合理深度，明确终孔标志。对于规范不应机械执行，应结合实际地质条件灵活运用。

做勘探设计时，有些建筑物可依据其设计标高来确定坑孔深度。例如，地下硐室和管道工程，勘探坑孔应穿越洞底设计标高或管道埋设深度以下一定深度。

此外，还可依据工程地质测绘或物探资料的推断确定勘探坑孔的深度。在勘探坑孔施工过程中，应根据该坑孔的目的任务而决定是否终止，切不能机械地执行原设计的深度。例如,为研究岩石风化分带目的的坑孔,当遇到新鲜基岩时即可终止。

13.3.2.4 勘探工程的施工顺序

勘探工程的施工顺序合理,既能提高勘探效率,取得满意的成果,又能减少勘探工作量。为此,在勘探工程总体布置的基础上,须重视和研究勘探工程的施工顺序问题,即全部勘探工程在空间和时间上的发展问题。

一项建筑工程,尤其是场地地质条件复杂的重大工程,需要勘探解决的问题往往较多。由于勘探工程不可能同时全面施工,因此必须分批进行。这就应根据所需查明问题的轻重、主次,同时考虑到设备搬迁方便和季节变化,将勘探坑孔分为几批,按先后顺序施工。

先施工的坑孔,必须为后继坑孔提供进一步地质分析所需的资料。所以在勘探过程中应及时整理资料,并利用这些资料指导和修改后继坑孔的设计和施工。不言而喻,选定第一批施工的勘探坑孔是具有重要意义的。

根据实践经验,第一批施工的坑孔应为:对控制场地工程地质条件具关键作用和对选择场地有决定意义的坑孔;建筑物重要部位的坑孔;为其他勘察工作提供条件,而施工周期又比较长的坑孔;在主要勘探线上的坑孔。考虑到洪水的威胁,应在枯水期尽量先施工水上或近水的坑孔。由此可知,第一批坑孔的工程量是比较大的。

13.3.3 岩土取样

取样是岩土工程勘察中必不可少的、经常性的工作。为定量评价岩土工程问题而提供室内试验的样品,包括岩土样和水样。除了在地面工程地质测绘调查和坑探工程中采取试样外,主要是在钻孔中采取的。

关于试样的代表性,从取样角度来说,需考虑取样的位置、数量和技术问题。岩土体一般为非均质体,其性状指标是一定空间范围的随机变量。因此,取样的位置在一定的单元体内应力求在不同方向上均匀分布,以反映趋势性的变化。

样本的大小关系到总体特性指标(包括均值、方差及置信区间)估计的精确度和可靠度。考虑到取样的成本,需要从技术和经济两方面权衡,合理地确定取样的数量。根据勘察设计要求,不同试样的用途是不一样的。例如:有的试样主要用于岩土分类定名;有的主要用于研究其物理性质;而有的除上述外,还要研究其力学性质。为了保证所取试样符合试验要求,必须采用合适的取样技术。

下面主要介绍钻孔中采取土样的技术问题,即土样的质量要求、取样方法、器具以及取样效果的评价等。

13.3.3.1 土样的质量等级

土样的质量实质上是土样的扰动问题。土样扰动表现在原位应力状态、含水率、结构和组成成分等方面的变化,它们产生于取样之前、取样之中以及取样之后直至试样制备的全过程之中。土样扰动对试验成果的影响也是多方面的,使之不能确切表征实际的岩土体。从理论上讲,除了应力状态的变化以及由此引起的卸荷回弹是不可避免的之外,其余的都可以通过适当的取样器具和操作方法来克服或减轻。实际上,完全不扰动的真正原状土样是无法取得的。

　　有的学者从实用观点出发,提出对不扰动土样或原状土样的基本质量要求:没有结构扰动、没有含水率和孔隙比的变化、没有物理成分和化学成分的改变,并规定了满足上述基本质量要求的具体标准。

　　由于不同试验项目对土样扰动程度有不同的控制要求,因此许多国家的规范或手册中都根据不同的试验要求来划分土样质量级别。

　　《岩土工程勘察规范》(GB 50021—2001)规定土样质量根据试验目的分为四个等级,并明确各级土样能进行的试验项目(见表 13 - 6)。其中Ⅰ、Ⅱ级土样相当于原状土样,但Ⅰ级土样比Ⅱ级土样有更高的要求。表中对四级土样扰动程度的区分只是定性的和相对的,没有严格的定量标准。

表 13 - 6　土样质量等级

级别	扰动程度	试验内容
Ⅰ	不扰动	土类定名、含水量、密度、强度试验、固结试验
Ⅱ	轻微扰动	土类定名、含水量、密度
Ⅲ	显著扰动	土类定名、含水量
Ⅳ	完全扰动	土类定名

　　目前虽已有多种评价土样扰动程度的方法,但在实际工程中不大可能去对所取土样的扰动程度做详细研究和定量评价,只能对采取某一级别土样所必须使用的器具和操作方法做出规定。

　　此外,还要考虑土层特点、操作水平和地区经验,来判断所取土样是否达到了预期的质量等级。

13.3.3.2　钻孔取土器及其适用条件

　　取土器是影响土样质量的重要因素,所以勘察部门都注重取土器的设计、制造。对取土器的基本要求是:尽可能使土样不受或少受扰动;能顺利切入土层中,并取上土样;结构简单且使用方便。

　　(1)取土器基本技术参数

　　取土器的取土质量,首先取决于取样管的几何尺寸和形状。目前国内外钻孔取土器有贯入式和回转式两大类,其尺寸、规格不尽相同,图 13 - 1 是一种电动取土器。以国内主要使用的贯入式取土器来说,有两种规格的取样管。

　　1)取样管直径(D)。目前土试样的直径多为 50 mm 或 80 mm,考虑到边缘的扰动,相应地宜采用内径(D_e)为 75 mm 及 100 mm 的取样管。对于饱和软黏土、湿陷性黄土等某些特殊土类,取样管直径还应更大些。

　　2)面积比(C_a)。

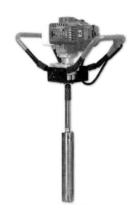

图 13 - 1　电动取土器

$$C_a = \frac{D_w^2 - D_e^2}{D_e^2} \times 100\% \qquad (13-1)$$

对于无管靴的薄壁取土器,$D_w = D_t$,C_a 值愈大,土样被扰动的可能性愈大。一般采取高质量土样的薄壁取土器的 $C_a \leq 10\%$,采取低级别土样的厚壁取土器的 C_a 值可达 30%。

3)内间隙比(C_i)。

$$C_i = \frac{D_s - D_e}{D_e} \times 100\% \qquad (13-2)$$

C_i 的作用是减小取样管内壁与土样间因摩擦而引起对土样的扰动,C_i 的最佳值随着土样的直径的增大而减小。国内生产的各种取土器的 C_i 值为 $0 \sim 1.5\%$。

4)外间隙比(C_0)。

$$C_0 = \frac{D_w - D_t}{D_t} \times 100\% \qquad (13-3)$$

C_0 的作用是减小取样管外壁与土层的摩擦,以使取土器顺利入土。国内生产的各种取土器的 C_0 值为 $0 \sim 2\%$。

5)取样管长度(L)。取样管长度要满足各项试验的要求。考虑到取样时土样上、下端受扰动以及制样时试样破损等因素,取样管长度应较实际所需试样长度大些。

关于取样管的直径与长度,有两种不同的设计思路。一种主张短而粗,一种主张长而细;二者优缺点互补。中国过去沿用苏联短而粗的标准,但目前国际比较通用的是长而细的一种,它能满足更多试验项目的要求。

6)刃口角度(α)。刃口角度 α 也是影响土样质量的重要因素。该值愈小,则土样的质量愈好。但是 α 过小,刃口易于受损,加工处理技术和对材料的要求也更高,势必提高成本。国内生产的取土器 α 值一般为 $5° \sim 10°$。

(2)贯入式取土器

贯入式取土器取样时,采用击入或压入的方法将取土器贯入土中。这类取土器又可分为敞口取土器和活塞取土器两类。敞口取土器按取样管壁厚分厚壁、薄壁和束节式三种;活塞取土器又有固定活塞、水压固定活塞、自由活塞等几种。

(3)回转式取土器

回转式取土器的基本结构与岩心钻探的双层岩心管相同,分为单动和双动两类。

回转式取土器可采取较坚硬、密实的土类以至软岩的样品。单动型取土器适用于软塑～坚硬状态的黏性土和粉土、粉细砂土,土样质量Ⅰ～Ⅱ级。双动型取土器适用于硬塑～坚硬状态的黏性土、中砂、粗砂、砾砂、碎石土及软岩,土样质量亦为Ⅰ～Ⅱ级。

13.3.3.3 钻孔取样的操作

土样质量的优劣,不仅取决于取土器具的好坏,还取决于取样全过程的各项操作是否恰当。

(1)钻进要求

1)使用合适的钻具与钻进方法。一般应采用较平稳的回转式钻进。若采用冲击、振动、水冲等方式钻进,应在预计取样位置 1 m 以上改用回转式钻进。在地下水位以上一般应采用干钻方式。几种取样钻机如图 13-2～图 13-4 所示。

2)在软土、砂土中宜用泥浆护壁。若使用套管护壁,应注意旋入套管时管靴对土层的扰动,且套管底部应限制在预计取样深度以上大于3倍孔径的距离。

图13-2 多功能土壤取样钻机　　图13-3 手持式取土钻机　　图13-4 电动岩芯钻机

3)应注意保持钻孔内的水头等于或稍高于地下水位,以避免产生孔底管涌,在饱和粉、细砂土中尤应注意。

(2)取样要求

1)到达预计取样位置后,要仔细清除孔底浮土。孔底允许残留浮土厚度不能大于取土器废土段长度。清除浮土时,需注意不要扰动待取土样的土层。

2)下放取土器必须平稳,避免侧刮孔壁。取土器入孔底时应轻放,以避免撞击孔底而扰动土层。

3)贯入取土器力求快速连续,最好采用静压方式。如采用锤击法,应做到重锤少击,且应有导向装置,以避免锤击时摇晃。饱和粉、细砂土和软黏土,必须采用静压法取样。

4)在土样贯满取土器后,提升取土器前应旋转2～3圈,也可静置约10 min,以使土样根部与母体顺利分离,减少逃土的可能性。提升时要平稳,切忌陡然升降或碰撞孔壁,以免失落土样。

(3)土样的封装和贮存

1)Ⅰ、Ⅱ、Ⅲ级土样应妥善密封。密封方法有蜡封和粘胶带缠绕等。应避免暴晒和冰冻。

2)尽可能缩短取样至试验之间的贮存时间,一般不宜超过3周。

3)土样在运输途中要避免震动。对易于震动液化和水分离析的土样应就近进行试验。

13.3.4 地下采空区的勘察与评价

采空区是人类开采赋存于地下一定深度范围内的资源而留下的空间。根据开采方式的不同,露天开采的采空区形成露天矿边坡,地下开采的采空区为一些分布于地下的空间。根据开采现状,采空区又可分为老采空区、现采空区和未来采空区三种类型。露天采空区的勘察可以参考斜坡场地的勘察,地下采空区的勘察以搜集资料、调查访问为主。对老采空区和现采空区,当工程地质调查不能查明采空区的特征时,应进行物探和钻探,必要时辅以地表移动观测。通过采空区勘察查明老采空区上覆岩层的稳定性,预测现采空区和未来采空区的地表移动、变形特征和规律,判定其作为工程场地的适宜性。

13.3.4.1　地下采空区的勘察内容

拟建工程场地或其附近分布有不利于场地稳定性和工程安全的采空区时,应进行采空区岩土工程专项勘察,并根据基本建设程序分为可行性研究勘察、初步勘察、详细勘察和施工勘察。

通过搜集资料、调查访问查明:

1)矿层的分布、层数、厚度、深度、埋藏特征和上覆岩层的岩性、构造等;

2)矿层开采的范围、深度、厚度、时间、方法和顶板管理,采空区的塌落、密实程度、空隙和积水等;

3)地表变形特征和分布,包括地表陷坑、台阶、裂缝的位置、形状、大小、深度、延伸方向及其与地质构造、开采边界、工作面推进方向等的关系;

4)地表移动盆地的特征,划分中间区、内边缘区和外边缘区,确定地表移动和变形的特征值;

5)采空区附近的抽水和排水情况及其对采空区稳定的影响;

6)搜集建(构)筑物变形和防治措施的经验。

地表移动观测观测线布置原则:

1)宜平行和垂直于矿层走向呈直线布置,其长度应超过移动盆地的范围;

2)平行于矿层走向的观测线,应有一条布置在最大下沉值的位置;

3)垂直于矿层走向的观测线,一般不应少于2条;

4)观测线上观测点的间距,应大致相等,并按表13-7确定。

表 13-7　观测点的间距

开采深度 H/m	观测点间距 L/m
<50	5
50~100	10
100~200	15
200~300	20
300~400	25
>400	30

观测周期由下式计算确定:

$$T=\frac{\sqrt{2}\,K\delta}{s} \tag{13-4}$$

式中:T——观测周期,月;

　　K——系数,一般取2~3;

　　δ——水准测量平均误差,mm;

　　s——地表月下沉量,mm/月。

13.3.4.2　地下采空区的评价

地下采空区场地的稳定性决定了拟建于该场地上的建(构)筑物的安全及其是否能正常使用,因此应基于采空区勘察成果,针对不同的采空区类型、顶板管理方式等因素对采空区进行综合分析和评价。然后结合建(构)筑物重要性等级、结构特征和变形要求、采空区类型和特征,采用定性和定量相结合的方法,基于采空区剩余变形等工程参数评定拟建工程的可行性,分析工程建设活动对采空区稳定性的影响,综合评价采空区场地上拟建工程的适宜性、地基和采空区稳定性。

(1)采空区稳定性分级

根据采空区类型、开采方法和顶板管理方式、终采时间、地表移动变形特征、采深、顶板岩性和松散层厚度、矿(岩)柱稳定性等因素,通过定性和定量评价,采空区的稳定性可划分为稳定、基本稳定和不稳定。

(2)采空区稳定性评价方法

基于采空区勘察资料和勘察阶段,选用适宜的方法评价采空区场地的稳定性,其中可采用的方法包括开采条件判别法、地表移动变形判别法、矿(岩)柱稳定性分析法等。

(3)采空区场地工程建设适宜性评价

评价采空区场地工程建设适宜性,应综合考虑采空区场地稳定性、采空区与拟建工程的相互影响程度、拟采取的抗采动影响技术措施的难易程度、工程造价等因素,按表 13-8 进行评级。

表 13-8　采空区场地工程建设适宜性评价分级

级别	分级说明
适宜	采空区垮落断裂带密实,对拟建工程影响小; 工程建设对采空区稳定性影响小; 采用一般工程防护措施(限于规划、建筑、结构措施)可以建设
基本适宜	采空区垮落断裂带基本密实,对拟建工程影响中等; 工程建设对采空区稳定性影响中等; 采取规划、建筑、结构、地基处理等措施可以控制采空区剩余变形对拟建工程的影响,或虽需进行采空区地基处理,但处理难度小且造价低
适宜性差	采空区垮落不充分,存在地面发生非连续变形的可能; 工程建设对采空区稳定性影响大; 采空区剩余变形对拟建工程的影响大,需规划、建筑、结构、采空区治理和地基处理等综合设计,处理难度大且造价高

《岩土工程勘察规范》(GB 50021—2001)规定采空区宜根据开采情况、地表移动盆地特征和变形大小,划分为不宜建筑的场地和相对稳定的场地,并规定下列地段不宜作为建筑场地:

1)在开采工程中可能出现非连续变形的地段;

2)地表移动活跃的地段;

3)特厚矿层和倾角大于 55°的厚矿层露头地段；

4)由于地表移动和变形引起边坡失稳和山崖崩塌的地段；

5)地表倾斜大于 10 mm/m,地表曲率大于 0.6 mm/m² 或地表水平变形大于 6 mm/m 的地段。

下列地段作为建筑场地时,应评价其适宜性：

1)采空区采深采厚比小于 30 的地段；

2)采深小,上覆岩层极坚硬,并采用非正规开采方法的地段；

3)地表倾斜为 3～10 mm/m,地表曲率为 0.2～0.6 mm/m² 或地表水平变形为 2～6 mm/m 的地段。

(4)拟建工程对采空区稳定性影响程度评价

评价拟建工程对采空区稳定性影响程度,应根据建筑物荷载和影响深度等,采用荷载临界影响深度判别法、附加应力分析法、数值分析法等方法,按表 13-9 进行划分。

表 13-9　工程建设对采空区稳定性影响程度评价

评价因素	影响程度		
	大	中等	小
荷载临界影响深度 H_D 和采空区深度 H	$H_D > H$	$H_D \leqslant H \leqslant 1.5H_D$	$H > 1.5H_D$
附加应力影响深度 H_a 和塌落断裂带深度 H_{lf}	$H_{lf} < H_a$	$H_a \leqslant H_{lf} < 2.0H_a$	$H_{lf} \geqslant 2.0H_a$

13.3.4.3　采空区地基处理

采空区地基处理宜采用灌浆充填、穿越跨越、剥挖回填压实、强夯压塌或井下砌筑支撑等方法,考虑相关方法的适用情况及原理,进行设计和验算。

不同区段的采空区,应根据其规模、稳定性评价结论、拟建建(构)筑物重要性等级和特点等,采取分区治理措施。治理效果应检测符合要求后,再进行主体工程施工。

13.3.4.4　采空区建筑物抗变形措施

(1)建筑措施

根据采空区的稳定状态和残余变形特征,在规划、设计阶段,采取相应的防治措施,确保工程安全及后期正常使用,节省工程造价。

具体措施包括：

1)拟建建(构)筑物平面布置规划时,其长轴宜平行于地表下沉等值线；

2)选择地表变形小、变形均匀的地段,避开地表裂缝、塌陷坑、台阶等分布地段,同一建(构)筑物布置不宜跨在不同稳定性、适宜性分区上；

3)建筑物平面形状应力求简单、对称、等高；

4)单体建筑物长度不宜超过 50 m,过长时应设置沉降缝且其宽度不小于 100 mm。

(2)结构措施

根据采空区的稳定状态和残余变形特征选择采用刚性结构设计原则或柔性结构设计原则。对于稳定或基本稳定的采空区,残余变形以连续变形为主时,宜选择采用刚性结构设计原则;对于不稳定的采空区或残余变形较大时,宜选择采用柔性结构设计原则。

13.4　矿山岩土工程勘察成果整理

13.4.1　岩土参数分析与选定

13.4.1.1　岩土参数的可靠性和适用性

岩土参数的分析与选定是岩土工程分析评价和岩土工程设计的基础。评价是否符合客观实际,设计计算是否可靠,很大程度上取决于岩土参数选定的合理性。

岩土参数可分为两类:一类是评价指标,用于评价岩土的性状,作为划分地层鉴定类别的主要依据;另一类是计算指标,用于设计岩土工程,预测岩土体在荷载和自然因素作用下的力学行为和变化趋势,并指导施工和监测。

工程上对这两类岩土参数的基本要求是可靠性和适用性。可靠性是指参数能正确反映岩土体在规定条件下的性状,能比较有把握地估计参数真值所在的区间。适用性是指参数能满足岩土工程设计计算的假定条件和计算精度要求。

岩土工程勘察报告应对主要参数的可靠性和适用性进行分析,并在分析的基础上选定参数。岩土参数的可靠性和适用性在很大程度上取决于岩土体受到扰动的程度和试验标准。评价岩土参数可靠性和适用性应综合考虑下述问题:

1)取样方法和其他因素对试验结果的影响;

2)采用的试验方法和取值标准;

3)不同测试方法所得结果的分析比较;

4)测试结果的离散程度;

5)测试方法与计算模型的配套性。

通过不同取样器和取样方法的对比试验可知,对不同的土体,凡是由于结构扰动强度降低得多的土,数据的离散性显著增大。对同一土层的同一指标,采用不同的试验方法和标准发现,所获数据差异很大。

13.4.1.2　岩土参数的统计分析

由于岩土体的非均质性和各向异性以及参数测定方法、条件与工程原型之间的差异等种种原因,岩土参数是随机变量,变异性较大。故在进行岩土工程设计时,应在划分工程地质单元的基础上作统计分析,了解各项指标的概率系数,确定其标准值和设计值。

岩土参数统计分析前,一定要正确划分工程地质单元体。不同工程地质单元的数据不能一起统计,否则因不同单元体岩土的物理力学性质参数差异较大而导致统计的数据毫无价值。由于土的不均匀性,对同一工程地质单元(土层)取的土样,用相同方法测定的数据通常是离散的,并以一定的规律分布,可以用频率分布直方图和分布密度函数来表示。

(1)岩土参数统计与变异性评价

岩土的物理力学指标应按场地的工程地质单元和层位进行统计,分别计算指标的平均值 Φ_{m}、标准差 σ_{f} 和变异系数 δ。

$$\Phi_{m} = \frac{\sum_{i=1}^{n} \Phi_{i}}{n} \tag{13-5}$$

$$\sigma_{f} = \sqrt{\frac{1}{n-1}\left[\sum_{i=1}^{n} \Phi_{i}^{2} - \frac{1}{n}\left(\sum_{i=1}^{n} \Phi_{i}\right)^{2}\right]} \tag{13-6}$$

$$\delta = \frac{\sigma_{f}}{\Phi_{m}} \tag{13-7}$$

式中:Φ_{m}——岩土参数的平均值;

　　n——按场地的工程地质单元和层位参与统计数据的个数;

　　σ_{f}——岩土参数的标准差;

　　δ——岩土参数的变异系数。

赋存于空间的岩土介质因其物质来源、形成历史和环境以及长期赋存中的应力路径等因素的不同,其空间的分布是不均匀的,各项性质指标存在差异,采用相同试验方法测定多个试样的数据通常存在离散性。因此,主要参数宜绘制沿深度变化的图件,并按变化特点划分为相关型和非相关型。需要时还应分析参数在水平方向上的变异规律。

相关型参数宜结合岩土参数与深度的经验关系,按下式分别计算剩余标准差和变异系数。

$$\sigma_{r} = \sigma_{f}\sqrt{1-r^{2}} \tag{13-8}$$

$$\delta = \frac{\sigma_{r}}{\Phi_{m}} \tag{13-9}$$

式中:σ_{r}——剩余标准差;

　　r——相关系数,对非相关型,$r=0$;

　　其他符号意义与式(13-5)~式(13-7)中相同。

标准差可作为反映岩土参数离散性的统计指标量,但因其是一个有量纲的指标,而不同统计参数数量水平存在差异,因此仅用标准差不能真实地评价不同参数的离散性大小。变异系数是一个无量纲统计指标量,用其能更真实地比较不同参数的离散性大小,在国内外是一个通用指标。

根据岩土参数变异系数大小,将其变异性分为很低、低、中等、高和很高五种变异类型,具体划分见表13-10。

表 13-10　岩土参数变异性

变异系数 δ	$\delta < 0.1$	$0.1 \leqslant \delta < 0.2$	$0.2 \leqslant \delta < 0.3$	$0.3 \leqslant \delta < 0.4$	$\delta \geqslant 0.4$
变异性	很低	低	中等	高	很高

在采用变异性系数定量判别与评价岩土参数的变异特性时,不应将上述分类作为判别指标是否合格的标准。当统计计算出某个指标的变异系数比较大时,也不能简单地认为该

指标的勘察试验有问题。

（2）岩土参数的标准值 Φ_k

岩土参数的标准值是岩土工程设计时所采用的基本代表值，是岩土参数的可靠性估值。它是在统计学区间估计理论基础上得到的关于参数母体平均值置信区间（一般取置信概率 α 为 95%）的单侧置信界限值，岩土参数的标准值 Φ_k 按下式计算：

$$\Phi_k = \gamma_s \Phi_m \tag{13-10}$$

$$\gamma_s = 1 \pm \left(\frac{1.704}{\sqrt{n}} + \frac{4.678}{n^2} \right) \delta \tag{13-11}$$

式中：γ_s——统计修正系数，正负号按不利组合考虑（如抗剪强度指标的修正系数应取负值）；其他符号意义与式（13-5）和式（13-7）中相同。

统计修正系数 γ_s 也可按岩土工程的类型和重要性、参数的变异性和统计数据的个数，根据经验选用。

（3）勘察报告提供的参数值

在岩土工程勘察成果报告中，应按下列不同情况提供岩土参数值：

1）一般情况下，应提供岩土参数的平均值 Φ_m、标准差 σ_f、变异系数 δ、数据分布范围和数据的数量 n。

2）承载能力极限状态计算需要的岩土参数标准值，应按式（13-10）计算；当设计规范另有专门规定的标准值取值方法时，可按有关规范执行。

3）评价岩土性状需要的岩土参数应采用平均值，正常使用极限状态计算需要的岩土参数宜采用平均值。

4）因为不同行业规范对有些参数指标概念的称谓存在差异，工程规范发展演变过程中采用现行新的指标名称和配套的设计计算方法和理论，岩土工程勘察报告一般只提供岩土参数的标准值，不提供设计值。需要时，当采用分项系数描述设计表达式计算时，岩土参数的设计值 Φ 按下式计算：

$$\Phi = \frac{\Phi_k}{\gamma} \tag{13-12}$$

式中：Φ——岩土参数的设计值；

Φ_k——岩土参数的标准值；

γ——岩土参数的分项系数，按有关设计规范的规定取值。

13.4.2　矿山岩土工程勘察报告

勘察报告是岩土工程勘察的总结性文件，一般由文字报告和所附图表组成。此项工作是在岩土工程勘察过程中所形成的各种原始资料编录的基础上进行的。为了保证勘察报告的质量，原始资料必须真实、系统、完整。因此，对岩土工程分析所依据的一切原始资料，均应及时整编和检查。

13.4.2.1　勘察报告的基本内容

岩土工程勘察报告的内容，应根据任务要求、勘察阶段、地质条件、工程特点等情况确定。鉴于岩土工程勘察的类型、规模各不相同，目的要求、工程特点和自然地质条件等差别很大,因此只能提出报告基本内容。

(1)报告的内容

1)委托单位、场地位置、工作简况,勘察的目的、要求和任务,以往的勘察工作及已有资料情况。

2)勘察方法及勘察工作量布置,包括各项勘察工作的数量布置及依据,工程地质测绘、勘探、取样、室内试验、原位测试等方法的必要说明。

3)场地工程地质条件分析,包括地形地貌、地层岩性、地质构造、水文地质和不良地质现象等内容,对场地稳定性和适宜性做出评价。

4)岩土参数的分析与选用,包括各项岩土性质指标的测试成果及其可靠性和适宜性,评价其变异性,提出其标准值。

5)工程施工和运营期间可能发生的岩土工程问题的预测及监控、预防措施及建议。

6)根据地质和岩土条件、工程结构特点及场地环境情况,提出地基基础方案、不良地质现象整治方案、开挖和边坡加固方案等岩土利用、整治和改造方案的建议,并进行技术经济论证。

7)对建筑结构设计和监测工作的建议,工程施工和使用期间应注意的问题,下一步岩土工程勘察工作的建议,等等。

(2)报告的内容结构

工程地质报告书既是工程地质勘察资料的综合、总结,具有一定科学价值,也是工程设计的地质依据。应明确回答工程设计所提出的问题,并应便于工程设计部门的应用。报告书正文应简明扼要,但足以说明工作地区工程地质条件的特点,并对工程场地做出明确的工程地质评价(定性、定量)。报告由正文、附图、附件三部分组成。

1)绪论:说明勘察工作任务、要解决的问题、采用方法及取得的成果,并应附实际材料图及其他图表。

2)通论:阐明工程地质条件、区域地质环境,论述重点在于阐明工程的可行性。通论在规划、初勘阶段占有重要地位,随着勘察的深入,通论比重减少。

3)专论:报告书的中心,重点内容着重于工程地质问题的分析评价。对工程方案提出建设性论证意见,对地基改良提出合理措施。专论的深度和内容与勘察阶段有关。

4)结论:在论证基础上,对各种具体问题做出简要、明确的回答。

13.4.2.2 勘察报告应附的图表

(1)报告应附图表类型

勘察报告应附必要的图表,主要包括:

1)场地工程地质图(附勘察工程布置);

2)工程地质柱状图、剖面图或立体投影图;

3)室内试验和原位测试成果图表;

4)岩土利用、整治、改造方案的有关图表;

5)岩土工程计算简图及计算成果图表。

为了确切地反映某一地区的工程地质勘察成果,单用叙述的方式是不够的,必须有图件配合。为了将某一工程地区内的工程地质条件和问题确切、直观地反映出来,最好的方法是编制工程地质图。

工程地质图是工程地质工作全部成果的综合表达,工程地质图的质量标志着编图者对工程地质问题的预测水平。工程地质图是工程地质学家(技术人员)提供给规划、设计、施工和运行人员直接应用的主要资料,它对工程的布局、选址、设计及工程进展起到决定性的影响。工程地质图一般包括平面图、剖面图、切面图、柱状图和立体图,并附有岩土物理力学性、水理性等定量指标。工程地质图除为规划设计使用外,还可为下一阶段的工程地质勘察工作的布置指出方向。

环境地质图包括图件内容:

1)基础资料图。标识出岩土类型、基岩等值线、采矿区、竖井、平硐、钻孔位置、填土、滑坡及边坡角、工程特性及矿床、地下水资源等。

2)演绎图。描述矿产资源、地基条件、设置地下贮存建筑物的潜力。

3)环境潜力图(环境容量图)。指出矿产、地下水和农业有关的资源开发问题,指导开发并指出建筑物不应覆盖的地段或不允许场地填土污染的地段,或其他限制(如不良地基、滑坡、塌陷敏感地段或洪涝敏感地段)。

(2)工程地质图的附件及其编绘

1)岩土单元综合柱状图。在综合地层柱状图基础上,按地质年代进一步划出工程地质单元。

2)工程地质剖面图。根据钻孔及试验资料作图,在地质剖面图的基础上,按工程地质单元分层、分区。表明地下水位、工程地质分区(界限、代号)、物理力学指标统计值,或按岩土某一性质指标,如 K(渗透系数)、w(含水量)、a(压缩系数)等值线划出单元体。

3)立体投影图、三维轴视投影图。用于表示场地地质结构的空间立体形态,为场地选择及工程地质分区服务,适用于场地较平坦、坑孔布置较规则的勘探网。

13.4.2.3　单项报告

除上述综合性岩土工程勘察报告外,也可根据任务要求提交单项报告,主要有:

1)岩土工程测试报告;

2)岩土工程检验或监测报告;

3)岩土工程事故调查与分析报告;

4)岩土利用、整治或改造方案报告;

5)专门性岩土工程问题的技术咨询报告。

勘察报告的内容可根据岩土工程勘察等级酌情简化或加强。例如:三级岩土工程勘察可适当简化,以图表为主,辅以必要的文字说明;一级岩土工程勘察除编写综合性勘察报告外,尚可对专门性的岩土工程问题提交研究报告或监测报告。

【资料】《岩土工程勘察规范》(GB 50021—2001)说明

本规范是根据建设部建栋[1998] 244 号文的要求,对 1994 年发布的《岩土工程勘察规范》的修订。

为了在岩土工程勘察中贯彻执行国家有关的技术经济政策,做到技术先进,经济合理,确保工程质量,提高投资效益,制定本规范。各项建设工程在设计和施工之前,必须按基本建设程序进行岩土工程勘察。岩土工程勘察应按工程建设各勘察阶段的要求,正确反映工程地质条件,查明不良地质作用和地质灾害,精心勘察、精心分析,提出资料完整、评价正确的勘察报告。

岩土工程勘察,除应符合本规范的规定外,尚应符合国家现行有关标准、规范的规定。

岩土工程的业务范围很广,涉及土木工程建设中所有与岩体和土体有关的工程技术问题。相应地,该规范的适应范围也较广,一般土木工程都适应,但对于水利工程、铁路、公路和桥隧工程,由于专业性强,技术上有特殊要求,因此,上述工程的岩土工程勘察应符合现行有关标准、规范的规定。

对航天飞行器发射基地、文物保护等工程的勘察要求,该规范未作具体规定,应根据工程具体情况进行勘察,满足设计和施工的需要。

先勘察,后设计,再施工,是工程建设必须遵守的程序,是国家一再强调的十分重要的基本政策。

第14章 矿山工程地质监测与信息技术

14.1 概 述

工程地质监测是指定期观测工程建筑物地基、围岩、边坡工况和有关不良地质现象变化过程的工作,其根本任务是采用各种定位与测量技术,跟踪观测岩土体的变形与相关地质环境变化,为相应工程地质问题评价和地质灾害防治提供依据。矿山工程地质监测是指工程地质监测技术在矿山工程中的应用,主要涉及露天采矿边坡和地下洞室的岩土体监测。矿山工程地质监测不仅是预测矿山险情的有效方法,同时也成为矿山勘察工作中不可缺少的手段。

随着工程地质监测技术的不断进步,各种新型监测手段不断涌现,如近景及无人机(UAV)航空摄影测量、远距离三维激光扫描(TLS)、卫星导航定位系统(GNSS)、雷达差分干涉测量(D-InSA)。新技术支持下的监测成果在预防矿山工程事故和地质灾害方面成功应用实例的积累,以及复杂工程地质条件的矿山大型工程的增多,使矿山工程地质监测日益受到重视。

工程岩土体赋存于一定的地质环境中,受到复杂的地应力场和渗流场的影响,因而具有复杂自然结构和物理力学性质。从系统的观点看,它是一种复杂的巨系统,在工程建设过程中,工程岩土体不断地与外界交换着物质、能量和信息,因此它是一种开放的系统。通常认为,分析工程岩土的变形破坏过程,单纯依靠理论分析(如数学力学计算方法)是不够的,综合理论分析、专家群体经验和现场监测是一种行之有效的工程地质研究方法论(即EGMS)。可见,工程地质监测是系统分析岩土体变形破坏过程的重要组成部分,它能够协助人们掌握岩土体的变形特征和演变规律以及它的规模、边界条件、变形主方向和失稳方式等,为评价与预测预报提供信息,同时为防治工程决策和设计施工提供依据和资料。

矿山工程地质监测的基础是对监测对象(露天采矿边坡或地下硐室)进行科学的认识,对监测的目标和核心地质条件要明确,然后采取合适的监测手段。在工程监测成果的应用方面,主要体现在对工程岩土体力学参数的反分析,以及为工程施工期及运行期提供安全预报两个方面。概括来讲,进行工程地质监测工作,大致可分为区域地质条件分析、重点监测对象确定及其监测方案制定、监测网点布设及方法选择、监测、数据汇总及分析、预测预报等六个步骤。

矿山工程地质信息技术是矿山工程地质和信息技术的交叉融合,它集通信、计算机和控制技术于一体,国外又称为"3C"技术。随着工程地质勘察技术与信息技术的发展,工程地质信息处理技术日趋完善。信息接收技术、信息传递技术和信息控制技术构成一个完整的整体,相互综合,已形成多项应用开发技术,其中地理信息系统(GIS)技术、遥感(RS)技术和全球定位系统(GPS)的3S系统集成在工程地质领域应用较为广泛。随着矿山规模的不断扩大,开采条件日趋复杂,3S技术因其精度高、可靠性高等特点,成为矿山工程地质工作中重要的技术手段。

GIS技术是在计算机硬、软件系统支持下,对整个或部分地球表层(包括大气层)空间中的有关地理分布数据进行采集、储存、管理、运算、分析、显示和描述的技术系统。为满足不同地理信息的应用需求,可以通过GIS提供针对性、动态化的信息数据支持。RS技术是20世纪60年代兴起的一种探测技术,它应用各种传感仪器对远距离目标所辐射和反射的电磁波信息进行收集、处理,并最后成像,从而对地面各种景物进行探测和识别。GPS是一种以人造地球卫星为基础的高精度无线电导航的定位系统,它在全球任何地方以及近地空间都能够提供准确的地理位置、车行速度及精确的时间信息。我国着眼于国家安全和经济社会发展需要,自主建设运行的全球卫星导航系统,即北斗卫星导航系统,亦能为全球用户提供全天候、全天时、高精度的定位、导航和授时服务。目前,北斗卫星导航系统技术在矿山工程地质领域得到了广泛应用。

除3S技术外,集成技术还包括数据挖掘和知识发现技术、人工智能、专家系统、计算机辅助决策系统、虚拟现实等多种技术。

数据挖掘就是从海量的数据中挖掘出可能有潜在价值的信息技术。从数据本身来考虑,通常数据挖掘需要有数据清理、数据变换、数据挖掘实施过程、模式评估和知识表示等多个步骤。数据挖掘所要处理的问题,就是在庞大的数据库中找出有价值的隐藏事件,并且加以分析,获取有意义的信息,归纳出有用的结构。

人工智能(Artificial Intelligence,AI)是计算机学科的一个分支,它是研究、开发用于模拟、延伸和扩展人的智能的理论、方法、技术及应用系统的一门新的技术科学。人工智能是新一轮科技革命和产业变革的重要驱动力量。专家系统是人工智能的一个分支,它是在特定的领域内具有相应的知识和经验的程序系统,它应用人工智能技术来模拟人类专家解决问题时的思维过程,求解该领域内的各种问题,专家系统是人工智能研究中开展较早、活跃、成效最多的领域,广泛应用于工程地质应用研究的各个方面。决策支持技术是人工智能又一新的分支,它以专家系统为基础,强调智能化的人机交互环境,为解决复杂的决策问题提供新技术支持。

虚拟现实(Virtual Reality,VR)技术,又称虚拟实境或灵境技术,是20世纪发展起来的一项全新的实用技术。随着社会生产力提高和科学技术的不断发展,各行各业对VR技术的需求日益旺盛。VR技术也取得了巨大进步,并逐步成为一个新的科学技术领域。随着技术的升级、移动智能设备的普及和移动互联网技术的进一步发展,虚拟现实技术逐步走向成熟,硬件生产将逐渐实现产业化与规模化。该技术可与矿山工程地质信息系统结合构成综合地质信息系统,利用计算机技术对勘探资料进行有效管理、合理利用和可视化表达分析,它对工程决策、地质分析预测、提高制图效率以及增强展示效果有重要作用。

14.2　矿山工程地质监测技术与信息技术

14.2.1　监测技术

大部分工程地质监测技术均可用于矿山工程领域,一般根据工程地质的研究目的、监测对象和监测技术进行分类。从研究目的角度看,可分为位移监测、应力监测及水的监测三大类;根据监测对象和监测技术特点,从工程破坏和地质灾害的防灾、减灾等方面的实际应用角度看,大致可分为工程岩土体的位移监测、加固体的支挡物监测、岩体破裂监测、水的监测和巡检五个主要类型(见表 14-1)。对于矿山工程而言,可根据露天矿山边坡和地下硐室的规模及特性选择恰当的工程地质监测方法。

14.2.1.1　监测方法

监测方法,归纳起来大致可分为 5 种:宏观地质观测法、简易观测法、设站观测法、仪表观测法和自动遥测法。

宏观地质观测法是一种人工观测地表裂缝的方法。在矿山地质环境中,当地表以下存在采空区时,采空区顶部变形破坏延伸至地表时,则可能发生地面鼓胀、沉降,甚至塌陷;露天采矿边坡发生变形破坏时,也可在坡面、坡肩和坡顶等处出现地表裂缝。

简易观测法一般通过设置跨缝式简易测桩和标尺、简易玻璃条和水泥砂浆带,用钢卷尺等量具直接测量裂缝相对张开、闭合、下沉和位移变化。适应于各种崩塌、滑坡监测,便于普及推广应用,群测群防。

设站观测法主要通过设置观测站、点、线和网进行观测,常采用大地测量法、近景摄影法与全球定位系统(GPS)法监测危岩、滑坡地面的变形和位移。

仪表观测法主要有 TDR 技术,测缝法,测斜法,沉降观测法,电感、电阻式位移法,电桥测量法,压磁电感法,应力应变测量法,地声法,声波法,等等,用于崩滑体地表及深部的位移、倾斜变化,裂缝变化及地声、应力、应变等物理参数与环境因素的监测。

自动遥测法主要采用自动化程度高的远距离遥控监测警报系统或空间技术卫星遥测。该方法适用于不同类型崩塌或滑坡及其发展演变过程中三维位移变化的长期监测。该方法与仪表观测法类似,监测内容丰富,自动化程度高,可全天候连续观测,自动采集、储存、打印观测值,远距离传输,省事省力。适合于崩滑变形体处于速变及临崩临滑状态时的短、中期监测及防治施工安全监测。

表 14-1　工程地质监测的主要类型及相应监测技术(引自唐辉明,2020)

主要类型	亚类	主要监测仪器
工程岩土体的位移监测	伸长计监测	并联式钻孔伸长计、串联式钻孔伸长计、沟埋式伸长计、Sliding Micrometer 等
	倾斜仪监测	垂直钻孔倾斜仪、水平钻孔倾斜仪、Trivee Measuring Set,水平杆式倾斜仪、斜盘、溢流式水管倾斜仪、垂线坐标仪、引张线仪等

主要类型	亚类	主要监测仪器
工程岩土体的位移监测	测缝计监测	单向测缝计、三向测缝计、测距计等
	收敛计监测	带式收敛计、丝式收敛计和杆式收敛计等
	光学仪器监测	经纬仪、水准仪、全站仪、摄像监测等
	脆性材料的位移监测	砂浆条带、玻璃、石膏等
	卫星定位系统监测	GPS
加固体的支挡物监测	应力监测	钢筋计、锚杆(索)测力计等
	应变监测	混凝土应变计等
	位移监测	抗滑桩的倾斜监测技术等
爆破振动测量和岩体破裂监测	爆破振动测量	测振仪等
	声发射监测	声发射仪等
	微震监测	滚筒式微震仪、磁带记录式微震仪等雨强、雨量监测仪等
水的监测	降雨监测	雨强、雨量监测仪等
	地表水监测	量水堰等
	地下水监测	钻孔水位量测仪、渗压计、量水堰、孔隙水压计等
巡检	不同种类的监测	携带式小型仪器(包括携带式测缝计、倾斜仪等)

14.2.1.2 工程地质监测系统设计

(1)监测系统的主要设计原则

建立由监测技术组成的监测系统是进行工程地质有效监测的基础,监测系统应从实际条件出发,遵守一定的设计原则进行精心设计。监测系统的设计原则主要包括可靠性原则,以地质条件为基础的设计原则,以位移为主的监测原则,多层次监测原则,从工程实际条件出发的监测仪器选型原则,简便实用原则,高效信息反馈的原则,无干扰和少干扰的设计原则,地质信息、开裂信息和仪器监测信息并重的设计原则,经济合理的设计原则。以上原则由总结相关研究和工程实践经验所得。

可靠性原则是建立监测系统的首要要求,只有在搞清楚地质条件的基础上才能进行合理的岩土力学研究和工程设计。工程监测的变量很多,但从可靠性和易测性角度看,工程地质监测应以位移为主。采用多种手段进行监测,以便互相补充和校核,同时考虑地表和地下相结合组成立体监测系统,往往更为有效。仪器的选择应从实际工程的地质条件、地形、监测目的、监测经费与实际条件出发,其安装和测读应尽可能简便、快捷。要求尽量避免或减少施工与监测之间的互相干扰。无论在施工期还是运营期,都应将仪器置于较易保护的地方,并采取有力的保护措施,以便延长仪器的使用寿命。监测系统并非越复杂越好,监测仪器也并非越先进、越昂贵越好,必须充分考虑监测系统的经济合理性。

(2)监测系统的主要设计方法

监测系统的设计方法主要遵循以下流程:

1)监测地质分析。监测工作应首先进行地质分析,对不同类型的矿山工程地质问题采用不同的适宜性的监测方案和监测方法,具体问题具体分析。对地质体(矿山边坡或地下围岩)的综合分析使监测工作更具针对性。同时,监测工作在不同阶段的监测重点有所不同,这有赖于对地质体系统分析。监测系统设计方案要依据上述原则,结合工程特点、地质条件和技术条件进行。

2)监测对象确定。监测对象的选择包括对地质体的选择以及地质体内部重要部位和重要监测点位的选择。对监测块体及其以下的监测对象的选择,是属于重点监测对象的选择。其选定的基本依据是:不稳定块段、起始变形块段、初始变形块段、破坏初始块段、易产生变形部位、控制变形部位。监测对象还应包括对影响因素、动力和相关因素(如降水、地表水冲蚀、采矿活动等)的选择。

3)监测项目和监测内容的选择。监测项目和监测内容服务于监测目的,即对地质体的稳定性、危险性、致灾因素及变形破坏的方式、方向、规模、时间及成灾状况进行监测预报,应据此选择并确定监测项目和内容。对于露天矿山边坡,必须考虑边坡土体的变形阶段和变形量,以及边坡土体所赋存的地质条件及相关诱发因素,比如降雨、地下水、采矿条件等;对地下硐室的监测要重点放在地压、围岩位移量、地下水的监测上。

4)监测方法的选择。在矿山工程地质监测中,露天采矿边坡和地下硐室围岩的监测方法有所不同,同时在监测方法的选择上,应充分考虑监测方法的有机结合、互相补充、校核。常见的露天采矿边坡监测方法包括测量机器人、GNSS技术、三维激光扫描监测技术、近景摄影监测技术、振弦式传感器等。对矿山安全隐患进行有效监测与灾变前兆识别,选择合适监测方法,可以经济有效地发现和消除露天矿安全隐患。地下硐室围岩变形监测常用的方法有弹性波测试、收敛计测量、位移观测、应力观测和裂缝观测等。在地下硐室开挖过程中和竣工后对围岩变形进行的观测和监控的工作,对于了解围岩的稳定状态至关重要。

5)监测精度和监测周期的确定。地质体监测精度和监测周期应根据变形发展阶段加以确定。无论是针对露天采矿边坡,还是地下硐室围岩,当地质体缓慢变形和变形发展阶段,由于位移速度小,需要有很高的监测精度和较长的监测周期。在变形加剧和急剧变形阶段,由于位移速度大,应缩短观测周期、加密观测次数,而精度可适当放宽,以及时捕捉到临破坏特征信息,为预测预报提供可靠的数据。

总之,矿山工程地质监测系统设计应在分析掌握地质体演变过程的基础上,根据需要,选择合理的监测方法、监测精度和监测周期,才能真正做到及时提供准确可靠的信息,保障人民生命财产的安全。

14.2.1.2　矿山地质环境监测

长期大规模矿产开发活动必将引起一系列矿山地质环境问题,在一些地区已经成为制约经济和社会发展的重要因素,严重影响了人民生命财产安全和正常生活秩序。通过监测及时掌握矿山地质环境动态变化规律,预测矿山地质环境发展变化趋势,从而提出相应的防治措施,为合理开发矿产资源、保护矿山地质环境、开展矿山环境综合整治、矿山生态环境恢复与重建、实施矿山地质环境监督管理提供基础资料和依据。

（1）监测目标任务

1）开展单个矿山的地质环境监测和区域集中开采区或群采点矿山地质环境监测。

2）建立矿山地质环境监测数据库和信息系统。

3）矿山地质环境监测数据分析、处理及共享。

4）矿山地质环境质量评价与预测。

5）提出矿山地质环境管理控制措施以及矿山地质环境综合治理对策建议。

6）编制矿山地质环境监测年报。

7）向社会提供矿山地质环境方面的信息服务。

（2）监测原则

1）国家、地方和矿山企业联合监测。

2）重点区域监测先行。

3）常规监测和应急监测相结合。

4）传统监测手段与高新技术方法并重。

（3）监测内容及指标

1）侵占、破坏土地及土地复垦监测：侵占和破坏土地类型、面积，破坏土地方式，破坏植被类型、面积，可复垦和已复垦土地面积。

2）固体废弃物及其综合利用监测：固体废弃物的种类、年排放量、累计积存量、来源、年综合利用量，固体废弃物堆的主要隐患、压占土地面积等。

3）尾矿库监测：尾矿库数量和规模，年接纳尾矿量，尾矿的主要有害成分、主要隐患、年综合利用量等。

4）采空区地面沉（塌）陷监测：塌陷区数量，塌陷面积，塌陷坑最大深度、积水深度，塌陷破坏程度等。

5）山体开裂、滑坡、崩塌、泥石流地质灾害监测：本年度发生次数、造成的危害，地质灾害隐患点或隐患区的数量，已得到治理的隐患点或隐患区的数量。

6）水土流失和土地沙化监测：水土流失和土地沙化的区域面积及治理情况等。

7）矿区地表水体污染监测：废水废液类型、年产出量、年排放量、年处理量、排放去向，地表水体污染源、主要污染物、污染程度及造成的危害、年循环利用量、年处理量。

8）土壤污染监测：土壤污染的污染源、主要污染物、污染程度及造成的危害等。

9）地裂缝监测：地裂缝数量，最大地裂缝长度、宽度、深度，地裂缝走向、破坏程度。

10）废水废液排放监测：年废水排放量及达标排放量，废水主要有害物质及排放去向，废水年处理量和综合利用量等。

11）地下水监测：包括地下水均衡破坏监测和地下水水质污染监测等反映本地区主要水质问题的其他项目。

14.2.2　信息技术

工程地质信息技术包括3S技术、数据挖掘和知识发现技术、人工智能、专家系统、计算机辅助决策系统、虚拟现实等多种技术。这里仅简单介绍地理信息系统(GIS)技术、遥感(RS)技术、合成孔径雷达(SAR)技术在矿山工程地质领域的研究与应用。

14.2.2.1　地理信息系统技术

地理信息系统(geographic information system ，GIS)是在计算机硬、软件系统支持下,对整个或部分地球表层(包括大气层)空间中的有关地理分布数据进行采集、储存、管理、运算、分析、显示和描述的技术系统。地理信息系统的技术基础包括地图制图技术、数据库技术、软件工程技术、图形图像技术、网络技术和人工智能技术等。除地图制图技术外,其他均属于信息技术(IT)。

在地理信息系统中,有关空间目标实体的描述数据可分为两类:空间特征数据和属性特征数据。两类数据统称为空间数据(或地理数据)。空间特征数据记录的是空间实体的位置、拓扑关系和几何特征。实体的空间位置是以经纬度或带有局部原点的坐标来表示的,实体的几何特征用点、线、面和体四种类型表示。在地图上,通常将地理数据抽象为点、线、面三类元素,空间特征数据是以地图形式表达的。属性特征数据是描述空间目标实体所具有各种性质的文本数据,如工程地质岩组、坡度等,在地理信息系统内,该类数据采用属性库(数据库)技术存储。地理信息系统采用的空间数据结构主要有两大类:矢量结构和栅格结构。现代的地理信息系统也有采用矢量与栅格一体化的数据结构。

矿山地理信息系统是地理信息系统在矿山的一种应用技术系统,它以计算机硬件和软件为基础,应用 GPS、测量、地球物理探测技术、地质勘探、采矿等技术来采集信息。系统通过对矿山资源、生产、管理、销售以及矿山环境等信息进行采集、存储、处理,进而建立矿山空间数据库,它能够实现对矿山资源信息数据的查询检索、综合分析、动态预测和评价、信息输出等功能。因此,矿山地理信息系统具有与地理信息系统相类似的一般特征,同时具有矿山生产和管理的独特特征。

矿山工程地质数据是整个矿山地理信息系统数据的一个重要组成部分,涉及的数据一般包括地质、采矿、地表水、地下水、测量、变形监测等,而这些数据又具有多源性和动态性,还具有各自的形式和规范要求。因此,其数据具有表现形式及储存格式的多样性、多时空多尺度、数据多元性等特点。

由于矿山生产系统是一个复杂的巨系统,并且处于一个动态的演变过程中,因此针对矿山工程地质构建地理信息系统集成技术,对于促进矿山的建设与可持续发展是十分必要的。

14.2.2.2　遥感技术

遥感技术是从人造卫星、飞机或其他飞行器上收集地物目标的电磁辐射信息,判认地球环境和资源的技术。我国遥感技术引进和发展可追溯到 20 世纪 50 年代初期,最早引进的是常规航空摄影技术。70 年代中期以来,特别是近年来随着我国航天事业的迅速发展,航天遥感技术正处于迅速发展阶段。

遥感仪器由遥感器、遥感平台、信息传输设备、接收装置以及图像处理设备等组成。遥感器装在遥感平台上,它是遥感系统的重要设备,它可以是照相机、多光谱扫描仪、微波辐射计或合成孔径雷达等。信息传输设备是飞行器和地面间传递信息的工具。图像处理设备对地面接收到的遥感图像信息进行处理(几何校正、滤波等)以获取反映地物性质和状态的信息。图像处理设备可分为模拟图像处理设备和数字图像处理设备两类,现代常用的是后一类。

工程地质工作中遥感技术有利于大面积地质测绘,提高填图质量和选线、选址的质量,有利于克服地面观测的局限性,减少盲目性,有利于增强外业地质调查的预见,减少外业工作量,提高测绘效率。

应用遥感技术可获取地貌、地层(岩性)、地质构造、水文地质、不良地质现象等信息。目前,遥感技术在矿山工程地质领域应用,主要体现在对矿山地质环境与生态修复调查与评价方面。针对矿山出露矿坑、尾矿库、地表塌陷、滑坡、泥石流、矿山地貌景观破坏、水土流失等监测方面,遥感技术均得到广泛应用。近年来,为了适应矿山生态修复的实际需求,依托高分辨率遥感数据精度优势,融合传统地质调查工作特点,遥感技术为大面积矿山生态地质环境调查工作提供了重要的技术支持。

14.2.2.3 合成孔径雷达技术

1978 年 6 月 27 日,美国国家航空航天局喷气推进实验室(JPL)发射了世界上第一颗载有 SAR 的海洋卫星 Seasat-A。该卫星工作在 L 波段、HH 极化,天线波束指向固定,Seasat-A 的发射标志着合成孔径雷达已成功进入从太空对地观测的新时代。合成孔径雷达(SAR)是一种利用雷达技术进行成像的高分辨率遥感技术。它是一种主动式的对地观测系统,可安装在飞机、卫星、宇宙飞船等飞行平台上,全天时、全天候对地实施观测,并具有一定的地表穿透能力。它能够克服光学影像仅限白天工作且易受云雾雨雪天气影响而导致数据缺失的困难,成为光学遥感重要的补充。

合成孔径雷达工作流程依次为发送电磁波,雷达天线收集,数字化,存储反射回波以供后续处理。随着发送和接收发生在不同的时间,它们映射到不同的位置。接收信号良好有序的组合构建了比物理天线长度长得多的虚拟光圈,赋予它作为成像雷达的属性。

合成孔径雷达最初主要是机载、星载平台,随着技术的发展,出现了弹载、地基 SAR、无人机 SAR、临近空间平台 SAR、手持式设备等多种形式平台搭载的合成孔径雷达,广泛用于军事、民用领域。特别是以无人机为平台搭载合成孔径雷达技术,具有更加快捷、经济、可控的遥感数据获取手段。在矿山工程地质领域,主要用于露天矿山边坡及大型地质灾害点的监测,可实现全天时、全天候不间断监测。其优点主要体现在以下几方面:可获取高分辨率的边坡图像,能够准确反映边坡表面的细微变化;SAR 系统可以穿透植被覆盖,对隐蔽性强的地质边坡进行监测;可以实施监测边坡的位移变化,及时发现潜在的威胁;适应范围广,可适用于各种地质条件和不同规模的边坡监测;SAR 系统可以采用无人机等无人化平台进行操作,减少人力投入,降低监测成本。当然,SAR 监测系统也存在一定缺点,比如受气象条件限制明显、数据处理和分析难度较大、设备成本高、精度受限制等。但不可否认,合成孔径雷达技术可以以毫米精度量级获得大范围的地表形变信息,因此在大面积的灾害预测预警方面具有巨大优势。可见,在矿山工程地质领域,合成孔径雷达技术的应用前景将非常广阔。

14.3　矿山工程地质监测与信息技术的应用

如前所述,随着工程地质监测技术和信息技术的快速发展,各种先进技术均已被应用到矿山工程地质领域。不同的监测和信息技术具有各自的优点和缺点,其适用性和局限性也有所不同,因此对于复杂的矿山工程地质监测,构建多平台、多手段联合智能监测方法与技术体系是十分必要的。近年来,"天-空-地"协同的工程地质监测技术在理论和应用研究方面受到了广泛关注。下面以露天矿山边坡监测为例,简单介绍该监测体系的技术流程及常用方法。

14.3.1　监测方法的选择

边坡"天-空-地"协同监测体系包括天基、空基和地基三个方面的监测技术(见图14-1),应根据边坡监测的实际需要进行选择。天基监测技术是指基于卫星平台的监测技术,主要包括导航卫星 GNSS 在线监测技术、雷达卫星 D-InSAR 监测技术、光学卫星高分影像监测技术等。空基监测技术是指基于航空平台的监测技术,目前主要采用无人机摄影测量和机载 LiDAR 技术。地基监测技术是指基于地面平台的斜坡地表和内部监测感知的多元立体监测体系,包括针对降雨量、地表变形、地表位移、地下水水位、孔隙水压力等内容的监测技术。

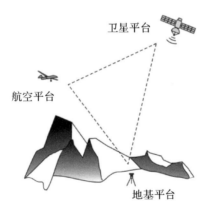

图 14-1　"天-空-地"协同监测体系

14.3.2　基于卫星平台的监测

基于卫星平台的监测具有连续、实时、三维、测量精度高的特点,能够全天候、全天时作业,自动化程度高,可提供及时预警信息等。通常利用 GNSS 和 D-InSAR 技术进行定位及变形监测,其最高精度可达到毫米级,甚至亚毫米级。如图 14-2 所示,刘善军等(2020)利用 D-InSAR 技术获取的滑坡初期垂直变形场,其监测精度达到毫米级。

特别是随着我国北斗导航卫星系统(BDS)的建成,融合美国全球定位系统(GIS)和 BDS 的在线监测系统在国内露天矿山边坡领域得到了广泛应用。当边坡进入大变形阶段时,利用光学卫星获得的高分辨率影像和计算机自动匹配算法进行边坡形变监测是不错的选择。计算机自动匹配算法 SIFT、ASIFT 可以对不同时期的高分影像特征进行对比和识别,可获得滑坡位移矢量场。相对于 GNSS 和 D-InSAR 技术,其成本更低,且效率较高。

14.3.3 基于航空平台的监测

航空平台的监测具有机动灵活性强、测量精度高的特点,可作为卫星遥感技术的有益补充,特别是针对小区域的定期持续观测十分有效。常用技术包括无人机摄影测量和机载 Li-DAR 技术。无人机摄影测量技术可获得实时的高分辨率、高精度的影像和地表数字高程模

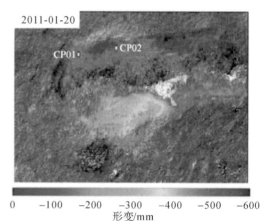

图 14 - 2　基于 InSAR 获得的滑坡初期垂直
变形场(据刘善军等,2020)

型,通过多期差分实现对滑坡裂缝分布、边界范围、地表变形的识别和监测。机载 LiDAR 技术,即机载激光雷达(light detection and ranging,LiDAR)技术,是一种利用激光对地表三维坐标信息进行采集的新型遥感技术,它集成了 GPS、IMU、激光扫描仪、数码相机等光谱成像设备,可获得高分辨率、高精度的地形地貌影像,还可利用滤波算法有效去除地表植被,获取真实地面的高程数据信息。如图 14 - 3 所示,贺鹏等人(2022)以飞马 D20 无人机作为飞行平台,采用 Riegl 公司生产的 DV-LDAR20 模块,对四川省通江县某滑坡进行数据采集后,通过三维可视化数据分析得到山体阴影三维形态图,实现了对山体拉裂槽的有效识别。

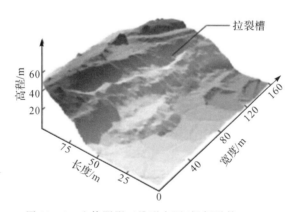

图 14 - 3　山体阴影三维形态图(据贺鹏等,2022)

14.3.4 基于地基平台的监测

相对而言,基于地基平台的监测技术最为成熟,精度也最高。尽管基于卫星平台和航空平台的监测技术可基本掌握滑坡的隐患位置和变形范围,但是难以实现对滑坡短期快速变

形过程和应急处置阶段的监测预警。因此,若发现滑坡变形速率较大或已进入加速变形阶段,就应实施地面监测。基于地基平台的监测包括边坡变形监测、与变形相关的物理量监测,以及影响边坡变形的因素监测。随着无线通信技术的发展,滑坡地面监测均已实现基于物联网的分布式、低功耗、自动化监测。

14.3.5　边坡变形分析与滑坡预警

"天-空-地"协同监测技术,实质上就是从不同时间和空间尺度上进行多种观测层次、多种监测技术的综合应用和协同观测。在不同阶段,采用不同监测技术,实现涵盖滑坡孕育发展全程的、技术经济有效的连续监测。通过对监测数据的分析,对滑坡动态及其发展态势进行预判。在空间上,将点式和面式监测相结合、地上和地下监测相结合、天-空-地多平台相结合,实现对边坡整体化、全覆盖、多层次和多精度的立体监测。最后,结合边坡的变形监测数据和滑坡的发生规律,实现对滑坡的早期预警和主动防范。

第15章 矿山地质环境评价与生态修复

15.1 矿山地质环境评价

15.1.1 矿山地质环境问题

矿产资源是人类赖以生存和社会发展的重要物质基础,有关资料表明,我国95%左右的一次能源、80%以上的工业原料、大部分农业生产资料和1/3的饮用水都取自矿产资源。长期以来,矿产资源的不合理开发利用,引发了各种各样的矿山环境地质问题。今后随着社会经济及科学技术水平的飞速发展,对矿产资源的需求和消耗日益增加,大范围、高强度的矿业活动,引发的环境地质问题日益突出。

我国因采矿引起的矿山环境地质问题较多,类型较为复杂,合理划分矿山环境地质问题类型,归纳总结不同类型矿山环境地质问题特征,是深入研究我国矿山地质环境现状及发展变化趋势的关键。关于我国矿山环境地质问题分类,有许多专家和学者从不同角度进行了研究。比如:中国矿业大学武强教授依据矿类、矿山环境问题性质和矿山开发阶段分别提出了三套分类方案;西安地质矿产研究所徐友宁研究员将矿业活动导致的环境地质问题结果作为分类的主要依据,把矿山环境地质问题分为资源毁损、地质灾害和环境污染三大类。

根据全国矿山地质环境调查数据统计分析,矿业活动引发的环境地质问题主要有:滑坡、崩塌、泥石流、地面塌陷、地面沉降和地裂缝等地质灾害,占用破坏土地资源,水均衡破坏,土地沙化和水土流失等。其中分布广、影响大、最突出的是矿山地质灾害,其次是矿山占用破坏土地植被等资源损坏问题。根据矿山环境地质问题的表现形式和影响结果,将矿山环境地质问题归为四大类:一是矿山地质灾害,二是矿区土地植被等资源的占用或破坏,三是矿区水资源破坏,四是矿区水土环境污染。具体分类方案见表15-1。

表15-1 矿山环境地质问题类型划分表

类型划分	表现形式	影响结果
矿山地质灾害	矿山开发过程中岩土体天然应力-应变状态的改变,引发崩塌、滑坡、泥石流、地面塌陷(岩溶塌陷)、地面沉降(采空沉陷)、地裂缝	造成经济损失和人员伤亡,使矿山建设和开采复杂化,增加了工作量,降低了开采效率

续表

类型划分	表现形式	影响结果
矿山土地、植被等资源的占用或破坏	占用和破坏土地、破坏地表植被、破坏地质遗迹、破坏地形地貌景观、破坏建筑及交通等基础设施	森林、草地、耕地范围减少,野生动物栖息条件恶化,农作物减产,林业产量下降
矿区水资源破坏	破坏矿区地表水和地下水系统	区域的水文和水文地质条件破坏,地下水和地表水原有平衡被打破,水资源量减少
矿区水土环境污染	地表水污染、地下水污染、土壤污染等	水体和土壤受有害物质污染,土壤质量恶化

15.1.1.1　矿山地质灾害

矿业开发强烈影响和改变着矿区地质环境条件,引发地质灾害。根据地质灾害成因,可分为井工开采、露天开采、矿坑疏干排水引发的崩塌、滑坡、地面塌陷(开采沉陷、岩溶塌陷)、地裂缝、不稳定边坡和尾矿库溃坝、尾矿坝开裂等。矿山地质灾害往往给工农业生产带来严重威胁,并严重影响着生态环境,造成人员财产损失和资源破坏。

15.1.1.2　矿山开发占用、破坏土地(植被)等资源

(1)土地植被资源的占用和破坏

矿业活动对土地(植被)资源的影响和破坏,包括改变土地利用现状、地貌景观破坏,以及水土流失、土地沙化等。地下开采矿山对土地资源的影响主要表现为采空区地面塌陷、地裂缝破坏土地;固体废弃物堆放占用或毁损土地;滑坡、崩塌、泥石流对土地(植被)的破坏。露采矿山主要是采矿场、排土场对土地(植被)的占用和破坏。

矿业开发占用破坏土地是难以避免的。一方面,无论开采什么矿种,其采矿场、废石(土)、尾矿等固体废弃物都要压占破坏土地资源;另一方面,无论井下开采和露天开采都不同程度地要改变或破坏当地的地质环境,形成采空区或高陡边坡,进一步发展使土地资源破坏。采矿过程及矿山废弃物的堆积对矿区及周围的植被均产生严重破坏,造成地表裸露,土质松软,导致水土流失增加。矿产开发占用破坏大量土地,不仅加剧土地资源短缺矛盾,而且导致土地的经济和生态效益严重下降。

(2)矿业活动对其他资源的破坏

在矿山开采过程中,特别是露天开采,破坏了许多景观资源、地质遗迹等,尤其是沿路开采的许多小的建材矿山,对景观资源破坏非常严重。如大同龙门石窟因煤炭粉尘污染,佛像毁坏,风化剥蚀非常严重。地下开采而引起的地面沉降等不但破坏了土地资源,而且还破坏了大量建筑和道路等基础设施,在平原区尤为严重。有些矿区位于名胜古迹之下,地下的开采沉陷也直接或间接威胁着名胜古迹。

15.1.1.3　矿业开发破坏水资源

矿业活动对水资源的破坏包括水资源浪费、区域水均衡破坏、水环境变化。地下开采对

水资源、水环境影响最大,矿山在建矿、采矿过程中的强制性抽排地下水,以及采空区上部塌陷开裂使地下水、地表水渗漏,严重破坏了水资源的均衡和补径排条件,导致矿区及周围地下水位下降、泉流量下降甚至干枯,地表水流量减少或断流。在某些地方地下水下降数十米甚至上百米,形成了大面积疏干漏斗,造成泉水干枯、水资源枯竭以及污水入渗等,破坏了矿区的生态平衡。引起矿区水源破坏,供水紧张,植被枯死和灌溉困难等一系列生态环境问题。

矿业开发对水均衡的破坏在各类矿区不同程度存在,尤其是煤矿区破坏更为突出。统计分析表明,全国矿山矿坑水年产出量达 4.29×10^9,其中煤矿达 3.13×10^9,除少部分综合利用外,大部分就地排放,造成水资源大量流失;集中采煤区的地面塌陷还引起地表水和浅层地下水漏失,使原本缺水的环境变得更加干旱,使水土流失加剧,土地荒漠化。

15.1.1.4 矿区水土环境污染

采矿形成的矿坑水、选矿废水等多就近向沟谷、河流排放,以及采矿废石、煤矸石、尾矿渣等堆放不当,构成了矿区水体和土壤的污染源。矿区内水体污染包括矿区地表水污染和地下水污染。最为常见的是在矿山开采过程中,将大量矿坑水和采选废水直接排放到矿区周边的河流、沟渠或池塘,使矿区地表水体受到污染;河流变成了矿山废水的排泄通道,使得河道两侧浅层地下水受到不同程度的污染。

此外,含有害化学元素的废渣,因降雨浸润,污染地表水、地下水和耕地,造成地方病源。废石、尾砂及粉尘的长期堆放,在空气、水、温度等的作用下,进行了风化分解,促使很多有害元素的化合物进入地表及地下水中,尤其尾矿渣受风化作用后形成浓度较高的污染物,进入矿区周围的水体和土壤,造成水土环境污染。我国每年因采矿产生的废水约占全国工业废水排放总量的 5%左右,大量未经处理的废水排放导致地表水、地下水污染严重,加剧了矿区工农业生产用水和人居饮水的矛盾。

15.1.2 矿山地质环境评价的目的、任务和基本要求

15.1.2.1 目的

在掌握调查区地质环境条件的基础上,查明矿山地质环境问题的类型、分布及危害状况,评价矿产资源开发对地质环境的影响,分析矿山地质环境变化趋势,提出矿山地质环境保护与治理恢复对策建议,为保护矿山地质环境提供依据。

15.1.2.2 任务

1)开展地质环境背景补充调查,基本掌握调查区地质环境条件。

2)开展矿山基本概况调查,掌握矿山开发历史、矿体分布、开采方式、生产能力、矿业活动范围等。

3)矿山地质环境问题及危害调查,查明矿山地质环境问题的类型、分布及规模等,包括:

① 矿山地质灾害的类型、规模、时间、危害、形成因素及触发因素;

②矿产资源开采对含水层的影响与破坏;

③矿山开发活动对土地资源和地形地貌景观的影响与破坏;

④矿山环境污染:固体废弃物(废石、尾矿、煤矸石等)堆放和废水(矿坑水、选矿废水、洗

煤水、淋滤水等)排放对土壤、地表水和地下水的污染等。

4)评价矿山地质环境问题的影响程度,分析矿山地质环境问题的成因及变化趋势。

5)制定矿山地质环境保护与恢复治理区划,分析已有矿山地质环境治理恢复措施及效果,提出矿山地质环境保护与恢复治理对策建议。

6)编制调查评价图件,建立矿山地质环境调查数据库。

15.1.2.3　基本要求

1)调查范围应包括矿山采矿登记范围和矿业活动明显影响到的区域。

2)矿山地质环境调查比例尺不小于1:50 000。矿山地质环境问题集中发育区、危害程度较严重以上的区域,调查比例尺应不小于1:10 000。

3)矿山地质环境背景调查应以收集资料为主,补充调查为辅;矿山地质环境问题的调查应以实地调查为主。野外调查综合采用遥感解译、地面调查、山地工程、样品采集、地球物理勘查等方法手段。

4)矿山地质环境影响评价宜采用定量或半定量的方法,按照影响严重、较严重和一般三个等级进行评价。

5)应按照规定格式,编写成果报告,编制相关图件,建立调查数据库。

15.1.3　矿山地质环境评价的主要内容

15.1.3.1　调查内容

(1)地质环境条件调查

1)气象与水文:在收集资料的基础上,补充调查主要河(湖)及其他地表水体等要素。

2)地形地貌:原生地貌特征,包括平原、丘陵、山地、高原和盆地五大形态类型以及微地貌类型特征。

3)地层岩性与地质构造:地层的层序、地质年代、岩性特征、厚度,矿床类型与赋存特征,地质构造格架、新构造运动和地震等。

4)水文地质:调查区的水文地质单元及其特征,地下水类型,主要含水岩组的分布、富水性、透水性、地下水位、地下水化学特征,地下水补给、径流和排泄条件,地下水与地表水之间的关系,开采矿体与主要含水层空间等。

5)工程地质:调查区的岩体结构及风化特征、岩体强度及形变特征、岩体抗风化及易溶蚀性特征、岩土类型及结构特征等。

6)土地利用:调查区的土地利用现状,包括土地类型、面积、分布和利用状况。

7)植被概况:调查区的植被类型、分布、面积、覆盖率等。

8)其他人类工程活动:调查区内除矿业活动以外的其他人类工程活动,如城镇建设、水利电力工程、交通工程、旅游景区等。

(2)地质环境问题调查

1)地质灾害——崩塌调查。

①矿业活动直接产生或加剧的崩塌发生的时间、地点、规模、致灾程度、形成原因、处置情况等。

②高陡的矿山工业场地边坡、山区道路边坡、露天采矿场边坡、采空区山体边部等可能产生崩塌的危岩体特征、致灾范围、威胁对象、潜在危害及防治措施等。

2）地质灾害——滑坡调查。

①矿业活动已造成的滑坡发生的时间、地点、规模、致灾程度、形成原因、处置情况等。

②高陡的矿山工业场地边坡、山区道路边坡、露天采矿场边坡、采空区山体边部、高陡废渣石堆及排土场等，可能产生滑坡的斜坡体特征、致灾范围、威胁对象、潜在危害程度及防治措施等。

3）地质灾害——泥石流调查。

①矿业活动导致的泥石流的发生时间、地点、规模、致灾程度、触发因素、处置情况等。

②潜在泥石流物源的类型、规模、形态特征及占据行洪通道程度等，泥石流沟的沟谷形态特征、可能致灾范围、威胁对象、潜在危害程度及防治措施等。

4）地质灾害——地面塌陷（地裂缝）调查。

①矿山地面塌陷（地裂缝）的发生时间、地点、规模、形态特征、影响范围、危害对象、致灾程度、处置情况等。

②采空区的形成时间、地点、形态、范围、可能的影响范围、威胁对象、防治措施等。

5）含水层破坏。

①调查区矿床水文地质类型、特征、空间分布等。

②矿山开采对主要含水层影响的范围、方式、程度等。

③含水层破坏范围内地下水位、泉水流量、水源地供水变化情况等。

④矿坑排水量、疏排水去向及综合利用量等。

⑤含水层破坏的防治措施及成效。

6）地形地貌景观破坏。

①调查区地形地貌景观类型及特征，重要的地质遗迹类型及其分布，县级以上的风景旅游区及其范围。

②露天开采、矿山固体废弃物堆场、地面塌陷等造成矿区地形地貌改变与破坏的位置、方式、范围及程度。

③地形地貌景观破坏对城市、自然保护区、重要地质遗迹、人文景观及主要交通干线的影响。

④地形地貌景观恢复治理的措施及成效。

7）土地资源破坏。

①调查区土地类型、分布及利用状况。

②固体废弃物堆场占用、露天采场、地面塌陷（地裂缝）、崩塌滑坡泥石流堆积物破坏的土地类型、位置、面积、时间等。

③调查区废弃土地复垦的面积、范围、措施及成效。

8）水土环境污染。

①地下水中矿业活动特征污染物的种类、污染程度、污染范围及污染途径等。

②调查区矿业活动特征污染物（重金属、酸性水）造成土壤污染的范围、主要污染物及污染途径等。

③调查区土壤污染的面积、范围、措施及成效。

15.1.3.2　调查方法

(1)资料收集与分析

1)资料收集工作应在野外调查、遥感解译等工作开展之前先期展开,并应贯穿于项目周期内。

2)全面系统地收集调查区内前人矿产地质、水工环调查研究资料,重点收集矿产资源规划、矿山勘查报告、矿产资源开发利用方案、地质灾害防治区划、矿山地质环境保护与恢复治理方案、环境影响评价报告等。

3)通过分析前人资料,初步掌握调查区区域地质环境条件、矿产资源开发利用状况,为部署调查工作奠定基础。

(2)遥感调查

1)遥感解译工作的范围一般应大于调查区范围。解译内容包括矿山地质环境背景、矿山生产布局、矿山地质环境问题等。重点解译露天采场、选矿厂、冶炼厂、废石渣堆、排土场、煤矸石堆、尾矿库、水体污染区、地貌景观及植被破坏区、矿山崩塌、滑坡、泥石流、地面塌陷(地裂缝)等矿山地质环境问题。

2)遥感数据源应尽可能地选择项目实施期间最新的卫星或航空遥感影像数据,地面分辨率应优于 2.5 m;矿山地质环境问题集中发育区、危害较严重区以上程度的区域,地面分辨率宜优于 1 m。最好选择植被茂盛时节的遥感数据,便于解译土地与植被破坏的范围。遥感解译应参照《矿产资源开发遥感监测技术要求》(DD 2011—06)执行。

3)结合地面调查,对室内初步解译结果及所有的不确定和疑问点进行野外实地验证。

4)对于开采时间较长的大中型矿山、矿产资源集中开采区或矿山地质环境严重破坏且变化显著的矿山,可采用一定年份间隔的两期遥感影像进行矿山地质环境变化对比解译。

(3)地面调查

1)野外调查工作手图应采用 1:50 000 或更大比例尺的地形图;矿山地质环境问题集中发育区、危害较严重区以上程度的区域,宜采用不小于 1:10 000 比例尺的地形图。

2)地面调查应采用路线穿越与追踪法相结合的方法。对于重要的调查对象,宜采用路线追踪法调查、圈定其范围。

3)调查路线间距及控制点密度应依据调查区地质环境条件复杂程度、矿山地质环境问题类型确定。调查路线间距一般为 300~500 m,控制性调查点数不少于 2 点/km²,不得漏查重要的矿山地质环境问题。

4)野外调查应进行填表,并采用野外记录本补充描述。对于同一地点存在多种类型的矿山地质环境问题,应围绕主要矿山地质环境问题调查填表,同时做好其他类型矿山地质环境问题的记录。

5)野外调查表应按规定格式填写,不得遗漏主要调查要素,并附必要的示意性平面图、剖面图或素描图,标记现场照片和录像编号。

6)野外调查时,工作手图上现场标定调查对象时应符合下列要求:

①野外定点采用 GPS 和显著地物标志相结合的方式进行,图面定位误差应小于 1 mm。

②在工作手图上标记调查对象的位置,现场勾绘出形态及范围。

③崩塌、滑坡、泥石流等地质灾害调查点的标绘参照《滑坡崩塌泥石流灾害调查规范（1∶50 000）》(DD 2008—02)。

（4）山地工程

1）对于重要的调查对象和需要深化研究的内容，如泥石流堆积扇特征、滑坡滑动面、地下水位变化情况等，宜辅以槽探和浅井为主的山地工程。

2）槽探、浅井揭露的地质现象，应及时进行详细编录、拍照或录像，并绘制比例尺1∶20～1∶200 的平面图或剖面图。完工后应及时回填复原地貌。

（5）物探

1）依据调查内容的需要，合理选择物探方法及其组合。如需探测 200 m 内的采空区，可采用电测深法、瞬变电磁法及其组合。

2）物探成果应包括工作方法、调查对象的地球物理特征、资料解释推断、结论与建议，并附相关图件。

（6）样品采集与测试

1）采集的样品包括岩（土）体样品、污染源样品、土壤样品及水体样品等。

2）样品采集应点面结合，具有代表性，样品数量应以控制水土环境污染变化特征为要求。取样方法、样品封存、运输应符合《水质采样 样品的保存和管理技术规定》(HJ 493—2009)要求。

3）在样品采集过程中，应观察记录采样点及周边环境状况，填写样品采集记录表。

15.2　矿山生态修复

"十三五"以来，我国经济发展保持中低速，矿产资源需求缓慢增长，资源约束趋于紧张，生态环境保护压力逐渐加大，国民环境保护意识不断增强，对美好环境的追求日益强烈。我国国土资源管理观念由强调保障经济发展向建设生态文明转变，资源开发与环境保护变得同等重要。党的十九大指出必须树立和践行"绿水青山就是金山银山"的理念，坚持节约资源和保护环境的基本国策，像对待生命一样对待生态环境。建设生态文明是我国在面对资源约束趋紧、环境污染严重和生态系统退化的严峻形势下提出的，是我国当前及今后的工作重点，是中华民族永续发展的千年大计。改善矿山地质环境，抓好矿山地质环境恢复治理工作，是生态文明建设的重要任务。

党的十八大以来，我国投入大量人力、财力和物力，用于恢复治理矿山地质环境，各级人民政府研究建立矿山地质环境保护与恢复治理机制。对于有责任主体的矿山，实行严格的矿山地质环境分期治理及矿山地质环境治理保证金制度，要求其必须按照"谁破坏、谁治理""边开采、边治理"的原则，落实矿山地质环境治理主体责任；对历史遗留和政策性关闭矿山造成的地质环境破坏，通过利用各级财政资金和引入社会资本进行治理。据统计，2005—2015 年，全国共投入矿山地质环境资金 657.49 亿元，其中中央投入 310.2 亿元、地方投入347.29 亿元；2012—2015 年，全国共投入矿山地质环境资金约 305.11 亿元，其中中央投入130.46 亿元、地方投入 174.65 亿元，分别占 2005—2015 年相应投入的 46.4%、42.05% 和50.28%。中央财政投入的资金共安排了 1 954 个项目，治理的面积超过了 8×10^5 hm²，特别是自 2012 年实施"矿山复绿"工作以来,累计治理了 3 310 个矿山,共治理 $1.03 \times 10^5 hm^2$。矿山地质环境恢复治理有效地提升了矿山周围生态环境水平,降低了崩塌、滑坡和泥石流等灾害发生的概率,增加了矿区的植被覆盖率,恢复了大量的林地、草地和耕地等,为矿山和当地农村可持续发展提供了环境保障,进一步促进了矿地和谐,社会安定,强化了人民群众的环境保护意识,促进了宏观经济发展,产生了显著的环境效益、社会效益和良好的经济效益。

15.2.1　矿山生态修复理论与原则

15.2.1.1　矿山生态修复理论

目前在矿山生态修复工程中主要应用的是生态演替理论,此理论主要是指在生态恢复中通过矿山中各类植物的演替及发展形成一个完整且稳定的生态部落,此种理论的应用决定了在矿山生态修复中的整体性原则、稳定性原则、协调性原则,以此来保证矿山可以形成一个完整的生态循环系统。由于在生态演替的过程中其需要经过一个较为漫长的阶段,为此在矿山生态修复的过程中需要有人工的参与,这样才能有效减少生态演替的时间。同时,矿山生态修复工程包含了生态原理、植物原理、生物原理及控制原理等,可以说其属于一种综合性多层次工程。为此,必须从科学的角度对矿山生态进行理解,并选用适当的恢复方案来对生态结构进行改善,从而使矿山可以具备生物多样性等生态特点。

15.2.1.2　矿山生态修复原则

(1)自然优先原则

地球的自我恢复能力很强,即便没有人为干预,经过数百年的演变,废弃矿山也能够恢复到以往的生机勃勃。因此在这一过程中需要遵循自然优先的原则,我们的目的是帮助生态系统加快恢复速度,而不要过度干预。在这一过程中要以科学恢复理论为指导,尽可能地利用原来的自然资源进行恢复,减少对周边环境的破坏和干扰。

(2)因地制宜原则

在废弃矿山的景观重建和生态恢复中,一刀切的方法既不负责任,效果也不会很好,可以根据经验来对当地废弃矿山进行地理特性、生态价值的考察,只有充分了解当地的特性和优劣势,才能够结合当地人文特色、生态特色进行改造,采取相应的城市景观改造策略和设计方法。矿山废弃的土地,例如,如果植物的生长条件不是很好,不考虑改建为城市公园,但应本着因地制宜的原则,认真考虑土地利用与周边地区的关系及综合治理后的城市规划建设用地范围。统筹规划,长远考虑该地区的城市建设用途,既能够将废弃地变废为用,又能够增加宝贵的城市建设用地面积。

(3)可持续发展原则

人类的每一次发展,都离不开对大自然的资源索取,但是人类不文明的行为使得对大自然的资源索取急剧增加。对于可再生资源,人类要做好资源保护;对于不可再生资源,人类应做好善后工作。矿产资源多属于不可再生资源,在我国社会经济飞速发展的时代,停止对资源的开发不切实际,为了让我国社会经济发展脚步延续下去,只能做好对资源的保护和转换工作。废弃矿山的景观重塑和生态恢复必须以可持续发展理论为指导。从经济、生态文化等角度，对废弃矿山的各种元素加以改造、规划和设计，可以加入生产和循环。

15.2.2 矿山生态修复的方法

15.2.2.1 矿山地表景观绿化工程

（1）园林绿化工程设计

植物作为造景元素之一，在矿山景观设计中占据着重要地位。一方面，植物可作为改良土壤、修复生态环境的先锋；另一方面，植物对建（构）筑物等硬质景观具有柔化协调、空间造景的功能。矿山生态修复的园林绿化工程，即利用园林植物建设矿山景观绿地的工程。矿山生态修复园林绿化要针对不同的修复单元，选择适宜的植物种类，进行植物种植设计，实施园林绿化工程，并做好种植与后期管护工作。

根据矿山生态修复区实地调查情况，在进行整地、种苗处理、播种或栽植之前应进行园林绿化工程设计。参照《造林技术规程》（GB/T 15776—2023）、《生态公益林建设　技术规程》（CB/T 18337.3—2001），园林绿化工程设计主要包括工程类别的确定、植物品种的选择、植物种植设计、栽植密度的确定等几方面内容。

1）工程类别的确定。矿山生态修复中，园林绿化工程类别的确定主要包括两方面的内容：一是园林绿化的生态系统类型，主要由矿山生态修复模式决定；二是园林绿化植物品种，根据重构土壤土质特征、水利化程度（灌溉保证率）及小区域先锋植被等因素，选择适宜的植被物种。园林绿化工程类别与其生态系统类型的关系见表15－2。

表 15－2　园林绿化工程类别与其生态系统类型的关系

生态系统类别	农田生态系统	森林生态系统	园林生态系统
修复模式	以耕地、坑塘为主	以林地、草地为主	以林地、草地、园地为主
适用区域	平地、防风林带、经济林	坡地、粉尘污染区、湿地处理区、公路、铁路四周	生活区、工业广场、公园、建筑、公路、铁路两侧
功能	培肥土壤、治理侵蚀，获得经济效益	涵养水源、保护土地、保护动物、净化大气、净化土壤	保持风景、保健修养
特点	绿肥植物或经济林	森林植物	造园植物
	种子繁殖或育苗繁殖	种子繁殖或育苗繁殖	苗木或大树移植
	调整植物间的竞争	调整植物间的竞争	抑制植物间的竞争
	禁止植物侵入	植物侵入迁出不限制	植物侵入迁出有限制
		短期成林	迅速使树木、花草丛生
	完成园林绿化工作可靠且费用少	完成园林绿化工作可靠，且费用较少	完成园林绿化工作可靠，但费用较多
	保护管理完全是人工的，但比较粗放	保护管理是人工的自然变化	保护管理植物精细彻底

2)植物品种的选择。园林绿化工程设计是营造、创建植物种植类型的方法及措施。植物是园林绿化工程设计的主要对象,园林植物种类繁多,各具自身的观赏特性及生物学特性。要圆满地完成园林绿化,首先要认识植物,知道植物的性状、分布,掌握植物的观赏特性,其次要了解植物的生态习性、设计地的自然条件,然后根据植物选择的基本原则合理选用园林植物材料,只有这样,才能保证园林绿化工程设计的顺利进行。

① 园林植物类型。园林植物的分类方法有很多,从方便园林绿化工程设计的角度出发,一般按照植物的外部形态,主要分为乔木、灌木、藤本植物、花卉、草坪 5 种类型。

a)乔木:有一个直立主干,且通常高达 6 m 至数十米;其往往树体高大,由根部发出独立的主干,树干和树冠有明显区分。

b)灌木:没有明显的主干,常在基部发出多个枝干;其多呈丛生状态,比较矮小。

c)藤本植物:茎部细长,不能直立,只能依附别的植物或支持物(如树、墙等)缠绕或攀缘向上生长。其根可生长在最小的土壤空间,并能产生最大的功能和艺术效果。

d)花卉:广义上的花卉是指具有观赏价值的植物的总称,其包含草本和木本(前面提到的灌木);狭义的花卉主要是指具有观赏价值的草本植物,或称之为草花。一般我们口头上所称的花卉是指草花。

e)草坪:园林中的草地亦称为“草坪”,草坪是指用多年生矮小草本植株密植,由人工建植或人工养护管理,具有绿化美化和观赏效果,或能供人休养、游乐和适度体育运动的坪状草地。一般以禾本科多年生草本植物为主,在园林景观植物中植株小、质感细。草坪生长速度由极快(每周可生长 7～12 cm)至极慢 (每周仅生长 0.3～0.6 cm)不等,依草种差别而异,并以排水良好的中性土壤为宜。

② 土壤选择。土壤是植物生长的主要基质,它不断地提供植物生长所需要的空气、水分及矿质元素。

a) 以土壤酸度为主导因子的植物类型。

酸性土植物:在呈或轻或重的酸性土上(pH＜6.5)生长最好,而在碱性土或钙质土上生长不良的植物,如白兰花、杜鹃花、山茶、茉莉、栀子花、八仙花、棕榈科、兰科、凤梨科及蕨类等。

碱性土植物:在呈或轻或重的碱性土上(pH＞7.5)生长最好的植物,如桂脚、紫穗槐、沙棘、沙枣、文冠果、丁香、黄刺玫、石竹和香董等。

中性土植物:在中性土上(pH 为 6.5～7.5)生长最好的植物,绝大多数植物均属此类。

b) 土壤含盐量。盐碱土是盐土(可溶性盐含量超过 0.6%)、碱土(pH＞8.5)、盐化土(可溶性盐含量低于 0.6%)、碱化土(pH 为 7.5～8.5)的统称。一些具忍耐高浓度可溶性盐,可在盐碱土生长的植物称为耐盐碱植物,如柽柳、榆树、绒毛白蜡、新疆杨、刺槐、木麻黄、椰树、垂柳。

c) 土壤有效层厚度。绿化栽植土壤有效土层厚度应符合表 15-3 的规定。

表 15-3 绿化栽植土壤有效土层厚度

项目	植被类型		土层厚度/cm	检验方法
一般栽植	乔木	胸径>20 cm	>150（深根）	挖样洞、观察、尺量检查
		胸径>20 cm	>100（浅根）	
	灌木	大、中灌木，大藤本	>90	
		小灌木、宿根花卉、小藤本	>40	
		草坪、花卉、草本植被	>30	
设施顶面绿化	乔木		>80	
	灌木		>45	
	草坪、花卉、草本植被		>15	

③ 植物选择。植物选择涉及多方面的学科，如生态学、心理学、美学、经济学等，究其根本，必须服从生态学原理，使所选种类能适应当地环境，健康地生长，在此基础上再考虑不同比例的组合，不同功能分区的种类，不同年龄、不同职业人们的喜好以及经济效益等方面，因此说植物的选择是一件复杂而细致的工作。一般而言遵守以下 6 条原则即可。

a）以先锋植物或乡土植物为主，适当选用优良的外来及野生植物。

b）选择适应性强、成活率高、对修复区环境有改善作用的植物。

c）乔（灌）木为主，草本花卉点缀，重视草坪与藤本植物的应用。

d）合理选用种苗规格，进行适当的种苗处理。

e）结合生产，注重改善环境质量。

f）合理选用芳香植物和观赏草，实现绿化与美化相结合。

3）植物种植设计。园林植物种植设计的基本形式有 3 种，分别为规则式、自然式与混合式。

① 规则式种植形式。规则式种植形式是指园林植物成行成列等距离种植，或做有规则的简单重复，或具规整形状。主要包括规则对称式和规则不对称式。

规则对称式：植物景观布置具有明显的对称轴线或对称中心，树木形态一致或人工整形，花卉布置采用规则图案。多用于纪念性园林、大型建筑物环境、广场等规则式园林绿地中。

规则不对称式：没有明显的对称轴线和对称中心，景观布置有规律，也有变化，多用于街头绿地、庭园等。

② 自然式种植形式。植物景观的布置没有明显的轴线，各种植物的分布自由变化，没有一定的规律性。常用于自然式的园林环境中，如自然式庭园、综合性公园安静休息区、自然式小游园及居住区绿地等。

③混合式种植形式。混合式种植形式是规则式与自然式相结合的形式。它吸取了规则

式和自然式的优点,既有整洁清新、色彩明快的整体效果,又有丰富多彩、变化无穷的自然景色;既有自然美,又有人工美。其类型有:自然式为主,结合规则式;规则式为主,点缀自然式;规则式与自然式并重。

4)栽植密度的确定。栽植密度,指单位面积造林地上的栽植点数或播种(穴)数,或造林设计的株行距,又称初植密度。栽植密度的大小对植物的生长、发育、产量和质量均有重大影响。合理的栽植密度应综合考虑树种特性、培育目的、立地条件、经营水平等因素。主要造林树种的初植密度参照《造林技术规程》(GB/T 15776—2023)和《生态公益林建设　技术规程》(GB/T 18337.3—2001),根据不同情况,在规定范围内,分别选定适宜的栽植密度。主要造林树种初植密度不宜低于最低栽植密度。

(2)不同生态修复单元的恢复与重建

1)露天采矿场生态环境恢复与重建。

①露天采矿场采空区的生态环境恢复与重建。

露天采矿场采空区是指露天剥离与回采后形成的空场。露天采空区地表自然景观与生态环境遭到彻底的破坏,自然恢复过程相对缓慢。目前我国露天采矿场采空区生态环境恢复与重建主要有以下 3 种模式。

a) 农林利用生态环境恢复与重建模式。对于较平缓或非积水的露天采空区,可以采用农林利用为主的生态环境恢复与重建模式。具体的工程措施是将露天采空区充填、覆土、整平,然后进行农林种植。根据充填物质的不同,又可将其分为剥离物充填、泥浆运输充填和人造土层充填 3 种重建类型。

b) 蓄水利用生态环境恢复与重建模式。对于常年积水的挖损大坑,以及开采倾斜和急倾斜矿床形成的矿坑,可以作为蓄水设施加以利用,如渔业、水源及污水处理池等。

c) 挖深垫浅,综合利用生态环境恢复与重建模式。对积水或季节性积水的挖损坑,可采用挖深垫浅的措施,低洼处开挖成水体,发展水产养殖等,垫高处发展种植业。山东北墅石墨矿的部分矿坑的生态环境恢复与重建就采用了这种方式。

② 露天采矿场边坡的生态环境恢复与重建。

目前,国内露天采矿场边坡生态环境恢复主要是天然植被的自然恢复,也有个别的矿山进行了人工植被的建设。在露天采矿场边坡上进行人工植被建设,需要进行边坡处理,将较陡的边坡变成缓坡或改成阶梯状,这有利于人工和机械操作,有利于截留种子,有利于促进植被恢复。

2)排土场生态环境恢复与重建。排土场生态环境恢复与重建的时间根据排土堆置工艺不同分两种情况:在排土堆置的同时进行生态环境恢复与重建,如开采缓倾斜薄矿脉的矿山或一些实行内排土的矿山;而大多数金属矿山的排土场为多台阶状,短时间不能结束排土作业,待结束一个台阶或一个单独排土场后,便可以进行生态环境恢复与重建。根据排土场条件的差异,我国露天采矿排土场生态环境恢复与重建类型可分为以下 3 种。

①含基岩和坚硬岩石较多的排土场的生态环境恢复与重建。这类排土场需要覆盖垦殖土才适宜种植农作物和林草。在缺乏土源时,可以利用矿区内的废弃物如岩屑、尾矿、炉渣、粉煤灰、污泥及垃圾等做充填物料,种植抗逆性强的先锋树种。

②含有地表土及风化岩石排土场的生态环境恢复与重建。这类排土场经过平整后可以直接进行植物种植。我国金属矿山多位于山地丘陵地带,含表土较少,又难以采集到覆盖土壤,但可以充分利用岩石中的肥效,平整后直接种植抗逆性强的、速生的林草种类,并在种植初期加强管理,一般可达到理想的效果。

③表土覆盖较厚的矿区排土场的生态环境恢复与重建。直接取土覆盖排土场,用于农林种植。表土覆盖的厚度视重建目标而定:用于农业时,一般覆土在 0.5 m 以上;用于林业时,覆土在 0.3 m 以上;用于牧业时,覆土在 0.2 m 以上。平台可以种植林草,也可以在加强培肥的前提下种植农作物,边坡进行林草护坡。

3)尾矿场生态环境恢复与重建。矿山尾矿场的生态环境恢复与重建一般是在干涸的尾砂层上直接种植植被,或覆土后划块成田,种植作物或种草植树,覆盖尾矿场的表面防止尾矿场的浮尘污染。露天矿尾矿场的生态环境恢复与重建包括尾矿场立地条件的分析、尾矿场土壤的改良或覆盖、植物种的筛选与种植和种植模式的选择。

露天矿尾矿场生态重建的类型一般有不覆土重建和覆土重建两种类型。

①不覆土重建。在土源缺乏的矿区,从外地取土来覆盖尾砂,会导致取土处土地的破坏,因此,这类尾矿场可以采用不覆土,直接通过植树绿化来重建尾矿场。但如果尾砂中所含的重金属离子浓度超标,则必须进行深度的土壤改良或尽量种植不参与食物链循环的林木。不覆土直接种植,节省了覆土的工程量,节省了投资,但可选择的植物种类有所限制。此时,应选择耐贫瘠、抗逆性强的植物种,而且田间管理方面也需采取更多的措施,这些措施包括:由于尾砂保水能力差,为了满足作物生长的需要,在水源缺乏的地区或旱季,可对其进行喷灌、滴灌和渗灌;由于尾砂保肥能力差,施肥宜采用少量多次。

②覆土重建。在有土源的矿区,在平整后的尾矿场上覆盖土层,进行林业、农业的重建。对于尾砂中含有超标重金属离子的尾矿场,进行生态环境恢复与重建时,除了进行必要的改良外,还要根据条件覆盖表土,一般覆盖表土在 0.5 m 以上。南方地区土源缺乏,最好将表土剥离单独存放,待尾矿疏干、改良后,将剥离表土覆盖其上。

4)矸石场生态环境恢复与重建。矸石山是煤矿的废石排放场,是我国重要的矿山废弃地,总占地面积达各类矿山排土场总占地的三分之一。由于近年来煤矸石利用率提高,尤其是煤矸石作为燃料和建材的利用技术不断开发,矸石山占地面积呈现逐年减少的趋势。这使得矸石山的生态恢复方式由原来的"山上恢复"向矸石山清理完毕后的矸石堆放区的"山底恢复"发展。但由于矸石的长期堆放和雨水的淋溶、浸出,矸石堆放地的土壤成分受矸石的影响非常明显,土壤贫瘠,不利于植被生长。

① 生态恢复技术。

矸石山生态恢复一般需要对土地进行平整,若有坡度,则需采用穴坑整地和梯田整地等方式,这样有利于蓄水保墒,提高缓苗率和成活率。对于酸性矸石场,矸石淋溶后的酸性物质会通过毛细作用上升到土层,造成土壤的酸化,从而严重影响植物生长和土壤微生物的生成。常将 CaO 或 CaCO$_3$ 破碎后均匀地撒入矸石场,在表层翻耕定深度,使 pH 值呈中性后再恢复植被。

② 生态恢复植物措施。

根据矸石山立地条件及当地的自然条件,选择耐干旱、耐贫瘠、萌发强、生长快的林草种类,尽量选择乡土树种。在种植方式上,针对不同的植物种,采用不同的种植方式。对落叶乔(灌)木采用少量的配土栽植,对常绿树种采用带土球移植;对花草等草本植物采用蘸泥浆或拌土撒播。有些落叶乔(灌)木如火炬树、刺槐等,在种植前还可采用短截、强剪或截干的措施促使其生长。

矸石场生态重建的主要途径是植树种草,以绿化为重建方向,极少情况下用于农业,这是因为矸石土壤的保水、保肥性能差。用于农业生产时,首先要对酸性的矸石土壤进行中和处理,再全场覆土 0.5 m 以上。作物品种选择的原则是,种高秆植物不如种矮秆作物,种蔬菜不如种豆类。总之,矸石土壤上发展作物,其根本目的是改善矿区的环境,辅之以经济效益。

5)井工开采塌陷区生态环境恢复与重建。井工开采塌陷区的生态环境恢复与重建可以归纳为以下 6 种模式。

①积水稳定塌陷地农林业综合开发的模式。此类塌陷地地表高低不平,但土层并未发生较大的改变,土壤养分状况变化不大,只要采取工程措施修复整平,并改进水利条件,即可恢复土地原有的实用价值。根据工程措施的不同又可分为以下 3 种。

a) 矸石充填。利用矸石作为塌陷区的充填材料。矸石充填分 3 种情况:新排矸石充填,利用矿井排矸系统,将新产生的矸石直接排入塌陷区,推平后覆土;预排矸石充填,在建井过程和生产初期,在采区的上方地表预计要发生下沉的地区,将表土取出堆放在四周,按预计下沉的等值线图,用生产排矸设备预先排放矸石,待到下沉停止,矸石充填到预定的水平后,再将堆放四周的表土推到矸石层上覆土成田;老矸石山充填,利用老矸石充填塌陷区生态重建。矸石充填后,可覆土作为农林种植用地,也可经过地基处理后用作建筑用地。

b) 粉煤灰充填。将坑口电厂粉煤灰充填于塌陷区,用于农林种植。其方法是利用管道将电厂粉煤灰用水力输送到塌陷区储灰场,待粉煤灰达到设计的标高后停止冲灰,将水排净,覆盖表土,表土厚度一般在 0.5 m 以上,即可进行农林种植。在缺乏土源的地方,可选择合适的作物或林草种类直接种植。对有害成分含量较高的粉煤灰充填土地,应尽量种植不参加食物链循环的林木。

c) 其他物充填。在利用煤矸石和粉煤灰进行充填重建时,也可以利用矿区的其他物质。如靠近河、湖的一些矿区,可利用河、湖淤泥充填塌陷区,先将矿井废弃物或其他固体废弃物排入塌陷区底部,取河、湖的泥土,通过管道加水输送充填到废石上,待泥干后用推土机整平,进行农林种植。

上述 3 项工程措施使大面积塌陷干旱地回归为粮、棉、油、菜、果生产基地,不但经济效益显著,而且可改善矿区的生态环境。

② 非积水稳定塌陷地开发为建筑用地。肥城矿区查庄、南高余等矿用稳定塌陷地做建筑用地,共节约耕地 31.67 hm²,带来了显著的经济效益与社会效益。

③ 季节性积水稳定塌陷地农林渔综合开发生态重建模式。季节性积水稳定塌陷地较非积水塌陷干旱地开发难度大,土壤结构也不同程度地发生了变化,多雨季节积水成沼泽状,干旱季节成板结状。这类塌陷地的重建,主要的工程措施为挖深垫浅,即将塌陷下沉较大的土地挖深,用来养鱼、栽藕或者水灌溉,用挖出的泥土垫高下沉较小的土地,使其形成水田或旱地,种植农作物或果树。

④ 常年浅水位积水稳定塌陷地渔林农生态重建模式。在地下水位较高的塌陷区,即使沉陷量不大,也终年积水,而周围的农作物则是雨季沥涝,旱季泛碱。这类塌陷地由于水浅不能养鱼,地涝不能耕种,形成大片荒芜的景象。此类塌陷地生态重建的主要工程措施为挖深垫浅,即将较深的塌陷区再挖深使其适合养鱼、栽藕或其他水产养殖,形成精养鱼塘;然后用挖出的泥土垫到浅的沉陷区使地势抬高成为水田或旱地,建造林带或发展林果业。

⑤ 常年深积水稳定塌陷地水产养殖与综合开发重建模式。常年深积水稳定塌陷地不适宜发展农业,但适宜水产养殖或进行旅游、自来水生产等综合开发。如淮北煤矿区洪庄、烈山塌陷区具有水面大、水体深的特点,重建时采取了开挖鱼塘发展水产养殖的模式,先后开挖了精养鱼塘 120 hm²、特种鱼苗塘 13.3 hm²,并配套发展种植业和加工业。平顶山矿区在低洼积水地段修造了大小鱼塘 30 多个,蓄水面积达 70 hm²。

⑥ 不稳定塌陷地因势利导综合开发生态重建模式。不稳定塌陷地是指新矿区开采引起塌陷或老矿区的采空区重复塌陷而造成的塌陷地。其类型包括非积水塌陷干旱地和塌陷沼泽地,也包括季节性积水塌陷地和常年积水塌陷地。

15.2.2.2 地表占用修复

(1)矿山林(草)地修复

1)矿山露天开采底盘区林(草)地生态修复。矿山露天开采底盘可分为自然排水的正常开采和需机械排水的凹陷开采。对自然排水开采区,可依据底盘地形地貌和土质条件,采用整体覆土或岩穴法种植乔木或灌木;当凹陷开采区基本不外渗、具有一定的汇水区,补给量大于蒸发量时,底盘和包括采场最低处 1 个(或几个)台阶在内的区域会形成永久性积水区,构成坑塘水面,可作为林地或草地的灌溉水源。

2)工业广场林(草)地生态修复。矿山的办公区、选矿场、井口及矿区道路等设施占地称为工业广场,修复模式一般选择原地类为宜,如林地或草地等。

在进行土地平整时,应先拆除办公楼房或堆场的支挡工程,清除场区硬化地面,对压实的地表进行松翻,拆除硬化地面,清除碎石、砖块和施工残留物等影响植物生长的杂物,将固体废弃物统一清理出修复区,并对修复区依地面高程分阶梯状进行场地平整,尽量减缓坡度。对排矸场地渣体顶面进行平整后覆土,覆土方法为先铺一层厚 30~40 cm 的全风化岩石碎屑作为底土层和心土层,最后覆上厚 20~40 cm 的表土,覆土总厚度应达 60 cm 以上。表土一般来源于开采前剥离留存的表土(此土料熟化程度高,腐殖质和有机质成分高,有利于提高土壤肥力)或外购表土。根据修复区立地条件,如果下伏土层疏松、保水性差,需铺盖一层黏性土,并进行碾压密实作为防渗层,有利于上部土层水分的保持。

进行林地修复时,应根据现状条件可采用坑状覆土等,种植林木及藤本植物,营造水土保持绿边坡,覆土厚应达 60 cm 以上。在林地修复区应先铺一层厚 20 cm 的全风化岩石碎屑或生土作为底土层(视情况,也可不覆盖底土),再覆一层厚 20 cm 的心土层,起保水保肥作用,最后覆一层厚 20 cm 的表土层,覆土总厚 60 cm;草地覆土厚 20 cm,再覆一层厚 20 cm 的表土层回填,覆土的工程量应按平整土地的范围计算,然后按林地要求,对土壤进行重构。应结合修复区土壤现状和修复措施等进行表土剥离量和需求量的供需平衡分析。在土源不足的情况下,要规划客土来源,并给出客土场的位置、客土方案、客土质量、客土熟化、改良或培肥措施,以及客土场的生态修复措施等。

3)尾矿库林(草)地生态修复。按尾矿库区自然条件和实际状况,进行土地平整总体设计:以库区干滩的自然沉积坡度为地表排水渠道的自然走向,构筑地表排水沟渠;以库区的自然沉积干滩形成的地形地貌作为修复工程地表,基本不做场地平整。

当尾矿坝稳定性不足时,可采取压坡、削坡、降低浸润线或加固处理、坝面治理等工程措施。压坡是指在坝体的外坡脚按一定的坡度堆压一定厚度堆料,常用的压坡材料为堆石、废石等;削坡是指当坝坡的某些隆起或突出部位影响尾矿坝稳定时,对这些隆起或突出部位采取削坡措施来满足坝体的稳定性要求,有的尾矿坝总体坡比过陡,可采取上部削坡、下部压坡方式放缓坡比;降低浸润线是指当尾矿坝浸润线较高不能满足坝体稳定性要求时,用于降低坝体浸润线的工程措施,常用的有辐射井、虹吸井、水平顶管与垂直沙袋组合型式、自流排渗井、水平排渗管等方法;加固处理是指当坝体强度较低造成坝体稳定性不足时,采用机械处理提高坝体强度的工程措施,常用压坡、振冲、碎石桩、旋喷等;坝面治理应按照正常库要求完善排水沟和土石覆盖或植被绿化、坝肩截水沟、观测设施等。另外,对出现的裂缝、沉陷、崩塌、管涌或流土等现象应查明原因,妥善处理。

尾矿库的修复措施主要有物理、化学工程和植被重建等。比较而言,植被重建具有较好的生态、环境和社会效益,同时也是最基本和最经济的。但尾矿库的环境条件一般比较恶劣,影响植物的定居,植被重建的难度较大。近年来,有色金属矿山尾矿库的环境治理和生态重建技术研究有了较大的发展。

(2)矿山耕地修复

1)平原地区条田及格田规划。条田是指以水平方田为建设对象的耕作田块,适用于地面坡度小于5°的平原区、河滩地。条田田块规模、长度和宽度的规定,应符合当地自然环境、农田灌溉与排水等条件,满足农业机械化耕作需要,方便管理。在进行田块规划时,通常情况下要将种植水稻的田块进一步规划成面积较小的田块即格田(是指四周被土块包围的水田田块),以便进行精细的土地平整,满足稻田灌溉排水和田间作业的要求。格田规模以毛渠控制面积为主,平原区格田规模为 $0.2\sim0.6$ hm^2,山区丘陵区格田规模为 $0.1\sim0.2$ hm^2。格田的长度一般以 $80\sim100$ m 为宜,这样既方便灌排,又照顾到机耕要求。格田的宽度应便于施肥、治虫等田间管理工作,一般为 $15\sim20$ m。格田四周筑有田埂,田埂间距 $20\sim40$ m,埂高为 $30\sim50$ cm,埂顶宽 $10\sim20$ cm,边坡采用 $1:4\sim1:2$。

2)低洼易涝地区沟洫畦田与台田规划。在低洼易涝地区,如位于平原的采煤塌陷区,修筑沟洫畦田和台田进行除涝改土。沟洫畦田和台田都是在田块的四周开挖沟埋,用挖出的土垫高中间的田面,田块四周筑以田埂。不同的是,沟洫畦田的田面不垫土或者垫高不多,而台田田面垫土较高,挖沟也较深。沟洫畦田又称为大地畦田,适用于旱涝交叉的平原洼地上游地区,但在雨量多且盐碱化严重的地区不宜采用,应该考虑将田块规划平整成台田形式,尽量抬高田面以降低地下水位,同时起到排涝的作用。

3)丘陵山区梯田规划。梯田(地)是坡地上沿等高线修成田面平整、地边有埂的台阶式地块。梯田(地)可以改变台面坡度,拦蓄雨水,达到保水、保土、保肥的目的。在山区和丘陵地区的坡耕地上,通常修筑梯田。按修筑梯田的断面形式可分为水平梯田、坡式梯田与隔坡梯田;按田坎建筑材料可分为土坎梯田、石坎梯田与植物护坎梯田。

在缓坡地区,由于是大面积灌区,地形变化不大,因此梯田的设计可以以道路为骨架划分耕作区,每一耕作区基本上应为矩形或接近矩形。在丘陵山区,地形变化较大,应根据现有地形划分耕作区。例如,若两条沟之间夹着一个坡面,就天然开发成一个耕作区。

(3)矿山湿地修复

1)露采场积水区湿地生态修复。由于难以满足凹陷区回填所需的大量土(石)方,且露采场生态修复需要水源,所以,因地制宜地利用露采矿山凹陷常年积水区域建设湿地,是一种在露采矿山凹陷开采区生态修复的常用模式。

对于露采矿山开采形成的凹陷开采底盘,修复为坑塘时,应对补给量(降水量、地表汇水量)与蒸发量、渗漏量进行盈亏分析,论证其可行性。凹陷常年积水区域湿地面积大多较小,设计的最高水位或"库容"一般与地下水位无关,而与凹陷周边的汇水区和凹陷区岩土层的渗漏量有关。当汇入量大于蒸发量与渗漏量之和时,才可能积水成塘。可从水文观测站或当地水文年鉴中掌握所在地区的降水量和蒸发量,通过现场调查和渗漏试验,取得岩土渗漏量数据,以此进行水资源平衡分析,确定最高水位和"库容",在最高水位线设置溢洪道,溢洪道的设计依据是最大排出量和时间。当采场边坡建设的引水沟高差大于 3 m 时,应设跌水。防洪排涝标准根据所在区域而定。

要对凹陷区在积水条件下周边山体(边坡)进行稳定性分析,论证其工程地质条件。不利的工程地质现象,山体(坝体)最窄地段是否满足稳定性要求,必要时可采取边坡加固等措施,如修建挡墙、抗滑桩和边坡锚固等。

2) 尾矿库"湿滩区"湿地生态修复。按我国现行尾矿库管理办法,闭坑后的尾矿库均需开展闭库工程,以解决尾矿库的稳定性问题,该工程是生态修复的前提。闭坑后尾矿库库区有湿滩和干滩之分。湿滩的形成与该区地势低洼、地表水与地下水补给充沛、尾矿排水条件不足有关。由于尾矿库多为金属矿山尾矿,存在重金属及酸性水污染的可能,尾矿库区湿滩修复工程设计时需要十分审慎。要做好藏、排水工程,尤其是沟谷型尾矿库,做好上游截水工程,尽量减少入库水量,如有渗漏,要设计渗漏污染水的集水池及水处理设施,视需要进行库区表层水质处理,对于新建堆存重金属尾矿库的库底应硬化并采取防渗措施,确保尾砂与下覆土壤隔离,以防对周边水土产生污染。

15.2.2.3　矿山固体废物的资源化利用

(1) 尾矿的综合利用

1) 回收尾矿有用金属。有色金属矿山的尾矿中往往含有多种有价金属。在选矿技术水平落后的条件下,可能会有 5%~40% 的组分留在尾矿中。另外,矿石中还有一些重要的伴生组分,当初选矿时就没有再进行回收。尾矿再选是尾矿利用的两个主要途径之一,并使其成为可利用的二次资源,可减少尾矿坝的建设和维护费用,节省破磨、开采及运输等费用,还可节省设备及新工艺研制的更大投资。因此,尾矿的再选受到越来越多的重视。2010 年尾矿再选已经在铁、铜、铅、锌、锡、钨、铂、金、铀等许多金属尾矿的处理方面有了进展,取得了明显的经济环境及资源保护效益。

2) 利用尾矿生产建筑材料。利用尾矿生产建筑材料的原理与利用煤矸石生产建筑材料类似,但由于其不具有发热能力,应用领域较煤矸石小。尾矿主要用于制砖、生产水泥、生产新型玻璃以及生产微晶玻璃。

3) 采用尾矿回填矿山采空区。尾矿粒度细而均匀,用作矿山地下采空场的充填料,具有输送方便、无须加工且易于胶结等优点。尾矿的回填可以大大减少占地面积。传统的水力充填(包括高浓度充填)均选用分级粗尾砂作为充填料。近年来发展起来的全尾砂膏体充填工艺,在减轻或消除尾矿对地表或井下环境污染方面,效果非常显著。

4) 其他用途。尾矿中含有一些植物所需的微量元素,将尾矿直接加工即可当作微肥使用,或用作土壤改良剂。如尾砂中的钾、锰、磷、锌、锡等组分常常可能是植物的微量营养组分。尾砂中含有方解石、长石或者矾类盐,可用来生产工业污水絮凝剂、捕收剂等;用花岗闪长岩类尾砂生产絮凝剂或水玻璃,在工业中具有广泛用途。另外,尾砂还可做杀虫剂等用于农业生产。

(2) 废石的综合利用

1) 提取有价金属。废石中有价金属很多,目前提取的主要有铜、金等比较昂贵的金属。江西德兴铜矿利用酸性废水浸出废石中的铜,既充分利用了矿山资源,又保护了水体和土壤免遭酸性废水的污染。为充分利用资源,张家口金矿利用堆浸技术从废石中提取金,取得了较好的效果。

2）用作井下充填料。用废石回填矿山井下采空区是既经济又常用的废石利用方法。回填采空区有两种途径：一种方法是直接回填,将上部中段的废石直接倒入下部中段的采空区,这样可节省大量的提升费用,无须占地,大部分的矿山都采用了这种回填方法；另一种方法则是将废石提升到地表后,进行适当的破碎加工,用尾矿和水泥拌和后回填采空区,这种方法安全性好,但处理成本较高,我国山东的招远金矿和焦家金矿就是采用拌和水泥回填采空区的方法。

3）其他用途。废石还可代替黏土生产硅酸盐水泥和低碱水泥,有单位还用废石生产微晶玻璃和水处理混凝剂等。

（3）粉煤灰的综合利用

1）利用粉煤灰生产水泥。粉煤灰和黏土的化学成分相似,可替代黏土配制水泥生料。由于粉煤灰中含有一定量的未能燃烧的炭粒,用粉煤灰配料还能节省燃料。目前国内主要生产粉煤灰硅酸盐水泥和粉煤灰无熟料水泥两种类型。利用粉煤灰做水泥混合材料生产各种水泥,不仅能减少污染,而且能降低物料的水分,减少热能消耗,对于提高水泥的质量、产量和降低水泥生产成本等有显著的优越性。

2）在砂浆与混凝土中的应用。粉煤灰砂浆是用粉煤灰取代或部分取代传统建筑砂浆中的某些组分,改善其某种性能的砂浆。微细粉煤灰能代替部分水泥或石灰膏或砂,具有提高黏聚性及密实度等作用。由于粉煤灰的形态效应、活性效应和微集料效应,从而提高了混凝土的强度、抗渗性、抗侵蚀性和耐磨性等。在混凝土中掺加定量粉煤灰,可节约水,提高混凝土制品质量及工程质量,降低生产成本和工程造价。

3）在墙体材料中的应用。粉煤灰可以通过高压蒸汽养护、常压蒸汽养护、自然条件养护以及高温烧结制成各种粉煤灰建筑制品,主要有粉煤灰陶粒、砖、瓦、小型空心砌块和砌块等。粉煤灰陶粒是在高温烧结下的一种轻质骨料,由于具有容重轻、隔热性能好等特点,可用于制造高强度轻质混凝土构件,减轻高层建筑物建材的自重,节能,降低建筑造价。

4）在农业方面的应用。粉煤灰中含有大量农作物所需的营养元素,如硅、钙等,可用于制造各种复合肥,能起到用量少、增产效果好的作用。粉煤灰还可以改良土壤,使其容重、密度、孔隙率、通气性、渗透率、三相比关系及 pH 值等理化指标得到改善,起到增产效果。用粉煤灰改良黏性土和酸性土效果显著。在适宜的掺灰量下,一般小麦、玉米、大豆都能增产 $10\% \sim 20\%$。

5）其他用途。粉煤灰具有较大的比表面积,利用其吸附性能,处理一些含有害物质的废弃物。利用粉煤灰未燃尽炭的多孔性,可吸附地下水污泥中产生的氧、磷及有机物以及工业废水中的磷酸盐、重铬酸盐和氟化物等。

（4）煤矸石的综合利用

1）用于发电。煤矸石或多或少都含有一定数量的碳或其他可燃物,因而可以当作燃料使用。煤矸石含有一定数量的固定碳和挥发分,灰分变化范围为 50%~90%,一般在 75% 左右。煤矸石的发热量在 1 000~6 000 kJ/kg 之间,一般烧失量为 10%~30%。利用煤矸石发电是利用其蕴含热量的主要形式。

2）用作建筑材料。煤矸石砖与传统的黏土砖相比较,其强度和耐腐蚀性都优于黏土砖,且干燥快,收缩率小。从当前建材制品的发展趋势来看,用煤矸石制空心砖的前景更为广阔。利用煤矸石制砖有两种方式:一是烧结方式,二是做烧砖内燃料。煤矸石砖是以煤矸石为主要原料,一般占坯料重量的 80% 以上。

3）用于生产肥料。煤矸石含有 15%~20% 的有机质以及多种植物所需的硼、锌、铜、锰、钼等微量元素。某些煤矸石中的氮、磷、钾和微量元素含量是普通土壤的数倍,经过加工可生产有机肥和微生物肥料。

4）其他用途。煤矸石还可作为复垦采煤塌陷区的充填材料,这样既可使采煤破坏的土地得到恢复,又可减少煤矸石占地面积,减少煤矸石对环境的污染。同时,还复造了土地,可用于耕作、建房和修路等。国内专家在 1998 年对矸石山的风化物施用化肥或生活污泥,进行种植苏丹草、红豆草的盆栽试验。试验结果表明,煤矸石风化物复垦种植的生物成活率显著提高。

15.2.2.4　矿山水体污染治理与修复

（1）含水层修复

1）帷幕注浆。帷幕注浆是通过地质探孔和注浆孔,将在水中能固化的浆液通过注浆孔压入含水岩层中（裂隙、孔隙、洞穴）,经过充塞、压密、固化过程,在主要过水断面形成一条类似帷幕状的相对隔水带,以减少涌水量的一种技术。它可以将地下水与矿体、坑道系统隔离,防止地下水进入矿坑,治水效果好,避免发生负面环境影响,可保护水资源。

帷幕注浆有多种分类,如按底式帷幕、悬挂式帷幕等。例如,羊草沟煤矿目前开采深度较大,其影响的含水层埋深也较大,较适合的注浆方式为井下帷幕注浆,即造浆、压浆和注浆孔钻进均在井下巷道硐室中进行。这种方式的钻孔有效进尺率高,揭露含水层快且准,注浆效果直观。

2）加强含水层监测。水位监测是指在矿山影响区域,建立含水层和矿层采深范围内各承压含水层的水位长期观测孔,并定期监测。水量监测主要是指对地下水的矿坑排水量和各层位的涌水量进行监测。这样不仅可以时刻了解矿区各含水层水量的变化,也能为分析水文地质条件的变化提供详细的资料,并为涌水量变化的预测提供依据。

（2）矿山污染废水处理

1）酸性废水处理。酸性废水的处理可以根据《铜矿山酸性废水综合处理规范》（GB/T 29999—2013）进行。废水经处理后应采用"分质回用"方式重复利用,以提高废水重复利用率,不能实现全部回收利用而需外排的废水,应符合矿山所在地的环境功能区要求,对应指标值参照《铜、镍、钴工业污染物排放标准》(GB 25467—2010)的规定。

① 中和沉淀。根据酸、碱中和的原理,在酸性水中放入碱性中和剂,使废水中的金属离子形成难溶的氢氧化物或碳酸盐沉淀。常用的中和剂有生石灰(CaO)、消石灰[$Ca(OH)_2$]、石灰石($CaCO_3$)、白云石($MgCO_2$)及炉渣等碱性材料。为了加速中和反应,常在沉淀过程中加入絮凝剂;为了回收有用元素,常采取分段中和法。通过中和法,回收了废液中的金属,提高了 pH 值,使原酸性废水达到了规定排放标准。

② 硫化沉淀。我国硫化金属矿床较多,而金属硫化物溶解度低,中和法难以将酸性废水中的金属含量降到排放容许值,此时,建议采用硫化沉淀法,即在酸性废水中加入硫化剂,形成硫化物沉淀,达到除去重金属、提高 pH 值的目的。常用的硫化剂有 Na_2S、$NaHS$ 和 H_2S 等。

2)重金属污染废水处理。含重金属污染废水处理方法主要有中和沉淀与硫化沉淀法、反渗透法及离子交换法等方法。

① 中和沉淀与硫化沉淀法。与上述的酸性废水相同。

② 反渗透法。国外有成功地用反渗透法处理矿山含重金属酸性废水的案例。重金属铜、铅、锌、镍、镉等去除率达 98％ 以上,pH 值提高到 7 左右。

③ 其他方法。其他方法包括离子交换法、充电隔膜超滤法、电渗析法、电解沉积法、活性炭合成的聚合吸附剂法(特别适用于除去络合重金属)、氢硼化钠还原法,以及美国推出的一种淀粉黄酸盐药剂,均是处理矿山含重金属酸性废水的方法。

通过上述方法处理后的重金属废水最终产物为残渣或污泥,要对其进行烧结固化、水泥固化或沥青固化,或加入固定剂并进行利用或填埋,防止二次污染。

3) 高总溶解性固体矿山污染废水处理。

① 化学方法。离子交换法是化学脱盐的主要方法,这是一种比较简单的方法,即利用阴阳离子交换剂去除水中的离子,以降低水的含盐量。

② 膜分离法。反渗透和电渗析脱盐法均属于膜分离法,是目前我国苦咸水脱盐淡化处理的主要方法。

a)反渗透法。反渗透法是借助半透膜在压力作用下进行物质分离的方法。可有效地去除无机盐类、低分子有机物、病毒和细菌等,适用于含盐量大于 400 mg/L 的水的脱盐处理。

b) 电渗析法。电渗析法是在直流电场作用下,利用阴、阳离子交换膜对溶液中阴、阳离子的选择透过性,使溶液中的溶质与水分离的一种物理化学方法。

③物理方法。主要是浓缩蒸发法,即反复加温蒸发,使剩余含盐量高的水浓缩到很小体积,再选择适宜的场地存放或作为化工原料。

4)含悬浮物矿山污染废水处理。此类水主要是煤矿疏干排水,含有岩粉、悬浮物和细菌,一般呈黑色,但其总硬度和矿化度并不高。根据悬浮物的特性,对工业用水净化处理常用的主要方法有混凝和沉淀。混凝是水处理工艺中十分重要的环节。如作为饮用水,则要加上消毒过程,并且用超滤取代过滤池单元,即除了去除矿井水中的悬浮物外,还需杀菌消毒,如图 15-1 所示。常用的混凝剂为铝盐和铁盐混凝剂。

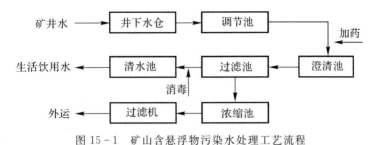

图 15-1 矿山含悬浮物污染水处理工艺流程

（3）矿区地下水污染控制修复

矿区地下水污染控制是指采取各种防护策略和工程措施,控制污染源（包括不可清除的污染源和可清除的污染源）,使其进入地下水系统的污染物减少到最低限度;或者是把已经污染的地下水控制在一定的范围内,防止其扩散到未污染区。原位修复（恢复）是指在污染发生的场地通过各种工程技术方法,使污染物从包气带土层和地下水中去除,以便恢复其原来的环境功能。

1）异位处理方法。

① 污染土体开挖。对于污染范围较小的情形,可以采用开挖污染源处的污染土体然后进行处理来去除污染源。该方法对于地下水污染控制和治理的效果很好,但对于污染面积较大的场地,往往不现实,难以进行。

② 抽取—处理方法。抽取—处理方法就是先抽取已污染的地下水,然后在地表进行处理的方法。处理方法可以是物理化学法,也可以是微生物法等。通过不断地抽取污染地下水,使污染范围和污染程度逐渐减小,并使含水层介质中的污染物通过向水中转化而得到清除。

2）原位处理方法。

① 污染土壤气体提取法。该方法是对土壤挥发性有机污染进行原地恢复、处理的一种新方法,它用来处理包气带中岩石介质的污染问题。使包气带土（或土-水）中的污染物进入气相,进而排出。

② 井中气体去除方法。该方法包括使地下水进行循环,在去除井中使地下水中挥发性有机物汽化,污染气体可以抽取在地表处理或进入包气带用微生物降解。部分处理后的地下水可通过井注入包气带,再入渗到地下水面,未处理的地下水从底部进入井中取代被抽取的地下水。

③ 空气搅动法。在含水层中注入气体（通常为空气或氧气）,使地下水中污染物汽化,同时,增加地下水中的氧气浓度,加速饱和带与非饱和带中的微生物降解作用。汽化后的污

染物进入包气带，可用 SVE 系统进行处理。

④ 原位冲洗法。原位冲洗法是将液体注入或渗入土壤或地下水污染带，在下游抽取地下水和冲洗混合液，然后再注入地下或进行地上处理。冲洗液可以是水、表面活性剂、潜溶剂或其他物质。这种方法由于加强了对空隙的冲洗作用，从而可以提高传统抽取处理方法的处理效果。

⑤ 水平井技术。水平井技术在目前环境治理中被广泛应用，如原位微生物治理、空气搅动、真空抽取、土壤冲洗和饱和污染体抽取等。水平井由于水平方向有较长的花管，与污染介质的接触面积很大，所以在治理中具有更有效的作用。此外，水平井与天然条件相一致，因为地下水在水平方向的传导率要大于在垂直方向的传导率，这样就能够更有效地汇集和抽取地下水和污染汽。

⑥ 加热方法。利用蒸汽、热水、无线电频率（RF）或电阻（变化电流，AC）加热方法，在原位改变污染物受温度控制的特性，以利于污染物的去除。例如，挥发性的有机污染物在加热时可以挥发进入包气带，然后可以利用气体提取方法进行处理。

⑦ 可渗透反应屏障法（PRB）。在污染物羽状流束的流径上构建含适当反应物质的可渗透反应格栅。当被污染的水流经可渗透反应格栅时，污染物或被去除，或被降解，污染物被清除后的水向下游流动，如图 15-2 所示。主要包括化学氧化还原渗透反应格栅、生物降解渗透反应格栅和漏斗门式渗透反应格栅。用于反应的充填介质可以包括零价铁、微生物、活性炭、泥炭、蒙脱石、石灰、锯屑或其他物质。

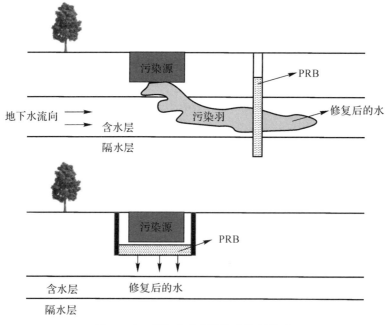

图 15-2　可渗透反应屏障法原理示意

⑧ 原位稳定-固化方法。在已污染的包气带或含水层中,注入可使污染物不继续迁移的介质,使有机或无机污染物达到稳定状态。污染物可以被介质凝固、黏合(固化),或者是由于化学反应使其活动性降低(稳定)。

⑨ 电动力学方法。电动力学方法可以使污染物从地下水、淤泥、沉积物和饱和或非饱和的土壤中分离或提取出来。电动力学法治理的目标是:通过电渗、电移或电泳现象,形成附加电场影响地下污染物的迁移。当在土壤中施加低压电流时,会产生这些现象。

⑩ 自然衰减方法。当有机污染物泄漏进入土壤或地下水中,会存在一些天然过程来分解和改变这些化学物质,这些过程统称为自然衰减。自然衰减包括土壤颗粒的吸附、污染物的微生物降解、在地下水中的稀释和弥散等。土壤颗粒的吸附,使一些污染物不会迁移到场地以外;微生物降解是污染物分解的重要作用;稀释和弥散虽不能分解污染物,但可以有效地降低许多场地的污染风险。

附录　矿山水文地质与工程地质工作的相关规范与职业道德要求

和矿山水文地质与工程地质工作相关的主要规范及标准如下：

1.《矿区水文地质工程地质勘查规范》(GB/T 12719—2021)

2.《矿山地质环境监测技术规程》(DZ/T 0287—2015)

3.《矿山地质环境调查评价规范》(DD 2014—05)

4.《水文地质调查标准》(4331—00)

5.《工程地质调查标准》(4322—00)

6.《环境地质调查监测标准》(4333—00)

7.《地质灾害调查监测与防治标准》(4334—00)

8.《矿山地质工作规范》(4441—00)

9.《矿山资源开发利用管理标准》(4444—00)

10.《矿山地质环境调查标准》(4451—00)

11.《矿山地质环境质量保护标准》(4452—00)

12.《矿山地质环境治理恢复标准》(4453—00)

13.《矿山地质环境监测标准》(4454—00)

14.《矿产勘查基础性工作规范》(4431—00)

15.《滑坡崩塌泥石流灾害调查规范》(DZ/T 0261—2014)

16.《地质灾害排查规范》(DZ/T 0284—2015)

17.《崩塌、滑坡、泥石流监测规范》(DZ/T 0221—2006)

18.《地质灾害危险性评估规范》(DZ/T 0286—2015)

19.《滑坡防治工程勘查规范》(DZ/T 0218—2006)

20.《泥石流灾害防治工程勘查规范》(DZ/T 0220—2006)

21.《滑坡防治工程设计与施工技术规范》(DZ/T 0219—2006)

22.《矿山地质环境保护与恢复治理方案编制规范》(DZ/T 0223—2011)

23.《矿山帷幕注浆规范》(DZ/T 0285—2015)

24.《矿坑涌水量预测计算规程》(DZ/T 0342—2020)

25.其他相关规范

和矿山水文地质与工程地质工作相关的规范较多，从业者在开展相关工作过程中，应严格以国家、地方或行业制定的相关规范为工作基准，爱岗敬业，诚实守信，牢固树立和践行社会主义核心价值观，坚定为社会主义建设服务的理想和信念，唯如此，工作才能够更专业，做得更好。遵循规范是坚守职业道德最基本的准则，矿山水文地质与工程地质工作者需要具有良好的职业道德和职业责任感，在工作中必须做到客观、公正，对自己的行为负责。水文地质、工程地质与矿山开发、矿山环境评价及恢复质量密切相关，相关工作涉及国家或企业的重大公共利益或经济利益，从业者有义务尽全力为国家或企业服务，并向相关方提供诚实和公正的专业意见，并对可能危及公共利益的行为提出整改建议。

参 考 文 献

[1] 张进德,张作展,张德强. 全国矿山地质环境调查综合研究与成果集成:中国地质环境监测院张进德教授级高工等成果展示[J]. 科技成果管理与研究,2012(9): 73-75.

[2] 武强,刘宏磊,赵海卿,等. 解决矿山环境问题的"九节鞭"[J]. 煤炭学报,2019, 44(1):10-22.

[3] 谢和平. 深部岩体力学与开采理论研究进展[J]. 煤炭学报,2019,44(5):1283-1305.

[4] 蓝航,陈东科,毛德兵. 我国煤矿深部开采现状及灾害防治分析[J]. 煤炭科学技术, 2016,44(1):39-46.

[5] 张咸恭,王思敬,张倬元,等. 中国工程地质学[M].北京:科学出版社,2000.

[6] 梁秀娟,迟宝明,王文科,等.专门水文地质学[M].4版.北京:科学出版社,2016.

[7] 周叔举. 矿山工程地质问题[J].水文地质工程地质,1993(1):27-31.

[8] 唐辉明. 工程地质学基础[M].北京:化学工业出版社,2008.

[9] 徐九华,谢玉玲,李建平. 地质学 [M].5版.北京:冶金工业出版社,2015.

[10] 舒良树. 普通地质学[M].3版.北京:地质出版社,2010.

[11] 林明月. 地质专业英语[M].徐州:中国矿业大学出版社,2010.

[12] 汪新文. 地球科学概论[M].北京:地质出版社,1999.

[13] 李忠权. 构造地质学[M].3版.北京:地质出版社,2011.

[14] 谷德振. 岩体工程地质力学基础[M].北京:科学出版社,1979.

[15] 何书. 下向进路侧帮稳定性及进路布置方式优化设计研究[D].西安:西北大学,2009.

[16] 李鹏,蔡美峰,郭奇峰,等. 煤矿断层错动型冲击地压研究现状与发展趋势[J].哈尔滨工业大学学报,2018,50(3):1-17.

[17] 吕进国.巨厚坚硬顶板条件下逆断层对冲击地压作用机制研究[D].北京:中国矿业大学,2013.

[18] 地质部地质辞典办公室.地质辞典(五)地质普查勘探技术方法分册:上册[M].北京:地质出版社,1982.

[19] 国山,张爱军.矿山地质技术[M].北京:冶金工业出版社,2009.

[20] 吴立新.数字地球、数字中国与数字矿区[J].矿山测量,2000(1):6-9.

[21] 王青,吴惠城,牛京考. 数字矿山的功能内涵及系统构成[J].中国矿业,2004(1): 8-11.

[22] 毕林,王晋淼. 数字矿山建设目标、任务与方法[J].金属矿山,2019,516(6):148-156.

[23] BOWYER A. Computing Dirichlet tessellations[J]. Computer Journal, 1981, 24

(2)：162 – 166.

[24] CARR G R，ANDREW A S，DENTON G J，et al. The "Glass Earth"：Geochemical frontiers in exploration through cover[J]. Australian Institute of Geoscientists Bulletin，1999，28：33 – 40.

[25] DELAUNAY B. Sur la sphère vide，Izvestia Akademii Nauk SSSR [J]. Otdelenie Matematicheskikh i Estestvennykh Nauk，1934，7：793 – 800.

[26] HOULDING S W. 3D Geoscience Modeling，Computer Techniques for Geological Characterization [M]. Berlin：Springer，1994.

[27] HOULDING S W. Practical geostatistics，modeling and spatial analysis[M]. New York：Springer-Verlag，2000.

[28] HUNTER G M. Efficient computation and data structures for graphics[D]. Princeton：Princeton University，1978.

[29] JACOBSEN L J，GLYNN P D，PHELPS G A，et al. U. S. Geological Survey：A Synopsis of Three-dimensional Modeling[C]//Berg R C，Mathers S J，Kessler H，et al. Synopsis of Current Three dimensional Geological Mapping and Modeling in Geological Survey Organizations. Illinois State Geological Survey Circular 578. 2011：69 – 79.

[30] KAVOURAS M A. A spatial information system for the geosciences[D]. Fredericton：University of New Brunswick，1988.

[31] LAWSON C L. Software for C1surface interpolation[C]//Rice J. Mathematical Software III. Pasadena，California：California Institute of Technology，1977：161 – 194.

[32] LIU L，ZHAO Y，SUN T. 3D computational shape- and cooling process-modeling of magmatic intrusion and its implication for genesis and exploration of intrusion-related ore deposits：An example from the Yueshan intrusion in Anqing，China[J]. Tectonophysics，2012，526 – 529：110 – 123.

[33] MALLET J L. Discrete modeling for natural objects[J]. Mathematical Geology，1997，29 (3)：199 – 219.

[34] MALLET J L. Discrete smooth interpolation in geometric modeling[J]. Computer-Aided Design，1992，24(4)：178 – 191.

[35] MATHERS S. 3D Geological Mapping (Modelling) in Geological Surve Organisations and the New British Geological Survey Initiative to Build a National Geological Model of the UK[C]//Three-Dimensional Workshops for 2011，2011，Minneapolis，Minnesota：Geological Survey of Canada.

[36] RUSSELL H A J，BOISVERT E，LOGAN C，et al. Geological Survey of Canada：Three-dimensional Geological Mapping for Groundwater Applications[C]//Berg R

C，Mathers S J，Kessler H，et al. Synopsis of Current Three dimensional Geological Mapping and Modeling in Geological Survey Organizations. Illinois State Geological Survey Circular 578，2011：31 – 41.

[37] SHAMOS M I，HOEY D. Closet-point problems[C]. Proceedings of the 16th Annual IEEE Symposium on the Foundations of Computer Science，Los Angeles California IEEE，1975：151 – 162.

[38] STAFLEU J，BUSSCHERS F S，MALJERS D，et al. TNO – Geological Survey of the Netherlands：3 – D Geological Modeling of the Upper 500 to 1000 Meters of the Dutch Subsurface[C]//Berg R C，Mathers S J，Kessler H，et al. Synopsis of Current Three-dimensional Geological Mapping and Modeling in Geological Survey Organizations. Illinois State Geological Survey Circular 578，2011：64 – 68.

[39] WATSON D F. Computing the n-dimension Delaunay tessellation with application to Voronoi polytopes[J]. Computer Journal，1981，24（2）：167 – 172.

[40] WHEELER A J，STOKES P C. The use of block and wireframe modeling for underground mining[J]. Mining Magazine，1998，3：209 – 213.

[41] 蔡强，杨钦，陈其明. 地质结构重叠域的限定 Delaunay 三角剖分研究[J]. 计算机辅助设计与图形学学报，2004，16（6）：766-771.

[42] 陈学工，黄晶晶. Delaunay 三角网剖分中的约束边嵌入算法[J]. 计算机工程，2007（16）：56 – 58.

[43] 邓曙光，刘刚. 带地质逆断层约束数据域的 Delaunay 三角剖分算法研究[J]. 测绘科学，2006，31（4）：98 – 99.

[44] 董树文，李廷栋，陈宣华，等. 深部探测揭示中国地壳结构、深部过程与成矿作用背景[J]. 地学前缘，2014，21（3）：201 – 225.

[45] 龚健雅，李小龙，吴华意. 实时 GIS 时空数据模型[J]. 测绘学报，2014，43（3）：226 – 232.

[46] 何撼东，胡迪，闾国年，等. 几何与语义统一的区域地质构造 GIS 数据模型[J]. 测绘学报，2017，46（8）：1058 – 1068.

[47] 侯恩科，吴立新. 面向地质建模的三维体元拓扑数据模型研究[J]. 武汉大学学报（信息科学版），2002，27（5）：467 – 472.

[48] 侯景儒，黄竞先. 地质统计学及其在矿产储量计算中的应用[M]. 北京：地质出版社，1982.

[49] 侯景儒，黄竞先. 矿业地质统计学[M]. 北京：冶金工业出版社，1982.

[50] 李德仁，李清泉. 一种三维 GIS 混合数据结构研究[J]. 测绘学报，1997（2）：36 – 41.

[51] 李青元. 三维矢量结构 GIS 拓扑关系及其动态建立[J]. 测绘学报，1997（3）：49 – 54.

[52] 李清泉，李德仁. 三维空间数据模型集成的概念框架研究[J]. 测绘学报，1998（4）：

46 – 51.

[53]　李晓晖，袁峰，贾蔡，等. 基于反距离加权和克里格插值的 S – A 多重分形滤波对比研究[J]. 测绘科学，2012，37(3)：87 – 89.

[54]　刘琴琴. 平面域 Delaunay 三角网生成算法研究及实现[D]. 西安：陕西师范大学，2016.

[55]　刘少华，吴东胜，罗小龙，等. Delaunay 三角网中点目标快速定位算法研究[J]. 测绘科学，2007，146(2)：69 – 70.

[56]　毛先成，赵莹，唐艳华，等. 基于 TIN 的地质界面三维形态分析方法与应用[J]. 中南大学学报(自然科学版)，2013，44(4)：1493 – 1499.

[57]　孟永东，徐卫亚，田斌，等. 基于带约束三角剖分的三维地质建模方法及应用[J]. 系统仿真学报，2009 (19)：5985 – 5989.

[58]　明镜，潘懋，屈红刚，等. 基于 TIN 数据三维地质体的折剖面切割算法[J]. 地理与地理信息科学，2008，24(3)：37 – 40.

[59]　宋关福，钟耳顺，吴志峰，等. 新一代 GIS 基础软件的四大关键技术[J]. 测绘地理信息，2019，44(1)：1 – 8.

[60]　宋关福，钟耳顺，周芹，等. 通用三维 GIS 场数据模型研究与实践[J]. 测绘地理信息，2020，45(2)：1 – 7.

[61]　孙涛，李慧，达朝元，等. 矿床三维地质模拟方法与应用[M]. 长沙：中南大学出版社，2020.

[62]　王恺其，肖凡. 多点地质统计学的理论、方法、应用及发展现状[J]. 地质科技情报，2019，38(6)：256 – 268.

[63]　王李管，陈鑫. 数字矿山技术进展[J]. 中国有色金属学报，2016，26(8)：1693 – 1710.

[64]　王英博，王栋，李仲学，等. 基于 SFLA-Kriging 算法的三维地质建模[J]. 系统工程理论与实践，2014，34(11)：2913 – 2920.

[65]　王长海，周晓琴，许国，等. 基于离散光滑理论的高精度三维模型构建方法[J]. 武汉大学学报(工学版)，2014，47(5)：604 – 609.

[66]　吴冲龙，刘刚. "玻璃地球"建设的现状、问题、趋势与对策[J]. 地质通报，2015，34(7)：1280 – 1287.

[67]　吴立新，史文中，GOLD C. 3D GIS 与 3D GMS 中的空间构模技术[J]. 地理与地理信息科学，2003(1)：5 – 11.

[68]　杨军，高莉. 格网划分的 Delaunay 三角网快速生成算法[J]. 测绘科学，2016，41(2)：109 – 114.

[69]　中国大百科全书总编辑委员会. 中国大百科全书·地质学[M]. 北京：中国大百科全书出版社，1993.

[70]　捷尔普戈里兹. 水的世界[M]. 北京：科学出版社，1983.

[71]　区永和，陈爱光，王恒纯. 水文地质学概论[M]. 武汉：中国地质大学出版社，1988.

[72] 弗拉基米洛夫. 土壤改良水文地质学[M]. 北京:中国工业出版社,1965.

[73] 弗里泽,彻里. 地下水[M]. 北京:地震出版社,1987.

[74] 加弗里连科. 构造圈水文地质学[M]. 北京:地质出版社,1981.

[75] 罗戴. 土壤水[M]. 北京:科学出版社,1964.

[76] 汪民. 饱水粘性土中粘粒与水相互作用的初步探讨[J]. 水文地质工程地质,1987
(3):1-5.

[77] 汪民,钟佐燊,吴永锋. 环境地质研究[M]. 北京:地震出版社,1991.

[78] TóTH J. Cross-formational gravity-flow of groundwater:a mechanism of the
transport and accumutation of petroleum(The generalized hydraulic theory of petro-
leum migration) [J]. Problems of Petroleum Migration,1980:121-167.

[79] 王大纯,张人权,史毅虹,等. 水文地质学基础[M]. 北京:地质出版社,1995.

[80] MEINZER O E. The occurrence of ground water in the United States[J]. Geolog-
ical Survey Water Supply Paper,1923:489.

[81] Лебедев А В. Методы иаучения баланса грунтовых вод[M]. Госгеолтехиэдат,
1963.

[82] FETTER C W. 污染水文地质学[M]. 北京:高等教育出版社,2011.

[83] FETTER C W. 应用水文地质学[M]. 北京:高等教育出版社,2011.

[84] 张人权,梁杏,勒孟贵,等. 水文地质学基础[M]. 北京:地质出版社,2018.

[85] 薛禹群,吴吉春. 地下水动力学[M]. 北京:地质出版社,2010.

[86] NEUMANS P. Universal scaling of hydraulic conductivity and dspersivities in geo-
logic media [J]. Water Resource Research,1990,26(8):1749-1758.

[87] 房佩贤,卫中鼎,廖资生. 专门水文地质学[M]. 北京:地质出版社,1987.

[88] 张永波. 水工环研究的现状与趋势[M]. 北京:地质出版社,2001.

[89] 蓝俊康,郭纯青. 水文地质勘察[M]. 2 版. 北京:中国水利水电出版社,2017.

[90] 陈礼宾. 七十年代美、加等国的热红外遥感技术在水文地质调查中的应用实例[J].
国外地质勘探技术,1981(7):8-11.

[91] 龚星,陈植华,孙璐. 地下水环境影响评价若干关键问题探讨[J]. 安全与环境工
程,2013,20(2):95-99.

[92] 孙广忠. 论岩体结构力学效应[J]. 岩石力学,1980,2:37-44.

[93] 常来山,杨宇江. 露天矿边坡稳定分析与控制[M]. 北京:冶金工业出版社,2014.

[94] 高召宁,孟祥瑞,赵光明,等. 矿山压力与岩层控制[M]. 北京:煤炭工业出版
社,2018.

[95] 杨晓杰,郭志飚. 矿山工程地质学[M]. 徐州:中国矿业大学出版社,2018.

[96] 张杰坤. 矿山环境工程地质学[M]. 北京:武汉地质学院北京研究生部,1986.

[97] 刘佑荣,唐辉明. 岩体力学[M]. 北京:化学工业出版社,2008.

[98] 杜时贵,雍睿,陈咭扞,等. 大型露天矿山边坡岩体稳定性分级分析方法[J]. 岩石

力学与工程学报,2017,36(11):2601-2611.

[99] 孙玉科,姚宝魁,许兵.矿山边坡稳定性研究的回顾与展望[J].工程地质学报,1998,6(4):305-311.

[100] 冉恒谦.斜坡稳定性评价方法综述[J].探矿工程:岩土钻掘工程,1997,(增刊1):119-121.

[101] 欧国林,张娜.模糊数学方法在路基边坡稳定性评价中的应用[J].四川建筑,2009,29(1):67-68.

[102] 舒明充.边坡稳定性的工程地质类比法[J].黑龙江交通科技,2013(6):45.

[103] 刘岁海,刘爱平.某采石场边坡稳定性分析[J].资源环境与工程,2009,23(6):834-837.

[104] 葛绪祯.赤平投影在岩质边坡稳定性分析中的应用探讨[J].市政技术,2021,39(7):17-20.

[105] 唐鹏."蠕滑-拉裂-剪断"型锁固岩质滑坡后缘拉裂临界深度与稳定性研究[D].成都:成都理工大学,2021.

[106] 陶志刚,孟祥臻,马成荣,等.南芬露天采场楔形滑坡机理及滑动力监测预警分析[J].煤炭学报,2017,42(12):3149-3158.

[107] 王科,王常明,王彬,等.基于 Morgenstern-Price 法和强度折减法的边坡稳定性对比分析[J].吉林大学学报(地球科学版),2013(3):902-907.

[108] 谢潇,张国伟.基于 GeoStudio 的某露天矿边坡稳定性分析评价[J].矿山工程,2021,9(4):325-333.

[109] 汪锐.某铁矿巷道围岩楔形体辨识与支护研究[J].现代矿业,2020,36(2):170-174.

[110] 陈祖煜,汪小刚,杨健,等.岩质边坡稳定分析[M].北京:中国水利水电出版社,2005.

[111] 王奎华.岩土工程勘察[M].2版.北京:中国建筑工业出版社,2016.

[112] 吴圣林,董青红,丁陈建.岩土工程勘察[M].2版.徐州:中国矿业大学出版社,2018.

[113] 项伟,唐明辉.岩土工程勘察[M].北京:化学工业出版社,2012.

[114] 张咸恭,王思敬,张倬元.中国工程地质学[M].北京:科学出版社,2000.

[115] 刘大安,杨志法,尚彦军,等.工程地质力学综合集成理论及其在五强溪水电站船闸边坡上的应用[J].水文地质工程地质,1997(2):19-22.

[116] 钱学森,于景元,戴汝为.一个科学新领域:开放的复杂巨系统及其反方法论[J].自然杂志,1990,13(1):3-5.

[117] 黄仁福,吴铭江.地下洞室原位观测[M].北京:水利电力出版社,1990.

[118] 杨志法,刘大安,刘英,等.边坡监测系统建立及监测信息分析方法[C]//铜山区地基基础学术会议论文集,重庆:重庆大学出版社,1997:1-13.

[119] 余小年. 崩塌滑坡地质灾害监测现状综述[J]. 铁道工程学报,2007,104(5):6-11.

[120] 黄今,苏华友,骆循. 微地震监测技术在 TBM 隧道施工中的应用[J]. 矿山机械, 2007,35(2):21-22.

[121] 黄小雪,罗麟,程香菊. 遥感技术在灾害监测中的应用[J]. 四川环境. 2004,23(6): 102-106.

[122] 肖林萍,赵玉光,李永树. 单拱大跨隧道信息化施工监控量测技术研究[J]. 中国公路学报,2005,18(4):62-66.

[123] 周科平. GPS 和 GIS 在矿山工程地质灾害监测中的应用[J]. 采矿技术,2003,3 (2):5-9.

[124] 李远宁,冯晓亮. GPS 在三峡水库区云阳县滑坡监测中的应用[J]. 中国地质灾害与防治学报,2007,18(1):124-127.

[125] 陈教云. 变形监测应用技术[J]. 福建地质,2006(4):219-223.

[126] 林水通. 滑坡灾害监测方法综述[J]. 福建建筑,2006(5):73-74.

[127] 王思敬,黄鼎成. 中国工程地质学世纪成就[M]. 北京:地质出版社,2004.

[128] 李智毅,唐辉明. 岩土工程勘察[M]. 武汉:中国地质大学出版社,2000.

[129] 朱瑞庚,刘波. GIS 技术在长江流域岩土工程中的应用[J]. 岩石力学与工程学报, 2005,24(增刊):5580-5584.

[130] 苏天赟,刘保华,梁瑞才,等. GIS 技术在海洋工程地质勘探中的应用[J]. 高技术通讯,2004(11):98-101.

[131] 毕硕本,王桥,徐秀华. GIS 技术在油田工程勘察中的应用[J]. 工程勘察,2003(3): 49-52.

[132] 高改萍,杨建宏. GIS 在地质灾害研究中的应用[J]. 人民长江,2003,34(6): 32-33.

[133] 郭明. GIS 在岩土工程领域的应用[J]. 西部探矿工程,2006,123(7):7-9.

[134] 曾耀昌,林健,罗亮,等. 地理信息技术在地铁工程地质勘察中的应用[J]. 土建技术,2006,19(5):66-70.

[135] 曾忠平,汪华斌,张志,等. 地理信息系统/遥感技术支持下三峡库区青干河流域滑坡危险性评价[J]. 岩石力学与工程学报,2006,25(增刊1):2777-2784.

[136] 毛乾宇. 基于卫星遥感及 GIS 空天地一体化智慧矿山技术研究及应用[J]. 煤炭科技,2023,44(3):172-176.

[137] 陈国良,时洪涛,汪云甲,等. 矿山地质环境"天-空-地-人"协同监测与多要素智能感知[J]. 金属矿山,2023(1):9-16.

[138] 许强,朱星,李为乐,等. "天-空-地"协同滑坡监测技术进展[J]. 测绘学报,2022, 51(7):1416-1436.

[139] 贺鹏,颜瑜严,文艳,等. 机载 LiPAR 技术在缓倾地层滑坡及其拉裂槽识别中的应用[J]. 自然资源遥感,2022,34(4):307-316.

[140] 刘善军,吴立新,毛亚纯,等. 天-空-地协同的露天矿边坡智能监测技术及典型应用[J]. 煤炭学报,2020,45(6):2265-2276.

[141] 丛威青,潘懋,李铁锋,等. 基于 GIS 的滑坡、泥石流灾害危险性区划关键问题研究[J]. 地学前缘,2006,13(1):185-190.

[142] 张进德,张作辰,刘建伟,等. 我国矿山地质环境调查研究[M]. 北京:地质出版社,2009.

[143] 李小燕,谈树成,马国胤,等. 云南省昆阳磷矿矿区矿山地质环境评价[J]. 中国矿业,2018,27(2):91-96.

[144] 郑娟尔,袁国华,贾立斌,等. 资源环境承载力与生态文明建设学术研讨会总结:国土资源管理面临保障发展、保护资源、保障生态建设的机遇与挑战[J]. 中国国土资源经济,2013(8):69-72.

[145] 陈杰,胡澜. 中国特色社会主义生态文明建设的实现路径[J]. 学理论,2018(1):19-21.

[146] 韩术合. 矿山地质环境治理成果收益分配模式与激励机制研究:以内蒙古自治区为例[D]. 北京:中国地质大学,2018.

[147] 潘尧云. 矿山地质灾害防治与地质环境保护研究[J]. 山西建筑,2018,44(1):82-83.

[148] 方晓明. 矿山生态修复工程及技术措施[J]. 科技创新与应用,2017(17):144-145.

[149] 徐慧中. 关于矿山生态修复的思考[J]. 科技风,2022(10):86-88.

[150] 姚万森,袁颖,刘亚涛,等. 矿山生态修复理论基础及应用[M]. 北京:地质出版社,2019.

[151] 方星,许权辉,胡映,等. 矿山生态修复理论与实践[M]. 北京:地质出版社,2019.

[152] 尹国勋. 矿山环境保护[M]. 徐州:中国矿业大学出版社,2010.

[153] 桂和荣. 环境保护概论[M]. 北京:煤炭工业出版社,2002.

[154] 朱晓勇,胡国长. 花岗岩露天关闭矿山生态修复技术应用[J]. 地质与勘探,2022,58(1):168-175.